U0332228

国家科学技术学术著作出版基金资助

风云三号大气探测仪器偏差订正及资料同化应用

陆其峰　吴春强　漆成莉
王　富　胡菊旸　等◎著

内容简介

本书系统介绍了风云三号卫星大气探测仪器的偏差订正方法，解决制约我国数值预报发展的关键核心技术问题。详细介绍了如何准确提取和应用在轨性能参数，发展基于变分原理的订正算法，改进数据质量。详细介绍了基于上述在轨性能优化模型的风云三号大气探测仪器观测系统偏差订正算法的发展情况，进一步介绍了改进后的风云三号卫星数据，包括 MWTS、MWHS、MWRI 和 HIRAS 等大气探测仪器在 GRAPES 模式中的业务同化应用。

本书适合大气科学专业的本科生和研究生，气象领域的从业者特别是卫星资料同化科研业务人员，以及希望对大气垂直探测技术有深入了解的读者阅读和参考。

图书在版编目（CIP）数据

风云三号大气探测仪器偏差订正及资料同化应用 / 陆其峰等著. -- 北京 : 气象出版社, 2024. 6. -- ISBN 978-7-5029-8345-1

Ⅰ. P413

中国国家版本馆 CIP 数据核字第 20247LK216 号

风云三号大气探测仪器偏差订正及资料同化应用

Fengyun Sanhao Daqi Tance Yiqi Piancha Dingzheng ji Ziliao Tonghua Yingyong

出版发行：气象出版社

地　　址：北京市海淀区中关村南大街 46 号　　**邮政编码**：100081

电　　话：010-68407112(总编室)　010-68408042(发行部)

网　　址：http://www.qxcbs.com　　**E-mail**：qxcbs@cma.gov.cn

责任编辑：郭志武　王　迪　　**终　　审**：张　斌

责任校对：张硕杰　　**责任技编**：赵相宁

封面设计：楠竹文化

印　　刷：北京地大彩印有限公司

开　　本：787 mm×1092 mm　1/16　　**印　　张**：11.75

字　　数：298 千字

版　　次：2024 年 6 月第 1 版　　**印　　次**：2024 年 6 月第 1 次印刷

定　　价：120.00 元

著者名单

陆其峰　吴春强　漆成莉　王　富　胡菊旸

窦芳丽　刘　辉　肖贤俊　武胜利　李　娟

张　华　郭　杨　李小青　孙逢林　安大伟

徐一树

序　言

本书介绍了风云系列气象卫星的大气探测资料在中国气象局地球系统数值预报中心等单位业务数值预报模式中应用的情况。

数值预报是天气预报的支柱。准确的天气预报，离不开数值预报作为第一依据。数值预报起算时刻的初始资料，必须覆盖全球。而气象卫星的大气垂直探测资料，是数值预报系统中全球初始资料最重要的来源。

2008 年 FY-3A 成功发射，我国实现了全球大气垂直探测的能力。风云三号气象卫星搭载了微波温度计、微波湿度计、微波成像仪、红外分光计等重要的大气垂直探测仪器。2017 年，FY-3D 卫星实现了红外高光谱大气垂直探测仪器的在轨业务运行。

把气象卫星垂直探测仪器的观测数据用到数值天气预报模式中去，要做大量艰苦细致的工作。本书的作者建立了气象卫星遥感仪器在轨性能参数优化反演模型(SIPOn-Opt 模型)，通过该模型获得了更实际的仪器关键参数，实现了风云三号大气探测仪器在轨性能参数的时空变化特征。他们所研发的微波温度计(MWTS)、微波湿度计(MWHS)、微波成像仪(MWRI)、红外分光计(IRAS)和红外高光谱探测仪(HIRAS)等仪器偏差订正算法，使得订正后中国气象卫星的观测数据质量与欧美同类先进遥感仪器数据相当。本书的作者还开展了仪器在轨性能的模拟仿真研究，建立了针对数值天气预报的风云三号大气探测仪器数据质量监控与标识系统。通过这些工作，本书的作者实现了风云气象卫星垂直探测数据在 CMA-GFS 全球模式中的同化应用，显著改善了系统的分析和模式预报精度。

风云系列气象卫星的大气探测资料，不仅在中国气象局地球系统数值预报中心得到了应用，还在欧洲中期天气预报中心(ECMWF)、英国气象局(UKMO)等机构的数值预报模式中成功实现了业务同化应用，提升了他们天气预报的时效和精度。

本书不仅总结了多年的实践经验与创新，还力图把自己的认识从感性升华为理性。希望本书的出版，能为气象科研和业务的发展和大气科学人才的培养做出贡献。

許健民

国家卫星气象中心

2024 年 1 月

前　言

随着遥感技术的发展，以及我国风云气象卫星重大工程建设的不断深入，大气垂直探测技术已在我国受到高度重视，在大气、海洋、防灾减灾预报与监测等领域都发挥了重要的作用。数值天气预报模式是卫星资料的重要应用领域之一。为了满足资料同化对卫星观测数据的质量要求，本书作者从科研和业务角度入手，通过卫星观测数据的系统偏差订正来提升风云卫星大气探测资料的精度。本书基于仪器在轨性能参数变分优化反演模型(SIPOn-Opt)发展了风云三号大气探测仪器观测系统偏差诊断与订正技术。这种方法基于数值天气预报分析场、卫星仪器实时观测信号以及不断更新的仪器在轨参数，通过定标过程标定观测亮温和辐射传输模块模拟亮温，建立以观测、模拟偏差与仪器在轨参数关联的目标泛函，再通过观测约束、变分优化获得更实际的仪器特征参数，并进一步诊断和订正风云三号卫星大气探测仪器观测系统偏差。

这一方面首次实现了天地一体化的遥感卫星物理仿真新概念，开辟了在轨卫星性能分析的新途径。在轨气象卫星遥感仪器在轨性能参数与发射前测量不一致，或者在轨参数发生变化的情况下，可利用 SIPOn-Opt 模型来订正这些参数变化引起的偏差订正问题。其次，介绍了风云卫星工程中大气探测载荷(MWTS、MWHS、MWRI 和 HIRAS 等)偏差订正的核心技术，使得其数据与欧美同类先进遥感仪器数据的质量具有了可比性。此外，还介绍了风云三号大气探测仪器参数的数据质量标识体系以及相关数据在 CMA-GFS 等业务数值天气预报模式中的同化应用。

本书希望能够服务于 3 个群体：大气科学专业的本科生和研究生，气象领域的从业者特别是卫星资料同化科研业务人员，以及希望对大气垂直探测技术有深入了解的人士。在本书撰写过程中，作者主要从业务应用的角度对内容进行了整理和完善，用以满足上述群体科研业务应用的需要。本书是航天遥感论证中心团队对长期从事航天遥感科学论证研究与实践的系统总结。全书由陆其峰、漆成莉、吴春强策划、设计、编写，陆其峰、王富统稿与修改确定，编写团队成员参加完成各章的写作，其中，第 1 章由陆其峰、王富撰写；第 2 章由漆成莉、吴春强、胡菊旸、窦芳丽、刘辉、武胜利、郭杨、安大伟、徐一树撰写；第 3 章由胡菊旸、武胜利、王富撰写；第 4 章由漆成莉、吴春强、胡菊旸、窦芳丽、刘辉、肖贤俊、武胜利、郭杨、李小青、孙逢林、安大伟、徐一树撰写；第 5 章由漆成莉、吴春强、窦芳丽、刘辉、肖贤俊、胡菊旸撰写；第 6 章由胡菊旸、漆成莉、吴春强、窦芳丽、刘辉、肖贤俊撰写；第 7 章由李娟、张华、王富撰写。本书在国家卫星气象中心、中国气象局地球系统数值预报中心、国家气象中心、南京信息工程大学等多年科研与业务工作总结的基础上编写而成，本书的出版得到了国家科学技术学术著作出版基金、中国气象局公益性行业(气象)科研专项项目“FY-3大气垂直探测仪器观测系统偏差订正及其对资料同化影响研究”(GYHY201206002)和国家重点研发计划“大气辐射超光谱探测技术”第四课题“红外傅里叶变换光谱仪高精度定标技术”(201702KY004)的资助。

由于作者水平的限制,本书中的疏漏、不足之处在所难免,敬请广大读者和专家批评指正。

作者

2024年1月

目　录

第1章 绪　　论

1.1 卫星大气探测技术发展历史

卫星遥感技术的发展可以追溯到20世纪50年代，1957年10月4日，苏联第一颗人造地球卫星“斯普特尼克”的发射成功，标志着人类从空间观测地球和探索宇宙奥秘进入了新的纪元。1959年9月美国发射的先锋2号探测器拍摄了地球云图，同年10月，苏联的月球3号航天器拍摄了月球背面的照片。但两国在此后的发展方向有所不同，苏联主要发展返回式遥感卫星，而美国则结合了通信技术，发展出可以实时传输数据的回传式遥感卫星[1]。而1960年4月1日，美国发射了世界上第一颗试验性气象卫星“泰罗斯”1号(Television and Infrared Observation Satellite，TIROS-1)。TIROS-1在约700 km的近地轨道上运转了78 d，绕地球1135圈，通过卫星上装载的电视摄像机、遥控磁带记录器和资料传输装置，共拍摄云图照片22952张并传回地面，其数据有用率达到60%。TIROS-1卫星首次验证了从太空进行气象观测的可行性[2]。1960—1965年，美国共发射了10颗TIROS气象卫星，而最后两颗作为太阳同步轨道卫星，为最终形成全球空间观测系统业务体系奠定了基础，也开创了卫星气象学的新纪元[3]。

随着电子技术、空间技术、计算机技术、通信技术的不断进步，光学成像、微波、红外高光谱等大气探测技术不断成熟。各种技术的蓬勃发展为卫星大气探测提供了强大支撑，使之实现了自动化、精细化、智能化，与时俱进地提升了观测与监测能力，为气象、气候以及环境研究提供了详尽可靠的数据支持，推动了大气科学的进步。

1.1.1 光学大气遥感仪器

光学大气遥感仪器是最早发展并得到广泛应用的大气遥感仪器，主要通过大气反射太阳光的不同特征获取大气的光学特性，后来逐渐拓展到红外波段，并衍生出红外高光谱探测仪器。

美国第1代试验气象卫星TIROS系列经过7颗卫星摸索，在1963年12月21日发射的第8颗卫星“泰罗斯”8号(TIROS-8)上升级安装了1台光导电视摄像系统(Vidicon Camera System，VCS)，虽然仅有1个可见光通道，但通过108°视场角的云图成像能力实现了气象卫星对地观测的实际应用[4]。1965年，气象学家将450幅TIROS图像拼接成首张全球视野的世界气候图。VCS除了安装在TIROS系列的后续卫星上，还在雨云卫星(Nimbus)系列的Nimbus1号和Nimbus2号上得到应用[5]。经过长时间应用评估后，美国也研制了改进后的先进光导电视摄像系统(Advanced Vidicon Camera System，AVCS)，AVCS被广泛应用到美国第2代气象卫星(也是第1代业务气象卫星)环境科学和服务(Environmental Science and Services Administration，ESSA)系列上，以及Nimbus系列后续卫星、TIROS改进型业务卫星

TIROS-M、美国 NOAA(National Oceanic and Atmospheric Administration)业务卫星 NOAA-1 号等。AVCS 也是单通道摄像机，通道范围为 0.45～0.6 μm，以快照和扫描(800 行，每行 800 像元)两种方式观测[6]。在 Nimbus 卫星上，利用拼接 3 台 AVCS，得到总幅宽为 3500 km，空间分辨率为 0.9 km 的观测资料，而 ESSA 卫星上装载 1 台 AVCS，得到幅宽为 3000 km，但空间分辨率为 3.7 km，且仅在白天工作，每天接近覆盖全球 1 次[7]。AVCS 基本用途是获取云图，还未提出非常明确的辐射和光谱方面的定量探测概念，但是探索了卫星对地观测成像空间、时间等不同维度的关键技术和基本云图应用。考虑到这类仪器的对地观测能力，美国也专门发展了更先进的返回光束摄像机(Return Beam Vidicon，RBV)，但最终是应用到了另外一个系列——陆地观测卫星 1 号至 3 号(Landsat-1～3)上[8]。

而后续气象卫星上，如改进型 TIROS 则搭载了甚高分辨率辐射计(Very High Resolution Radiometer，VHRR)，并延续到其第 3 代气象卫星系列 1972 年的 NOAA-2 至 1979 年的 NOAA-5 卫星[9]。VHRR 的主要用途是云图成像，设计了可见光(0.52～0.72 μm)和红外(10.5～12.5 μm)两个光谱通道，采取跨轨扫描的方式，其扫描速度为每分钟 400 转，空间分辨率为 0.9 km，幅宽为 2580 km。日夜各获取全球图像 1 次。而后续的 NOAA 卫星上则搭载了改进型甚高分辨率辐射计(Advanced Very High Resolution Radiometer，AVHRR)，从两个光谱通道拓展到了 5 个光谱通道，覆盖从可见光到热红外，实现了对云、雪盖、海面温度等大气和陆地参数的观测。从第 1 颗 TIROS 卫星算起，到 1979 年 NOAA-5 和 AVHRR 的出现，美国极轨气象卫星的发展跨越了 3 代，通过 20 多年的历程，逐步向气象卫星热红外成像观测发展，并开始有了光谱定量的概念[10]。

同时，20 世纪 70 年代美国也在静止轨道气象卫星平台上继承了类似 VHRR 的仪器，称为可见光红外旋转扫描辐射计(Visible-Infrared Spin Scan Radiometer，VISSR)，这也是世界上第 1 台安装在静止轨道气象卫星上的光学成像仪器，它被搭载在美国静止轨道试验气象卫星同步气象卫星(Synchronous Meteorological Satellite，SMS)系列的两颗卫星 SMS-1，SMS-2，以及美国第一代静止轨道业务环境气象卫星静止业务环境卫星(Geostationary Operational Environmental Satellite，GOES)系列的前 3 颗卫星 GOES-1 至 GOES-3 上[11]。这两个卫星系列从 1974 年开始一直延续到 1993 年。该仪器继承了 VHRR 的通道特点，包括可见光(0.55～0.75 μm)和红外(10.5～12.6 μm)两个光谱通道。卫星自身旋转形成东西方向连续扫描，南北方向机械步进，每 30 min 产生 1 幅全圆盘图像。可见光通道空间分辨率为 0.9 km，红外通道为 6.9 km。而在 GOES-4 到 GOES-7 搭载的则是可见光红外旋转扫描辐射大气探测仪(VISSR Atmospheric Sounder，VAS)，它是通过滤光片辐射计技术在两通道可见光红外光学成像遥感仪 VISSR 和 12 通道的大气垂直探测仪 VAS 间进行功能切换，实现静止气象卫星上光学成像和大气探测功能，这也是世界上气象卫星首次实现光学成像仪器和大气探测仪器一体化，虽然不能同时使用。从 20 世纪 70 年代中期 SMS-1 发射起，到 90 年代中期的 GOES-7 结束，美国的第一代静止轨道气象卫星的发展经历了 20 年的历程。VISSR 的科学应用需求和工程技术指标基本上继承了前期极轨卫星系列 VHRR 的探索成果。后来世界上其他国家和地区高、低轨道气象卫星的发展也为基本相同的路线。美国早期气象卫星也是当时世界上最先进的气象卫星，他们的探索成果为其他国家的气象卫星发展提供了许多可以学习和借鉴的经验。

在 20 世纪 90 年代，卫星光学传感器的时间分辨率和波段数量继续提高，图像质量更佳，应用更广，诞生了具有代表性的多通道成像仪，如 NASA 探索计划 Aqua 和 Terra 上搭载的中分辨率成像光谱仪(Moderate-resolution Imaging Spectroradiometer，MODIS)等[12]。光谱传感器测量不同波长的光强变化，可以推导气体的光学厚度、气溶胶光学特性等信息[13]。典型的光谱传感器有 OMI、GOME 等。此外，中国的风云一号卫星，其多频段扫描立体辐射成像仪的空间分辨率达到 1.25 km。

进入 21 世纪，新一代极轨和静止轨道成像仪进一步得到发展，涌现出了一系列 VIIRS、MERSI 等通用型的成像仪，而新一代高光谱、超光谱探测技术不断发展和应用，使得气溶胶、微量气体等探测能力不断提高。总体来说，卫星光学探测经历了从低分辨率到高分辨率、从单一波段到多波段的发展过程，对大气成分的探测能力不断提高。

1.1.2 被动微波大气探测仪器

1968 年，由苏联发射的 Cosmos243 卫星搭载一个四通道微波辐射计，用于对大气、云层中的含水量及海面温度、冰川覆盖进行观测。从这以后，主要由美国和苏联发射了一系列装载微波辐射计的卫星，20 世纪 70 年代末，由美国发射的 Seasat-A 和 Nimbus7 卫星搭载的多通道微波扫描辐射计(Scanning Multifrequency Microwave Radiometer，SMMR)，在性能上达到当时的顶峰，多通道、双极化的仪器性能设置扩大了它的应用范围，可以用来测量大气中的水汽，以及液态水、海水密度、冰川类型等参数。卫星微波遥感技术取得了很大的发展，特别是在大气垂直探测仪器的研制方面[14]。而 1978 年发射的第一次用于大气探测业务的TIROS-N 卫星，装载有微波探测仪(Microwave Sounding Unit，MSU)。MSU 为 4 通道微波辐射计(50.3，53.7，55.0，57.9 GHz)，采用双旋转镜面天线，刈幅为 2300 km，空间分辨率为 110 km，用于从较低对流层到较低平流层的大气反演和大气垂直温度探测。从此，MSU 成为 NOAA 系列卫星的主要载荷，其通道主要在 50～60 GHz，用以探测大气温度廓线。

进入 20 世纪 80 年代，美国开始了性能更好的微波辐射计系统的研究。例如，1987 年美国发射的国防气象卫星装载的七通道、四频段、线性极化的特殊微波成像仪(Special Sensor Microwave Imager，SSM/I)，由于采用独特的定标方案和全功率型接收机，使其性能比以前的系统有很大改善[15]。美国从 1987 年起陆续发射国防气象卫星计划(Defense Meteorological Satellite Program，DMSP)系列卫星，装载特殊微波大气垂直探测仪(Special Sensor Microwave Temperature，SSM/T)和特殊微波成像仪，以满足军事气象需求。SSM/I(19.3，22.2，37.0，85.5 GHz)用于获得大气、海洋、陆地某些特征的辐射图像；SSM/T(50～60，91.5，150.0，183.0 GHz)用于测量大气温度和湿度，从而使得气象卫星微波遥感系统有了长足的进步，在军事气象保障、天气预报、强对流和洪涝灾害探测等方面发挥了重要作用。与此同时，许多国家也开始了星载微波辐射计的研制和论证工作。例如，日本在 1987 年首次发射的海洋观测卫星(Marine Observation Satellite，MOS-I)装载的机械扫描微波辐射计(Microwave Scanning Radiometer，MSR)对大气层水汽、冰川、积雪等参数观测获得成功。欧空局在 1991 年发射的欧洲遥感卫星(European Remote-Sensing Satellite，ERS-1)，装载有两波段的微波辐射计，用来复原大气中总的水汽含量，解译海洋表面温度受大气的影响，开启了星载微波辐射计的研究工作。

1998 年，NOAA-15 卫星上装载新研制的 20 通道先进微波探测载荷(Advanced Microwave Sounding Unit，AMSU)，取代了原较低分辨率微波探测装置。自此，美国空间微波探测进入高速发展阶段。AMSU 采用圆周扫描方式，观测频率 23.8～183.0 GHz，主要用于大气垂直温度和湿度的探测[16]。NOAA 后期卫星 NOAA-M、NOAA-N(NOAA-18)、NOAA-N′(NOAA-19)均装有 AMSU。2003 年发射的 DMSP 气象卫星装载有新一代微波辐射计(Special Sensor Microwave-Imager/Sounder，SSM/IS)，采用了一体化设计，综合了 SSM/T 和 SSM/I 的功能，共有 24 个探测通道，为圆锥扫描方式，观测频率在 23.8～183.0 GHz。

而进入 2010 年，美国率先提出发展先进技术微波探测仪器(Advanced Technology Microwave Sounder，ATMS)，也采用微波温度和湿度一体化探测的设计，仅有 2 个反射面(口径 2.2 m 和 0.7 m)，共设计了从 23.8 GHz 到 183.3 GHz 频率的 22 个通道。ATMS 作为美国和欧洲主要的微波探测仪器，2011 年首先搭载于美国国家极地轨道运行环境卫星(Suomi National Polar-orbiting Partnership，Suomi NPP)上，并成为 NOAA-20、NOAA-21 等后续系列卫星上的主要探测仪器[17]。

1.1.3 红外高光谱大气探测仪器

1987 年世界气象组织在对第一个十年卫星探测资料进行天气预报准确度的评估之后，提出只有当全球大气温度水汽探测精度达到无线电探空的水平才可能对天气预报做出巨大的改进。为了使卫星大气探测在空间、光谱、时间等方面的分辨能力能够达到对天气预报的要求，随着科技的不断发展，对卫星探测地球大气技术的不断研究和完善，以及国内外对此领域的高度重视，使得卫星高光谱大气红外探测技术也随之快速地提高，从而进入了迅猛发展的阶段。发展较早的红外高光谱大气探测仪器包括三个系列，分别是美国的光栅式大气红外探测仪(Atmospheric Infrared Sounder，AIRS)和跨轨红外探测器(Cross-track Infrared Sounder，CrIS)，以及欧洲的干涉式红外大气探测仪(Infrared Atmospheric Sounding Interferometer，IASI)。

AIRS 首先于 2002 年搭载于 Aqua 卫星上，其具有 650～2700 cm^{-1}波数范围内的 2378 个光谱通道，通道宽度为 0.4～2.4 μm，分为三个波谱范围：3.74～4.61 μm(2665～2181 cm^{-1})，6.24～8.22 μm(1613～1216 cm^{-1})和 8.80～15.4 μm(1136～649 cm^{-1})，其标称光谱分辨率达到 $\lambda/\Delta\lambda=1200$。这些精细的光谱通道具有与大气吸收谱线更加接近的光谱分布，因而可以构造出更为陡峭的权重函数，可以探测到更加精细的高阶大气垂直结构。在 AIRS 进入轨道之前，NASA 和美国威斯康星大学空间科学和工程中心(Cooperative Institute for Meteorological Satellite Studies / Space Science and Engineering Center，CIMSS/SSEC)等机构开展了大量模拟研究，发现将 AIRS 资料同化到数值模式中可改善一些主要的中尺度数值预报的结果。AIRS 主要用于探测大气温湿度廓线，臭氧总量等[18]，有云时，利用 AIRS 和(巴西)湿度探测仪(Humidity Sounder for Brazil，HSB)协同观测，可以提高大气探测能力[19]。在 Suomi NPP 和 NOAA 系列(NOAA-20，NOAA-21)搭载的 CrIS 则采用了干涉式分光技术，覆盖长波红外、中波红外以及短波红外三个波段范围，并且优化选择了 1305 个光谱通道。IASI 探测仪对大气探测能力则由于其提供更高的光谱分辨率而显得尤为突出[20]。IASI 在 3.62～15.5 μm 范围的连续光谱观测，共有 8461 个光谱通道，光谱分辨率达到 0.25 cm^{-1}。而 IASI 探测仪通过与欧洲极轨气象卫星(Meteorological Operational Satellite Program of Europe，MetOp)系列同时携带先进的 TIROS 业务垂直探测器(Advanced TIROS Operational Vertical Sounder，ATOVS)大气探测系统进行协同观测和反演，使大气温度廓线的精度和垂直分辨率分别达到 1 K 和 1 km，湿度廓线的精度和垂直分辨率分别达到 10%和 1～2 km[21]。

1.2 风云卫星大气遥感技术进展

风云气象卫星(FengYun,FY)是我国独立自主研制气象卫星系列。在20世纪60年代,我国就着手进行发展极轨气象卫星的准备工作。1969年,周恩来总理提出“要搞我们自己的气象卫星”,并于1970年亲自批准下达研制任务。从此开始了我国第一代极轨气象卫星风云一号(FY-1)的研制和开发工作。FY-1作为中国第一代极轨气象卫星,其主要任务是观测全球大气、云、陆地、海洋资料,进行数据收集,用于天气预报、气候预测、自然灾害和全球环境监测等。

风云三号(FY-3)气象卫星是我国研发的第二代极轨气象卫星,目前已经发射卫星的仪器见表1.1,它在FY-1卫星技术的基础上进行发展和提高,解决了三维大气探测,大幅度提高了全球资料获取能力,进一步提高了云区和地表特征遥感能力,从而能够获取全球、全天候、三维、定量、多光谱的大气、地表和海表的特性参数。其中,风云三号A星(FY-3A)作为第二代极轨卫星的首发卫星,升级了红外大气探测仪(Infra-Red Atmospheric Sounder,IRAS)和大气垂直探测系统(Vertical Atmosphere Sounding System,VASS)等仪器,其光谱覆盖紫外、可见光、近红外、红外和微波宽广范围,并搭载了微波温度计(Microwave Temperature Sounder,MWTS)、微波湿度计(Microwave Humidity Sounder,MWHS)和微波成像仪(Microwave Radiation Imager,MWRI)[22]。FY-3A对于FY-1有以下6个方面的改进和提高[23]:

(1)首次具备了大气垂直探测能力;

(2)首次具备了微波成像遥感能力;

(3)光学成像遥感从千米级提高到百米级;

(4)具备了以臭氧探测为主的大气成分观测能力;

(5)具备了地球系统能量平衡观测能力;

(6)全球资料获取在时效和空间分辨率方面有了极大的提高。

表1.1 风云三号主要大气探测仪器列表

探测方式	探测目的	仪器名称	FY-3A	FY-3B	FY-3C	FY-3D	FY-3E	FY-3G	FY-3F
光学	成像	中分辨率光谱成像仪 MERSI	Ⅰ型	Ⅰ型	Ⅰ型	Ⅱ型	微光型	降水型	Ⅲ型
		可见光红外扫描辐射计 VIRR	装备	装备	装备	—	—	—	—
被动微波	成像	微波成像仪 MWRI	Ⅰ型	Ⅰ型	Ⅰ型	Ⅰ型	—	降水型	Ⅱ型
	大气垂直探测	微波温度计 MWTS	Ⅰ型	Ⅰ型	Ⅱ型	Ⅱ型	Ⅲ型	—	Ⅲ型
		微波湿度计 MWHS	Ⅰ型	Ⅰ型	Ⅱ型	Ⅱ型	Ⅱ型	—	Ⅱ型
主动微波	大气垂直探测	风场测量雷达 WindRAD	—	—	—	—	装备	—	—
		降水测量雷达 PMR	—	—	—	—	—	装备	—
无线电掩星	大气垂直探测	全球导航卫星掩星探测仪 GNOS	—	—	Ⅰ型	Ⅰ型	Ⅱ型	Ⅱ型	Ⅱ型
高光谱	大气垂直探测	红外分光计 IRAS	装备	装备	装备	—	—	—	—
		红外高光谱大气垂直探测仪 HIRAS	—	—	—	Ⅰ型	Ⅱ型	—	Ⅱ型

风云三号D星(FY-3D)上则首次搭载了红外高光谱大气垂直探测仪(Hyperspectral Infrared Atmospheric Sounder,HIRAS),这台仪器采用了国际上最先进的傅里叶干涉探测技术,可以获取大气温度和大气湿度廓线并提高反演精度1倍以上,极大提升对中国中长期数值天气预报的支撑能力。目前,风云三号E星、G星和F星都已陆续发射成功[24]。

风云三号E星(FY-3E)——“黎明星”是风云三号极轨气象卫星系列的第五颗卫星,是风云卫星家族里首颗晨昏轨道卫星,FY-3E卫星可实现对三维大气、洋面风场、夜间微光、太阳和电离层等多种要素的监测,将增强天气气候、大气环境和空间天气监测分析能力。FY-3E共有7台升级改进载荷以及3台全新研制载荷。其中微波湿度计Ⅱ型(MWHS-Ⅱ)是继承性载荷,其性能与FY-3D搭载的MWHS-Ⅱ保持一致;微光型中分辨率光谱成像仪(MERSI-LL)、微波湿度计Ⅲ型(MWHS-Ⅲ)为升级改进型载荷;风场测量雷达(WindRad)、太阳X射线极紫外成像仪(Solar X-ray and Extreme Ultraviolet Imager,X-EUVI)和太阳辐照度光谱仪(Solar Spectral Irradiance Monitor,SSIM)为全新研制载荷。FY-3E运行在黎明轨道上,能够每天获取清晨和黄昏两次全球多谱段大气温湿度垂直分布观测数据,能够有效弥补上午、下午轨道卫星在时间尺度上的观测间隙,为数值天气预报提供更好的资料。

风云三号G星(FY-3G)是中国首颗低倾角轨道降水测量卫星,其主载荷降水测量雷达是国内首次研制,主要用于灾害性天气系统降水监测。FY-3G配置了4台有效载荷,2台载荷为全新研制,1台载荷为升级换代,作为国内首颗低倾角轨道降水测量卫星,该星主要用于灾害性天气系统强降水监测,提供全球中低纬度地区降水三维结构信息。其中,主被动微波载荷是降水探测的主要载荷,包括双频降水测量雷达和微波成像仪。“降水星”特色的主被动微波降水测量具有很强的互补性,降水测量雷达能得到降水的廓线信息,而微波成像仪可以得到整个路径上的总降水;降水测量雷达的观测刈幅较窄但精度高,微波成像仪的宽刈幅能大大提高降水测量的地面覆盖率。同时,降水测量雷达可为被动微波反演提供丰富的云辐射数据库,支撑风云三号气象卫星多星装载的被动微波载荷在统一框架下建立反演模型,得到全球高时效降水产品。

风云三号F星(FY-3F)于2023年8月3日发射,将接替超期服役的FY-3C卫星,延续上午轨道FY-3极轨卫星观测业务。在确保气象全球成像和大气垂直探测业务的基础上,FY-3F进一步强化原有的地球系统综合观测能力,并提升对臭氧、二氧化硫等大气成分以及地球辐射收支能量的探测能力。FY-3F新增的2个全新紫外至可见光谱段高光谱仪器,采用天底+临边高光谱联合探测,增强大气成分和污染气体及气溶胶探测能力;增加微波成像仪和地球辐射探测仪探测通道;改进了中分辨率光谱成像仪星上定标装置并大幅提升了信噪比。FY-3F将与在轨的FY-3D(下午星)、FY-3E(黎明星)、FY-3G(降水星)形成晨昏、上午、下午、倾斜四条轨道的气象卫星观测网络。这也标志着中国成为目前全球唯一同时业务运行晨昏、上午、下午、倾斜四条轨道气象卫星的国家。

1.2.1 风云三号光学探测仪器

风云三号是中国第二代极轨气象卫星。作为首发的科研试验星FY-3A上搭载了可见光红外扫描辐射计(Visible Infrared Scanning Radiometer, VIRR)和中分辨率光谱成像仪(Medium Resolution Spectral Imager,MERSI),以及紫外和近红外的大气成分探测仪器。其中,VIRR继承了风云一号的多通道可见光和红外扫描辐射计(Multichannel Visible Infrared

Scanning Radiometer, MVISR），从 1 个通道拓展为 10 个光谱通道，而 MERSI 为全新设计仪器[25]。

VIRR 主要搭载在 FY-3A/3B/3C 上，设计指标中水平分辨率为 1.1 km，扫描范围 ±55.4°。光谱范围为 0.44～12.5 μm，有 10 个通道。VIRR 提供了 43 种产品，其中包括大气廓线产品、气溶胶和大气成分产品、云产品、降水产品、陆地产品、积雪产品和海面产品等，详见表 1.2。

表 1.2 VIRR 主要产品分类

产品类型	产品名称
大气廓线产品	大气密度廓线(ADP)，大气湿度廓线(AMP)，大气折射率廓线(ARP)，大气温度廓线(ATP)，大气垂直探测产品(AVP)
气溶胶和大气成分产品	陆上气溶胶(ASL)，海上气溶胶(ASO)，沙尘监测(DST)，臭氧总量(TOZ)
云产品	云量和云分类(CAT)，云量(CLA)，云检测(CLM)，云水产品(CLW)，云光学厚度(COT)，云物理参数(CPP)，云分类/相态(CPT)，雾监测(FOG)
降水产品	降水和云水(MRR)，陆上大气可降水(PWV)，降水检测(RDT)，晴空大气可降水(TPW)
陆地产品	陆表反射比(LSR)，陆表温度(LST)，火点判识(GFR)，归一化植被指数(NDVI)，土壤水分(VSM)
积雪产品	冰水厚度指数(IWP)，积雪覆盖(SNC)，雪深雪水当量(SWE)
辐射产品	扫描视场大气顶辐射和云(FTS)，射出长波辐射(OLR)
海面产品	海冰覆盖(SIC)，海面温度(SST)，海面风速(SWS)
空间天气产品	电子密度廓线(EDP)，高能粒子(EPP)，表面电位(SPP)

以晴空大气的整层可降水(Total Precipitable Water, TPW)为例，采用了 2 个热红外通道即分裂窗通道(10.3～11.3 μm 和 11.5～12.5 μm)用于反演晴空大气可降水量，包括全球 TPW 产品和空间分辨率为 0.05°的日、旬、月平均产品，以及空间分辨率为 1.1 km，每 5 min 一个、全天 288 个文件的轨道产品，该产品给出了无云晴空条件下的白天和夜晚，海洋和陆地大气柱内大气可降水量。

另一个重要的光学仪器 MERSI 由中国科学院上海技术物理研究所研制，搭载于 FY-3A/3B/3C 的第一代 MERSI 传感器，共有 20 个通道，其中 19 个为太阳反射通道(0.4～2.1 μm)和 1 个红外发射通道(10～12.5 μm)。MERSI 用 45°扫描镜并在消旋 K 镜协同下观测地球，每次扫描提供 2900 km(跨轨)×10 km(沿轨，星下点)刈幅带，实现每日对全球覆盖。它采用多探元(10 或 40 个)并扫，其星下点地面瞬时视场为 250 m(5 个通道)或 1 km(其余 15 个通道)[26]。

MERSI 扫描镜为椭圆形镀镍铍平面，表面镀银，能实现宽光谱范围内具有高反射率、低散射特性。扫描镜以 40 $r \cdot min^{-1}$ 的转速连续旋转，地面场景辐射能量经过其反射，照到主镜(入瞳)上，再经视场光阑照射到次镜上。经次镜反射的辐射再传到 K 镜作图像消旋，用以消除因扫描镜 45°旋转及多探元并扫导致的遥感图像旋转。K 镜以扫描镜的一半转速旋转，在连续对地扫描过程中会有两个镜面交替进行[27]。与 K 镜具有类似功能的是水色传感器(Sea-viewing Wide Field of View Sensor, SeaWiFS)上的半角镜[28]。光线经过 K 镜后便是双色分色片组件(由 3 个分色片组成)，随后通过 4 个折射组件经各自的带通滤光片到达 4 个焦平面阵列(Focal Plane Array,FPAs)。分色片的作用是实现光谱分离,将 MERSI 探测到的光谱域分成 4 个光谱区,即可见光(VIS,412～565 nm)、近红外(Near Infrared,NIR,650～1030 nm)、短波红外(Shortwave Infrared ,SWIR,1640～2130 nm)以及热红外(Thermal Infrared,TIR,12250 nm)。利用被动辐射制冷器,短波红外以及热红外焦平面组件被冷却到 90 K 左右。此外,MERSI 还携带了两个可见光星上定标设备:可见红外星上定标器(Visible of Calibration,VOC)和冷空观测(Space View,SV),冷空观测得到暗信号。VOC 是第一个在风云系列卫星上采用的可见光定标设备,它包括四个硅探测器(470,550,650 和 865 nm 通道)和一个无滤光片全色探测器。VOC 安装在 MERSI 仪器主体旁边,便于扫描镜能够扫描 VOC 的出口部分,并在卫星经过南极时能观测太阳光源信号。

1.2.2 风云三号微波探测仪器

风云三号卫星搭载的主要微波仪器包括微波温度计、微波湿度计和微波成像仪三类。

微波温度计 MWTS 是一个四通道、能在多云地区进行温度探测的被动扫描微波探测仪。它的 4 个通道在 50 Hz 左右,其产品包括大气温度资料和地面辐射。MWTS 是周期自定标的全功率型被动微波辐射计,由中国航天科技集团西安分院研制,重量为 39 kg,额定功率 58 W。MWTS 分成 3 个单机装星,分别是探测头部、系统控制器和接收处理器。探测头部安装于对地面舱板上,系统控制器和接收处理器安装于有效载荷舱内。MWTS 有两种工作模式:定点模式和扫描模式。在定点模式中,地面可以发指令控制 MWTS 的天线指向角度,这种模式有助于在轨定标和仪器状态监控。正常在轨情况下 MWTS 采用跨轨步进扫描模式,地球观测视场的步进扫描角为 6.9°,扫描周期为 16 s,依次扫过 ±48.3°范围的地球视场(Field of Views,FOV)15 次(FOV0 到 FOV14)、冷空和内部暖黑体各 1 次(FOV15 和 FOV16)。其中 FOV0 和 FOV14 离地球最远,FOV7 在星下点位置,FOV15 观测冷空(扫描角为 121.2°),FOV16 观测内部暖黑体(扫描角度为 228.3°)。MWTS 有 4 个通道,其频率分别为 50.3,53.596,54.94 和 57.29 GHz,与 AMSU-A 的通道 3、5、7 和 9 的频率一致。MWTS 主要用来探测地面至 20 km 高度范围内的温度信息。除通道 2 为双边带外,其他所有通道都是单边带模式[29]。

微波湿度计 MWHS 探测频率为 150 GHz 和 183.31 GHz,其中 150 GHz 为双极化(水平极化(H)和垂直极化(V));而 183.31 GHz 包括三个通道,频率分别为 183.31±1,183.31±3 和 183.31±7 GHz。5 个通道均采用双边带方式,带宽分别为 1000 MHz、1000 MHz、500 MHz、1000 MHz 和 2000 MHz。扫描宽度为±53.35°,幅宽约为 2700 km,星下点分辨率为 15 km,亮温动态范围为 3～340 K,探测灵敏度为 1.1～1.2 K,定标精度为1.5 K。为标定接收机的增益与噪声,消除信道增益波动的影响,每个扫描周期进行一次高低温两点定标。高温源为湿度计内部的吸收体,其物理温度由一组高精度的温度传感器实时测量获得,低温源为宇宙冷空间背景的微波辐射(约 3 K)。接收机采用直接混频方式,接收到的信号聚焦于馈源,然后通过本振和混频器实现双边带下变频,由中频处理器进行放大、滤波、检波和积分。数据处理单元进行数据采集与量化处理,并通过 1553 B 总线与卫星进行通信。

MWRI 是风云三号上主要的被动微波观测仪器之一,能够接收来自地球、海洋表面和大气的辐射信息。因此,可以实现全天候的全球监测,利用观测到的辐射信息不仅可以得到全球全天候冰雪覆盖、洋面风速、洋面温度、陆表温度和土壤水分等重要的地球物理参数,还可以获取云中液态水含量、大气可降水总量和地面降水量等与天气系统发生发展密切相关的大气参数。MWRI 能够为灾害性天气监测、全球气候变化、环境变化、水循环研究和数值天气预报提供重要数据支撑。微波成像仪是一台圆锥扫描的高灵敏度全功率成像辐射计，采用圆锥扫描，扫描角固定，对地观测角约 52°，因此，像元的水平分辨率固定不变。对地扫描周期为 1.7 s，扫描幅宽约为 1400 km，接收来自大气和地球表面的微波辐射能量。微波成像仪的观测频段在 10.65～89 GHz。设计有 5 个频点包含水平和垂直两种线性极化方式共计 10 个探测通道。5 个观测频点的中心分别为 10.65 GHz、18.7 GHz、23.8 GHz、36.5 GHz 和 89 GHz。其中 10.65 GHz 为最低频点，由于其对应的波长最长，因此，能够穿透大尺度的云雨大气，诱发该频点散射的主要机制与粒子半径有关。此外也对地表粗糙度和介电常数比较敏感，利用这一频点的辐射信息可获取土壤水分含量、全球海表风速和温度等地球物理参数。18.7 GHz 对冰雪特性敏感；23.8 GHz 是水汽吸收通道；36.5 GHz 对非降水云的敏感性最强；89 GHz 对降水散射信号敏感。

1.2.3 风云三号红外高光谱探测仪器

IRAS 是 FY-3A/3B 上的主要探测仪。它是一个与高清晰度红外辐射探测仪（HIRS/3）类似的仪器，共有 26 个通道。其中 20 个通道和 HIRS/3 的通道几乎一样，而另外 6 个通道用于测量气溶胶、二氧化碳含量以及卷云。IRAS 的瞬时视场（IFOV）在星下点为 17 km。它的产品包括大气温度资料、大气湿度资料和向外长波辐射。IRAS、MWTS 和 MWHS 共同为全球数值天气预报模式和气候数据记录提供所有天气条件下的全球大气温度和湿度资料。

HIRAS 是我国自主研发和制造的傅里叶变换红外高光谱大气探测仪，是一个采用干涉分光技术、跨轨多探元小面阵并行扫描的傅里叶变换红外光谱仪。大气辐射进入 HIRAS 的光学系统经过 45°扫描镜后，进入干涉仪子系统，由分束器分成两路相干光，一路由分束器反射的光线经过定镜反射后，再次透射分束器；另一路分束器透射的光线经过动镜反射后，回到分束器，并被分束器表面反射，在动镜往复运动的控制下，两路光线的光程差随动镜的运动位置不同而不同，使得干涉光光强信号随光程差而发生变化，动镜一次平稳运动可以得到一幅目标的双边干涉图。入射能量经过干涉子系统后形成干涉光进入望远镜系统，望远镜系统收集的光束进入分色片，分色片将入射能量按光谱分开，分别使用长波分色片和中波分色片分离长波通道（8.8～15.38 μm）、中波 1 通道（5.71～8.26 μm）和中波 2 通道（3.92～4.64 μm）的辐射信号，并经透镜汇聚到探测器上。

FY-3D 上搭载的 HIRAS 性能指标，光谱定标精度为 10 ppm*，辐射定标精度为 1 K。FY-3E和 FY-3F 上搭载的 HIRAS 性能指标有所提升，光谱定标精度为 7 ppm。辐射定标精度分光谱范围要求 FY-3E 大部分光谱范围内为 0.5 K，长波部分通道为 1 K，而 FY-3F 大部分光谱范围要求优于 0.5 K，而长波部分通道为仍为 1 K。FY-3D 光谱分辨率分别为长波 0.625 cm^{-1}，中波 1.25 cm^{-1} 和短波 2.5 cm^{-1}，而 FY-3E 和 FY-3F 则均为 0.625 cm^{-1}。一行扫描包括 2 步冷空间定标探测，29 步对地探测和 2 步对黑体定标源探测，扫描周期为 10 s。对地跨轨扫描模式共有 29 个驻留视场（Field of Residence，FOR），每一个 FOR 包括 4 个像素视场。每个波段采用 4 元小面阵并行观测，探元按照 2×2 排列分布，与主光轴不相交，均为离轴探元，每一个探元对地的瞬时视场大约为 16 km，对地张角为 1.1°。

---

* 1 ppm＝10^{-6}。

第 2 章 观测系统偏差源分析

卫星资料同化偏差的主要来源包括观测和模拟两部分;针对冷空和黑体偏差及异常、仪器非线性偏差特征等引起的仪器观测误差,以及由数值预报场、辐射传输引起的模拟偏差。本书按光学、微波、高光谱等不同类型仪器研究了其观测系统偏差源。

2.1 光学仪器观测偏差源分析

光学仪器观测系统的误差源复杂多样,来源有仪器本身、定标参数和处理算法,影响数据定标精度是多种原因相互耦合的结果。有的误差影响因子对所有通道均有影响,引起的偏差特征比较一致,有的误差项对观测的影响与通道相关,或与目标温度相关。不同通道由于波长位置、气体吸收特性、探测器材料的差异,其观测误差的主导因子不完全一样,需要区别诊断和进行定标改进,概括起来主要有仪器观测误差、仪器参数误差以及定标误差。

仪器观测误差主要体现在仪器的系统噪声和随机噪声信息,对于仪器的探测器响应、光电转换、调制效率等硬件都会引入观测的系统噪声和随机噪声。

仪器参数误差主要是由于测试手段、测试方案的局限,会导致测量误差,对数据处理结果带来直接或间接的影响,尤其是对于定标过程需要直接使用的参数,会直接影响定标结果。对于红外仪器影响定标结果的仪器参数有:(1)仪器通道光谱响应函数。光谱响应函数(Spectral Response Function,SRF)形状以及中心位置直接影响黑体辐射精确估计值,而黑体作为星上定标源,其辐射估计准确性直接影响到定标系数计算,进而影响到对地观测的定标结果。通道 SRF 中心位置偏差对红外通道定标精度的影响与通道光谱位置相关。如果通道位于大气透明区域,无气体吸收,对 SRF 位置偏差几乎不敏感。但红外波段很多通道位于气体吸收翼区,且通道宽度较窄,观测对 SRF 非常敏感,且偏差随着场景温度的变化而变化,目标温度越低,观测光谱越平坦,偏差越小,目标温度越高,观测光谱越陡,SRF 误差引起的偏差越大。SRF 引起的偏差正负值与 SRF 偏移方向有关,还与通道位于气体吸收上升翼区还是下降翼区有关,需结合具体通道位置进行诊断分析。如果已知光谱响应函数的偏差和大气顶的光谱信息,就能得到相应的辐射的变化。大气顶的光谱也是随着时间和位置改变的,所以 SRF 引起的偏差也呈季节性的变化且受目标温度的影响。这种影响可以通过优化 SRF 偏移量而得到有效减小。(2)非线性订正系数。红外仪器探测器一般在长波和中波波段(6～15 μm)范围采用碲镉汞(HgCdTe)材料,短波波段(3～6 μm)采用硅化铟(InSb)材料,碲镉汞对辐射具有较明显的非线性响应,而硅化铟材料的线性度较好。红外定标中非线性订正一般以二次参数 q 的形式出现,但是传感器的非线性可能被 q 过度校正,q 在发射后可能发生变化,也可能随着仪器工作环境的变化而变化。非线性效应与通道相关,若不校正会导致偏差在中间温度范围很小,而在较高和较低的目标温度朝着相同的方向加速增加,在过度订正的情况下,偏差曲线会被倒过来,但在中间仍会很小,并在相同方向上增加,在极端场景温度下会加速。(3)黑体温度、黑体发射率。定标误差还可能来源于黑体温度测量的不准确，这会导致所有通道均有相同方向偏差。由于窗区通道对 SRF 偏移不敏感，为了把其他误差源尽可能减小，一般会以窗区通道观测诊断黑体温度测量误差。黑体发射率误差也与通道相关，若黑体发射率较高近似为 1，引起的误差较小；若黑体发射率低于 0.98，可引起最大 0.5 K 左右偏差，且观测偏差应该为正值，若为负值归因于黑体发射率被低估，则要求发射率大于 1，是不合理的。当然发射率误差估计还应该视黑体温度和仪器环境温度而具体分析，若黑体温度和仪器环境温度一致，发射率误差引起的定标误差可忽略，因为黑体发射和反射的辐射一样，对发射率大小不敏感，这些误差源的分析均需要进行综合考虑。

其次，定标算法也并非理想和完美的处理过程，也会引入误差，由于定标算法本身引入的误差源主要有：仪器定标源辐射估算误差，包括未考虑仪器自发射和散射影响，定标源观测受到太阳杂散光影响，偏振效应等。自发射辐射是随着定标精度要求的不断提高而必须考虑的误差来源。红外仪器对热辐射极其敏感，仪器温度随着轨道变化幅度 2～3 K，若不考虑仪器自发射辐射，尤其在非线性效应明显的通道引起定标系数斜率的计算误差，引起的偏差特征与目标温度相关，还与仪器温度相关，体现出偏差有季节变化的时间特征，也出现随观测位置变化的空间特征。如图 2.1 所示为 FY-3B IRAS 仪器基板温度和主光学温度变化特征，可见二者温度的季节波动在 3 K 左右，且季节波动趋势与偏差特征非常类似，而与仪器温度变化相关的误差来源可能有自发射影响，其次，由于 SRF 误差以及非线性误差均与目标温度相关，也会产生季节波动的误差。这些仪器参数的在轨变化均是定标误差分析需要重点关注的。

偏振效应也是引起红外辐射偏差的原因之一，部分偏振辐射与仪器内部多次反射的相互作用会产生有扫描角度依赖特征的偏差，且与目标温度相关，温度越低，如观测目标为有结构体的云，由于优先散射角引入的偏振信号越明显，温度高的偏振效应不显著。综上分析，观测系统的误差来源于多种因素，需要结合误差随目标温度、仪器温度、时间、轨道变化特征进行综合分析，才能为偏差诊断以及误差订正奠定物理基础。

2.2　微波仪器观测偏差源分析

微波辐射计通过天线接收大气和地表的微波信号，经过接收机下变频、放大、滤波、检波和积分以后，得到电压信号，以计数值的形式保存。同时，采用在轨定标的方法，在一个扫描周期内对冷空和内部暖黑体观测，通过两点定标解算从计数值到辐射温度的计算系数，结合对地观测的计数值得到观测亮温。在这个过程中，可能会涉及以下偏差。

2.2.1　冷空、黑体温度

在一个扫描周期内对冷空和黑体观测，根据已知的冷空温度和测量得到的黑体温度，结合观测计数值，可进行定标系数的计算。冷空温度一般认定为 2.73 K，但实际冷空可能会高于此温度值，使得实际观测的冷空相对此温度有偏差；黑体温度是通过安装在黑体上的几个温度传感器得到的，用传感器的计数值解算测量温度，这个表达式可能存在差异；黑体可能存在温度梯度而非均匀的，也可能导致测量的温度与实际观测温度存在偏差；黑体默认发射率为 1，而实际工艺无法达到理想状态，会存在反射，因此，会受到外部辐射的影响，也会导致黑体温度偏差。此外，在观测冷空和黑体时，都可能受到环境辐射的影响，导致观测的辐射不仅来自冷空和黑体，从而使得定标过程存在偏差。这两种偏差可以通过对发射后数据的偏差特征分析

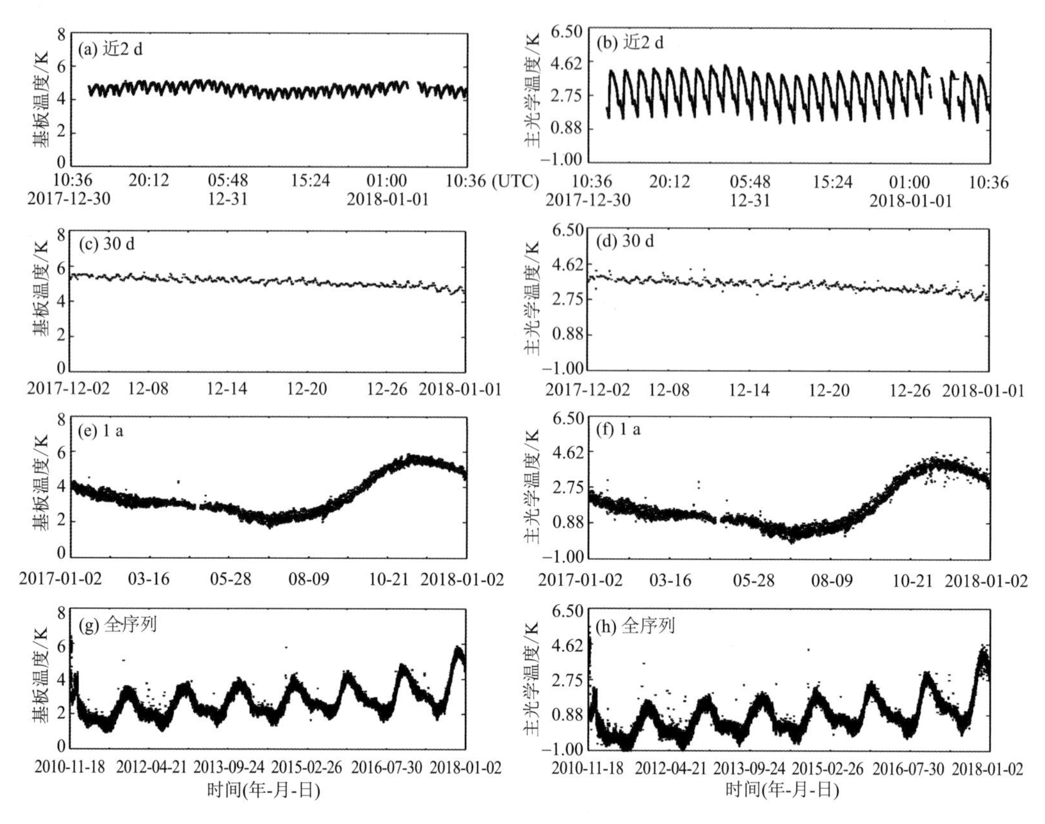

图 2.1 FY-3B IRAS 仪器基板温度和主光学温度变化特征

来校正。

2.2.2 反射镜发射率

在轨定标中，需要准确获取反射镜的温度和发射率分布，从而能准确计算反射镜的自发射辐射。但是卫星发射后，这两个因子都难以准确测量。测量得到的反射镜温度可能不具有代表性，因为嵌入式的铂电阻温度计安置在反射镜的不同位置，反射镜的发射率也与地面测量的存在差异。幸运的是这两个因子产生的偏差可以通过操纵平台来测量深空以及观测模拟亮温差的分析来校正。

2.2.3 天线方向图订正

对于大多数在轨微波辐射计，天线温度转化成对地观测亮温都需要经过天线方向图校正。天线方向图校正的系数来自发射前实验测量，见图 2.2。地面测量的天线方向图只能获取天线近场有限的方向下的参数，但是天线方向图校正时，还需要全方位的远场天线方向图。这可能会导致天线方向图订正后的系统偏差，尤其是对跨轨扫描探测仪。

2.2.4 频率漂移

微波辐射计的频率响应主要是通过本地振荡器产生的本振信号与观测的视频信号混频实现下变频，以及经历滤波器在特定光谱范围内滤波后决定。因此，本地振荡器产生的频率若存在漂移，会导致通道的中心频率发生变化，若滤波器的带宽和带内平坦度等与设计指标存在偏差，也会导致通道响应出现偏差。这种频率漂移通常可借助辐射传输模式模拟得到校正。

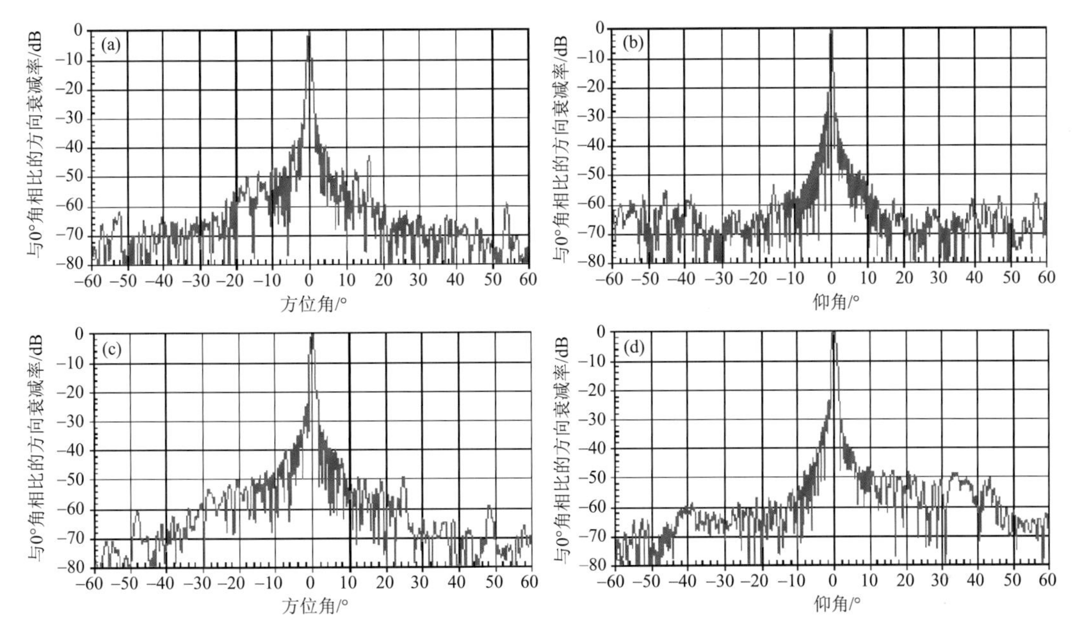

图 2.2 FY-3 微波成像仪天线方向图地面测试结果

(a),(b)36.5 GHz 通道;(c),(d)23.8 GHz 通道

2.2.5 接收机非线性响应

微波辐射计是用多个器件组合而成,这些器件大多属于非线性器件(二极管或三极管),需要让信号功率处于特定的工作区间,才能保证仪器的线性响应。仪器在轨环境复杂,若器件工作区间设计没有考虑一些极端情况,会导致某些器件出现非线性响应,从而接收机整体呈现非线性。此外,接收机在区域范围内可近似线性,但在轨两点定标时冷空温度过低,黑体温度可略高于观测温度,定标两个温度点差异过大,使得定标结果可能会出现非线性偏差。如 FY-3 的微波成像仪不同波段不同极化条件在不同目标温度条件下,存在较为明显的非线性偏差(图 2.3)。这些非线性都可以通过辐射传输模拟的方法来诊断和校正。

2.2.6 频率干扰

微波频率干扰来自地球表面或空间的无线电辐射。对于 L 波段,C 波段和 X 波段的卫星辐射计,其观测可能会受到无线电传输的严重干扰,因此,有必要排除污染观测值。为此,已经开发了处理地表和空间频率干扰的校正技术。此外,月亮辐射影响冷空观测,太阳电磁场的异常也会使观测结果出现偏差。

FY-3D 综合考虑了天线方向图测量误差、冷空观测视场、仪器扫描角范围两端视场分布和卫星平台结构复杂性的影响,计算出的天线误差修正系数存在一定误差,经过修正后,亮温数据的残差有所减小,见图 2.4。

2.3 高光谱仪器观测偏差分析

随着卫星资料定量化应用需求的不断提升,滤光片分光技术的红外光谱仪由于受分光技术的限制,光谱和辐射精度有限,无法满足数值天气预报的需求。而高光谱仪器的出现,其仪

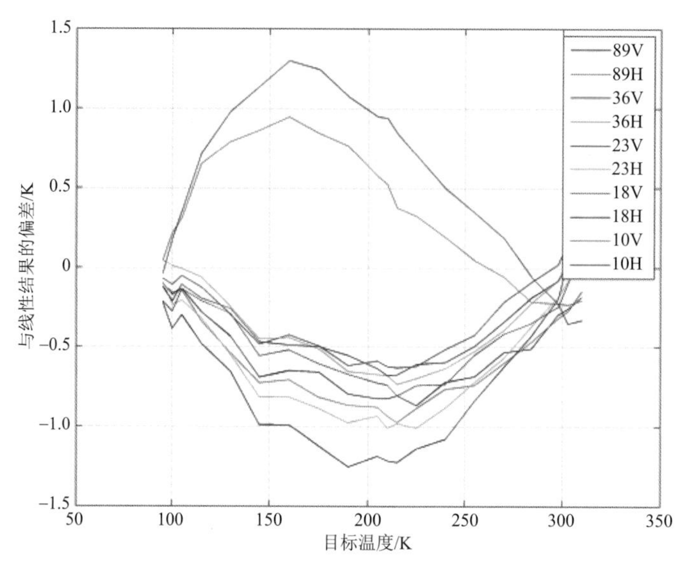

图 2.3　FY-3 微波成像仪非线性测试结果

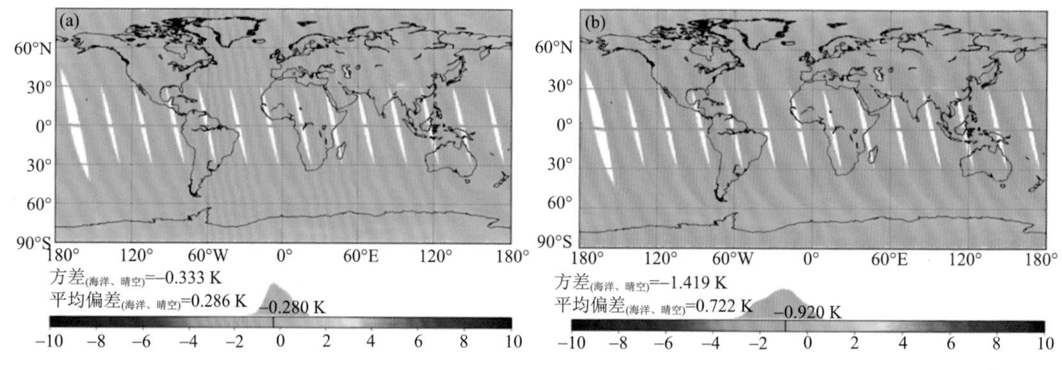

图 2.4　FY-3D 微波温度计通道 5 订正效果

(a)订正后 O—B 图,(b)订正前 O—B 图

(O—B:观测—背景)

器光谱分辨能力 $R(R=\lambda/\Delta\lambda)$ 高于 1000,能够对地气系统进行高光谱分辨率、高精度的红外辐射观测,利用这些信息能更高精度地探测大气温湿度廓线和大气成分(臭氧、微量气体)等的三维垂直分布结构,资料和产品主要应用在数值天气预报、空气质量监测、气候变化监测、全球辐射能量收支、大气微量气体变化等领域。

高光谱的探测资料在温湿廓线和大气成分的反演、天气和气候变化的研究以及数值天气预报业务中扮演着举足轻重的角色,科研和业务单位都对红外高光谱大气探测资料有着强烈的需求。我国在极地轨道卫星 FY-3D 和新一代的静止轨道卫星 FY-4 上均搭载了干涉式红外高光谱大气探测仪,分别为 FY-3D HIRAS 和 FY-4A GIIRS,随着国内外用户的高度关注和应用业务开展,高光谱仪器的定标精度及其数据质量是保证应用效果的核心和基础,需要进行精确评估,不断改进精度,同时进行误差精密监测。红外高光谱干涉仪观测机理及其设计复杂,误差来源多、相互作用非线性度高,数值天气预报、气候研究、星载辐射比对等应用都对其精度要求较高，对数值预报、大气成分反演应用辐射精度期望达到 0.3 K，光谱精度期望优于 5 ppm，而对于气候研究应用而言，希望分别达到 0.1 K 和 2 ppm。

红外高光谱探测仪定标过程是将仪器探测目标输出的 DN 值与入射信号建立定量关系，但由于干涉光谱仪输出的为干涉信号，最核心和重要的是要去除各种仪器效应对所测干涉图或光谱图数据所产生的影响，如离轴效应、非线性效应、偏振效应等。此外，红外高光谱干涉仪由于光谱分辨率极高(达到 0.6 cm^{-1} 以上)，定标过程除了辐射定标，还必须进行精确的光谱定标。由于综合了精确的辐射定标和光谱定标，且二者相互耦合影响，使得误差分析更加困难和复杂，以下将分别从光谱和辐射定标两个过程分析观测误差源。

光谱定标是精确标识每个通道的光谱波数位置的过程，包括干涉图到辐射谱的转换、仪器线型函数(ILS)的订正、光谱重采样。光谱分辨率越高，吸收线的变化越明显，每个通道光谱波数位置的准确性对辐射的影响越大，若光谱定标精度的技术指标为 1×10^{-5}，对应红外波段频率误差范围为 0.0065～0.0255 cm^{-1}。光谱标定的微小误差会造成辐射测量的误差，对于典型的 287 K 目标，4 ppm 的光谱偏差可以导致未切趾光谱 0.25 K 的辐射亮温偏差。离轴效应和采样激光波长的变化是引起光谱波数偏移的主要因素，而离轴效应的精确订正模型与激光波长、探元位置与尺寸、主光轴位置相关，因此，地面测试过程对采样激光波长、探元位置和尺寸、主光轴位置等参数的测量不确定度，或者这些参数在入轨发射过程中发生变化，以及在轨运行过程中发生变化使得定标处理使用的参数与真实参数存在误差，均是光谱定标误差的来源。激光波长是所有波段和探元共同使用的光程差精确度量参数，其误差首先将直接影响光谱分辨率的计算，以及光谱通道位置的准确性，其次，激光波长是参与进行离轴光谱订正的参数，其误差也会影响到光谱位置订正效果，但影响对所有波段和探元均是一致的。探元位置误差对光谱频率偏差的影响将随波段和探元独立相关，且位置误差根据远离或靠近主光轴位置不同具有相反的频率偏移方向。探元大小对光谱订正是整个探元面积积分效应，且探元尺寸测量误差相对较小，对光谱频率误差影响较小。主光轴位置偏差对光谱频率影响是综合整个焦平面位置所有探元的影响，位置往一个方向偏移误差，将会对两边的探元各产生相反的频率偏移误差。如图 2.5 为对于 HIRAS 长波波段，不同探元中心离轴距离，由其不确定度引起的光谱波数偏移。由图可知，随着探元中心离轴距离的增大，由探元中心离轴距离不确定性所带来的光谱向低频波数的偏移量迅速增大，这意味着光谱定标精度的下降。类似地，在长波波段选取某探元中心离轴距离(如 $r_c=22200$ μrad)，研究探元半径对光谱定标精度的影响。图 2.6 显示了对于不同探元半径，由其不确定度 194 μrad 引起光谱波数偏移。由图可知，随着探元半径的增大，由探元半径不确定性所带来的光谱向小波数的偏移量逐渐增大，即光谱定标精度逐渐下降。根据探元半径的参考值(9700 μrad)，实际光谱定标精度为 1.8 ppm 左右。综合图 2.5 和图 2.6 信息可见，探元半径的不确定性对光谱定标精度的影响小于探元中心离轴距离。综合以上分析，虽然各种参数对频率偏移影响具有不同特征，但对单个探元的频率误差却是综合了所有误差源的影响，有的误差影响难以进行明确区分和诊断分离，这也是进行光谱频率偏差误差诊断和订正最大的难点。

辐射定标是利用两个已知的定标源将原始光谱校准为入射辐射光谱，重点为去除仪器响应率的影响和精确估算内黑体(Internal Calibration Target，ICT)入射能量量值两方面。其中，仪器的非线性效应、偏振效应、内黑体的辐射模型、内黑体和冷空/冷屏温度、发射率和环境温度等是对辐射光谱产生影响的重要因素，需要在辐射定标中处理。因为这些效应表征进入

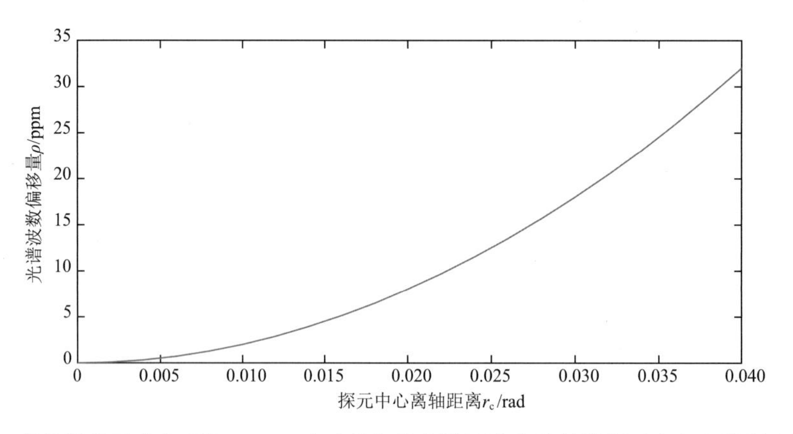

图 2.5　离轴距离不确定度为 444 μrad 时引起的光谱波数偏移量随探元中心离轴距离的变化

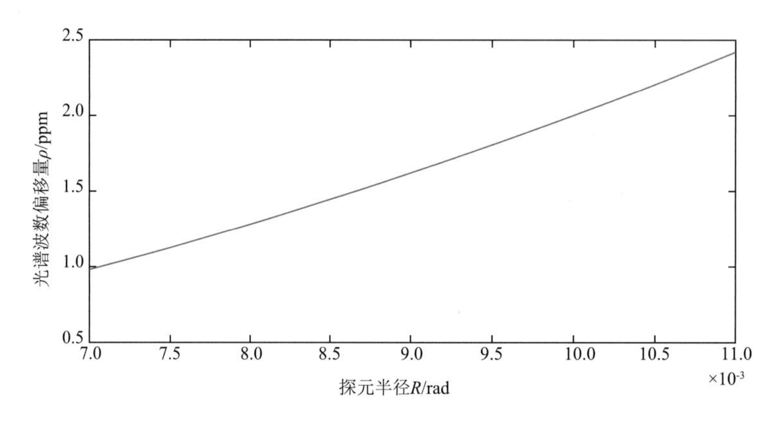

图 2.6　探元半径不确定度为 194 μrad 时引起的光谱波数偏移量随探元半径的变化

仪器的入射光与仪器之间相互作用的物理过程，所以仪器的输出信号直接受到这些效应的影响。红外高光谱仪器辐射定标的误差来源有：光谱位置的准确性、光电探测器的非线性响应、仪器内部环境温度的变化、偏振效应和不同观测目标的相位对齐等。不同误差源参数对定标精度影响程度不同且特征各异，仪器发射前会通过地面真空试验对仪器参数进行测试估计，但是在轨后这些参数的估值与参数实际值之间会存在偏差。产生这种偏差的原因主要有两个，其一，受测试条件所限，参数的估值存在偏差；其二，随着时间的推移，仪器参数可能产生扰动进而引起误差。根据发射前真空测试和在轨数据的分析，仪器在轨误差源主要包括影响辐射光谱谱型和幅值的两类误差源，分别对应于光谱定标和辐射定标的订正项。图 2.7 给出了两类误差源引起定标辐射差的不同特征。由图 2.7 可见这两类误差源引起的定标辐射偏差特征不同，在实际定标过程中可以分开处理。

红外高光谱干涉仪的实际结构十分复杂，包括分束器、透镜、反射镜、滤波器等各种光学部件，这些光学器件的各种扰动、分束器和探测器的偏振效应、仪器中混入的一些气体的影响、控制采样间隔的激光波长的偏移以及在轨后宇宙空间中的高能粒子对仪器的作用等都会对实际观测的干涉图产生一定的影响。为了聚焦研究重点，参考国内外对红外高光谱干涉仪的定标过程，选取几个主要的影响因素进行仿真分析和讨论。选用 FY-3D HIRAS 的视场 1 为研究示例。

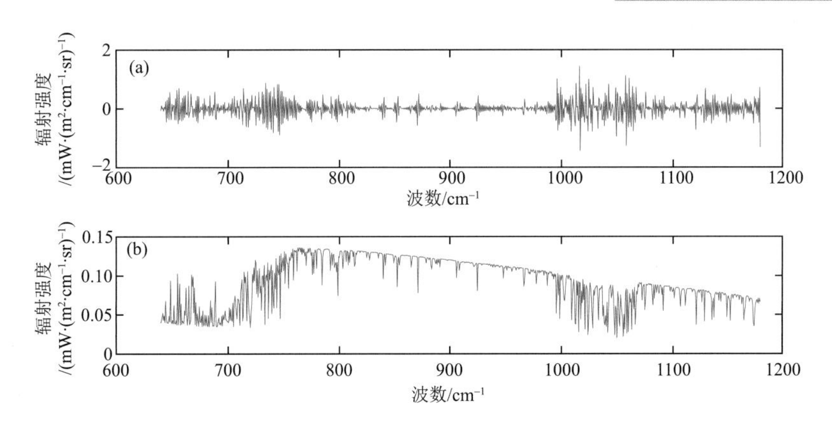

图 2.7　影响光谱谱型(a)和影响光谱幅值(b)的误差源引起的定标辐射差

2.3.1　探元参数的影响

(1)探元中心离轴距离的不确定性对定标精度的影响

在不同波段,探元中心离轴距离和探元半径差异不大,研究中以长波波段的探元为参考。为了控制变量,选取同一个探元半径(如 $R=0.0097$ rad)来讨论探元中心离轴距离对光谱定标精度的影响。在分析过程中,选取几个探元中心离轴距离,并在其基础上叠加(3σ)不确定度的扰动值 0.000444 rad,计算对应的切趾矩阵 **SA**,利用模拟不同的离轴光谱。通过调整探元中心离轴距离参数,获得切趾矩阵的估计值 $\mathbf{SA}'$,利用其逆矩阵 $\mathbf{SA}'^{-1}$ 对具有离轴效应的光谱进行订正。将订正后的光谱与离轴光谱进行比较计算光谱波数偏移。图 2.8 描述了对于不同探元中心离轴距离,由其不确定度引起的光谱波数偏移。由图可知,随着探元中心离轴距离的增大,由探元中心离轴距离不确定性所带来的光谱向低频波数的偏移量迅速增大,这意味着光谱定标精度的下降。根据探元中心离轴距离的参考值,实际光谱定标精度大约为 10 ppm 左右。

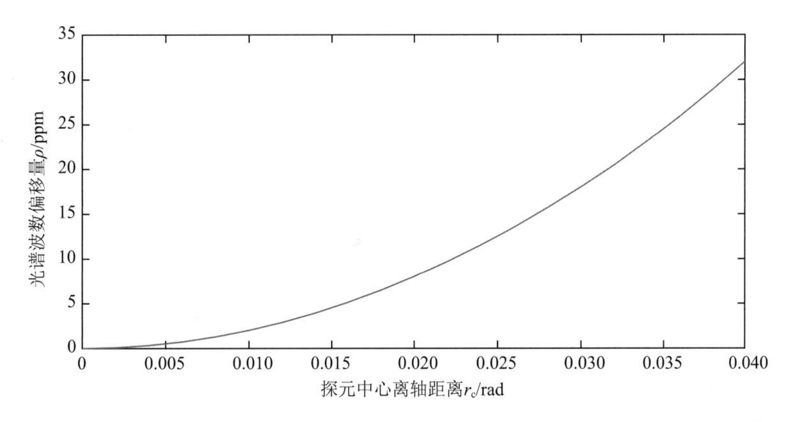

图 2.8　离轴距离不确定度为 0.000444 rad 时引起的光谱波数偏移量随探元中心离轴距离的变化

(2)探元半径的不确定性对定标精度的影响

除了探元离轴距离误差会对定标精度产生影响,探元半径误差也会导致定标精度变化。类似地,在长波波段选取某探元中心离轴距离(如 $r_c=0.0222$ rad),研究探元半径对光谱定标精度的影响。图 2.9 描述了对于不同探元半径,由其(3σ)不确定度 0.000194 rad 引起光谱波数偏移。由图可知，随着探元半径的增大，由探元半径不确定性所带来的光谱向小波数的偏移量逐渐增大，即光谱定标精度逐渐下降。根据探元半径的参考值，实际光谱定标精度大约为1.8 ppm。综合图2.8和图2.9信息可见，探元半径的不确定性对光谱定标精度的影响小于探元中心离轴距离。

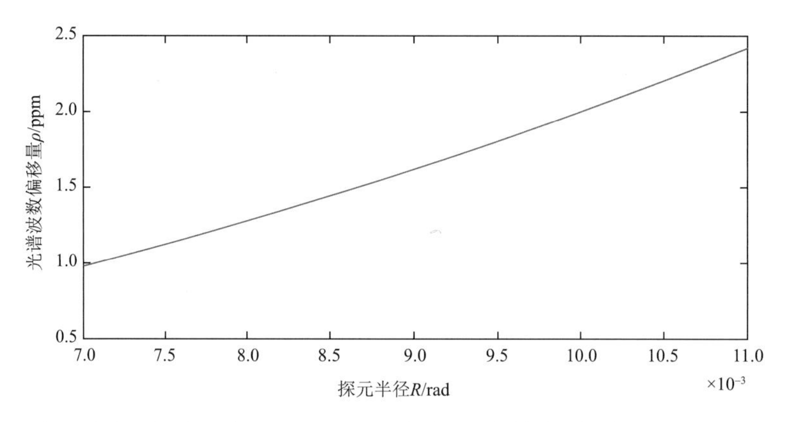

图2.9　探元半径不确定度为0.000194 rad时引起的光谱波数偏移量随探元半径的变化

2.3.2　仪器非线性的影响

不同波段的探测器非线性相差很大，因此分别讨论长波和中波的非线性系数对辐射定标精度的影响。模拟一个温度为301 K的场景目标光谱，在光谱定标完成的基础上，引入非线性效应，再利用低频波段估计非线性系数，并对非线性光谱进行订正，最后将订正后的光谱代入辐射定标方程，得到定标辐射。通过比较理想光谱与非线性订正光谱的定标辐射对应的亮温差来表示辐射定标精度。图2.10显示了长波波段不同非线性系数对应的定标亮温偏差。显然，随着非线性系数的增大，定标亮温偏差增大，辐射定标精度降低。图2.11显示了中波波段不同非线性系数对应的定标亮温偏差。和长波波段相同，定标精度随着非线性系数的增大而降低。由此可见，无论在长波还是在中波，探测器的非线性系数本身对定标精度的影响很大。即使经过非线性订正也不能完全将非线性效应去除。因此，在仪器设计时必须控制探测器的非线性不能过大，否则将使定标精度难以满足要求。在长波波段若要控制定标精度优于0.1 K，其非线性系数不能大于0.27；在中波波段若要控制定标精度优于0.1 K，其非线性系数不能大于0.22。

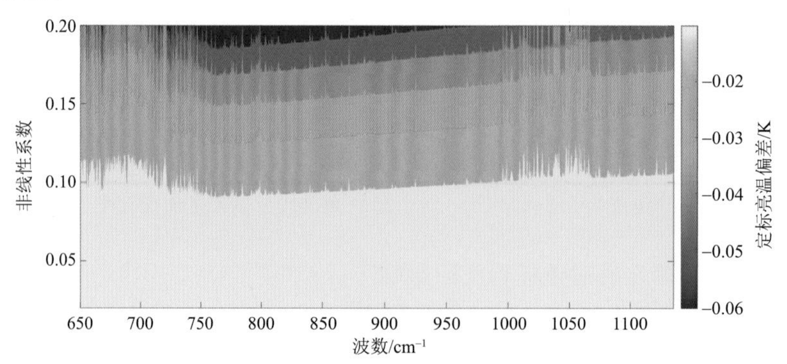

图2.10　长波波段不同非线性系数对应的定标亮温偏差

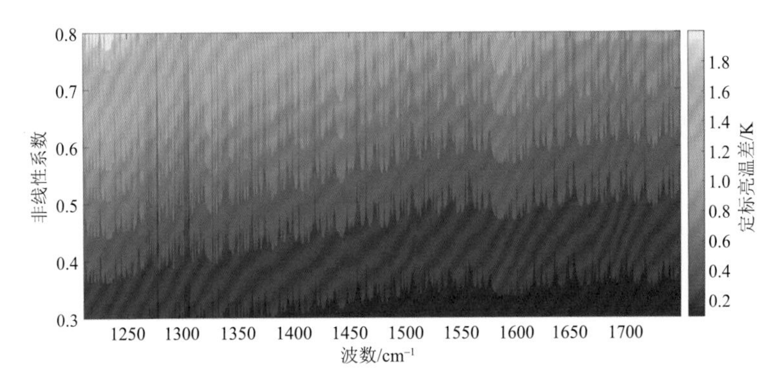

图 2.11　中波波段不同非线性系数对应的定标亮温偏差

由图 2.10 与图 2.11 还可以发现，非线性效应引起的定标亮温偏差随波数变化不大，因此，可以选取某一参考波数来讨论不同非线性系数的不确定性对定标精度的影响。分别在长波和中波波段以 900 cm^{-1}和 1500 cm^{-1}为参考，图 2.12 和图 2.13 显示了不同非线性系数，在各种不确定度下对应的定标亮温偏差。由图可见，非线性系数的不确定性越大，定标亮温偏差越大，且这种变化率随着非线性系数的增大而变大。根据非线性系数的参考值及其不确定度，在长波和中波波段，由非线性系数的(3σ)不确定度 11%和 12%引起的定标亮温偏差分别约为 −0.02 K和 0.4 K。由此可见，非线性系数的不确定性对定标精度的影响十分重要。

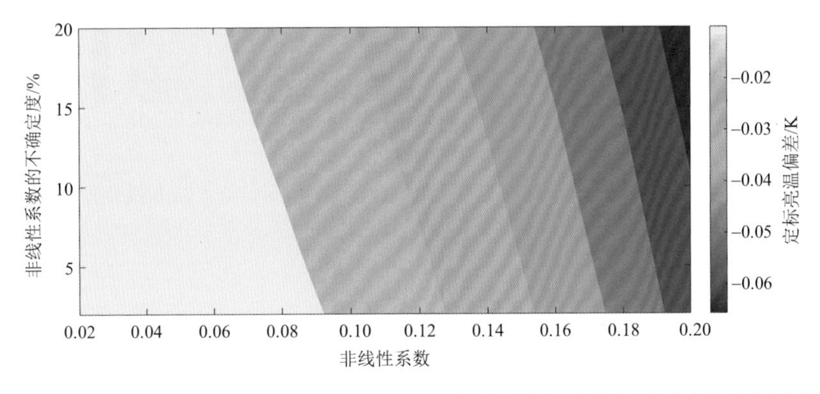

图 2.12　在参考波数 900 cm^{-1}处，不同非线性系数在各种不确定度下对应的定标亮温偏差

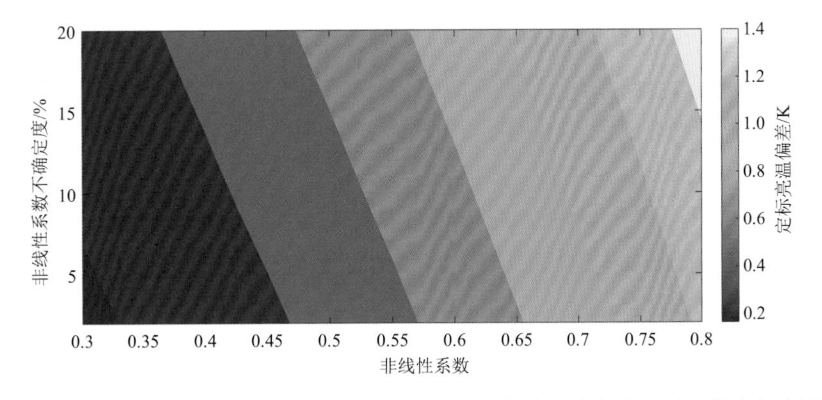

图 2.13　在参考波数 1500 cm^{-1}处，不同非线性系数在各种不确定度下对应的定标亮温偏差

定标辐射随非线性系数的变化还与场景目标温度有关。图 2.14 显示了在参考波数 900 cm^{-1}处,由非线性系数不确定度引起的定标亮温偏差随场景目标温度的变化。由图可见,当场景目标温度为内黑体温度(282 K)时,定标亮温偏差为零。对于同一非线性系数不确定度,场景目标温度与内黑体温度差距越大,定标亮温偏差越大。这种变化对于高温场景目标(温度高于内黑体温度)比低温场景目标(温度低于内黑体温度)更明显。当场景目标温度等于内黑体温度或冷空/冷屏温度时,定标辐射偏差为零。由于定标辐射关于非线性系数的变化是连续且可导的,因此,根据罗尔定理,在内黑体与冷空/冷屏温度之间必然存在一个对应定标亮温偏差极值的温度,该极值从图 2.14 中可以看出是定标亮温偏差的极大值。对于高温场景目标,这种定标亮温偏差可能随着场景目标温度的升高而不断变大。由此可见,当场景目标温度接近内黑体或冷空/冷屏温度时,非线性系数不确定度对定标精度的影响较小;当场景目标温度远离内黑体或冷空/冷屏温度时,非线性系数不确定度对定标精度的影响变大,且在低温区存在一个极值。这种随场景目标温度的变化对于中波波段的结果也是一致的。

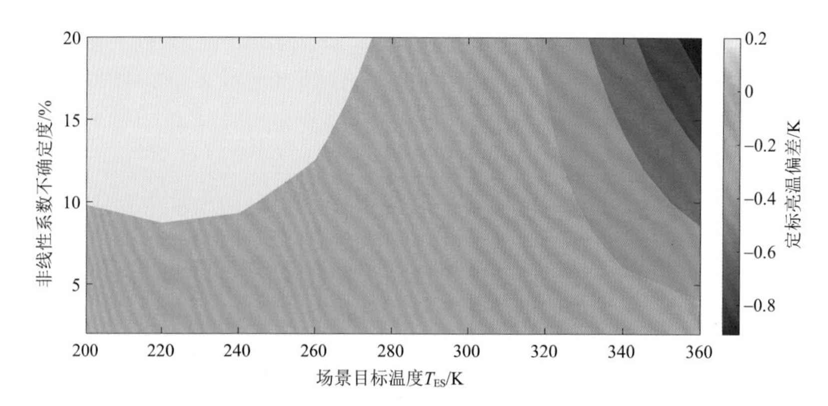

图 2.14 在参考波数 900 cm^{-1}处,不同场景目标温度对应的定标亮温偏差随非线性系数不确定度的变化

2.3.3 内黑体参数的影响

(1)内黑体温度的不确定性对定标精度的影响

将温度为 301 K 的模拟光谱在进行光谱定标和非线性订正后,利用内黑体和冷空/冷屏两个目标对其进行辐射定标。红外高光谱干涉仪通常对内黑体温度进行监测,但是对内黑体温度的观测存在不确定度,需要讨论其不确定度对定标精度的影响。图 2.15 显示了长波波段内黑体温度不确定度对应的定标亮温偏差。由图可知,随着内黑体温度不确定度的增大,辐射定标精度下降。根据实际内黑体温度(3σ)不确定度 0.06 K 引起的定标亮温差大约为 0.06 K。

定标辐射随内黑体温度的变化还与内黑体发射率有关。图 2.16 显示了在参考波数 900 cm^{-1}处,不同内黑体发射率下,内黑体温度不确定度引起的定标亮温偏差。由图 2.16 可以看出对于同一内黑体温度不确定度,随着内黑体发射率增大,定标亮温偏差略有增大,这种变化不是很明显。只有随着内黑体温度不确定度的不断增大,这种变化才逐渐变大。上述的结论对于中波和短波也适用。

(2)内黑体发射率的不确定性对定标精度的影响

定标辐射随内黑体发射率的变化和内黑体与环境温度差有关。假设内黑体及其环境温度稳定时,在长波波段由内黑体发射率不确定度对应的定标亮温偏差如图 2.17 所示。由图

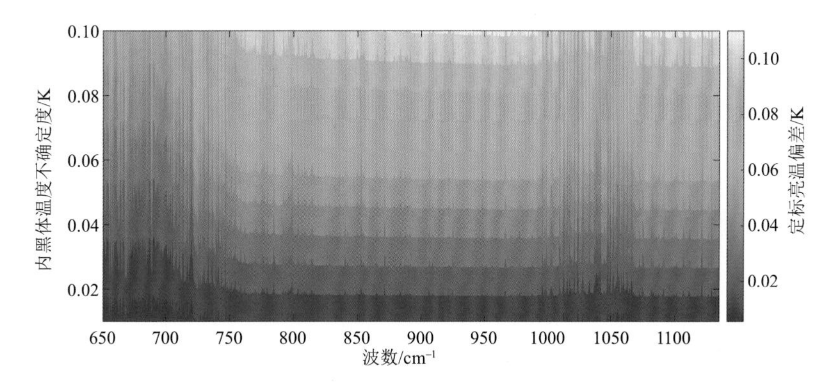

图 2.15　长波波段内黑体温度不确定度对应的定标亮温偏差

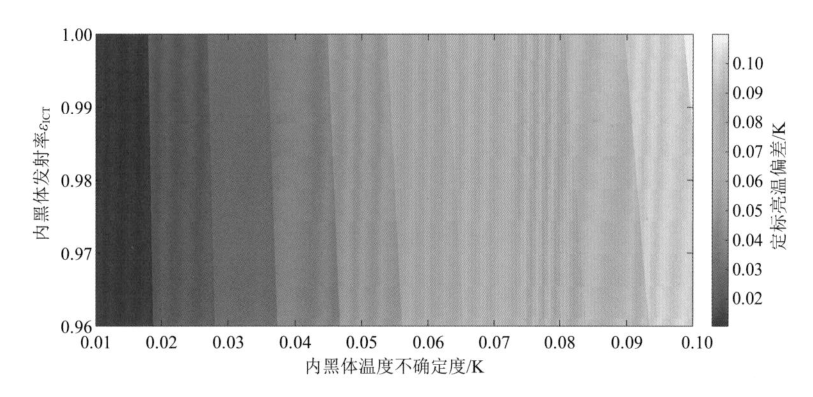

图 2.16　在参考波数 900 cm^{-1}处，不同内黑体发射率下，内黑体温度不确定度引起的定标亮温偏差

2.17 可知，随着内黑体发射率不确定度的增大，辐射定标精度降低。中波和短波也有类似的结论。由给出的长波、中波和短波内黑体发射率的(3σ)不确定度分别为 0.015、0.03 和 0.03，可以得到由内黑体发射率不确定度决定的辐射定标精度在长波、中波和短波分别为 0.015 K、0.03 K 和 0.03 K 左右。

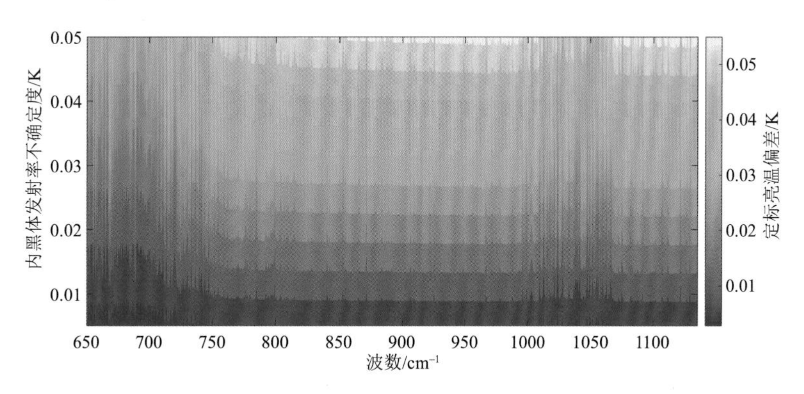

图 2.17　在长波波段由内黑体发射率不确定度对应的定标亮温偏差

(3)内黑体环境温度的不确定性对定标精度的影响

与内黑体温度对定标精度的影响类似，内黑体环境温度不确定度对应的定标亮温偏差如

图 2.18 所示。由图可知，随着内黑体环境温度不确定度的增大，辐射定标精度降低。由黑体环境温度的(3σ)不确定度 6 K 可知，由内黑体环境温度不确定度引起的定标亮温偏差大约为 0.04 K。

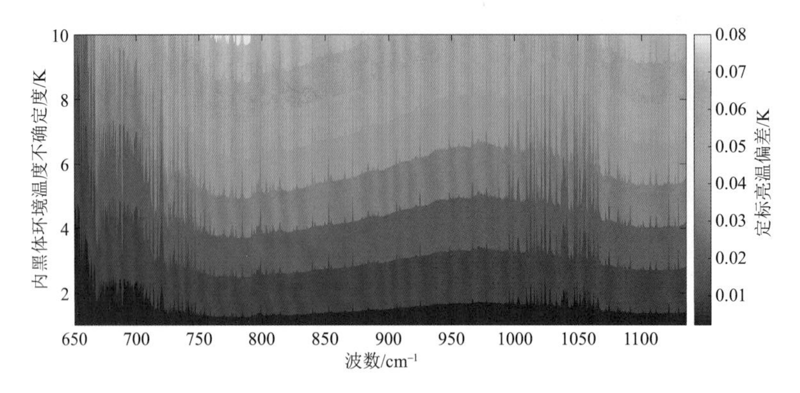

图 2.18 内黑体环境温度不确定度对应的定标亮温偏差

定标辐射随内黑体环境温度的变化与内黑体发射率有关。在参考波数 900 cm^{-1}处，不同内黑体发射率下，内黑体环境温度不确定度引起的定标亮温偏差如图 2.19 所示。不同于内黑体温度的情况，对于同一内黑体环境温度不确定度，随着内黑体发射率增大，由内黑体环境温度不确定度引起的定标亮温偏差迅速减小。且这种变化率随着内黑体环境温度的不确定度增大而变大。

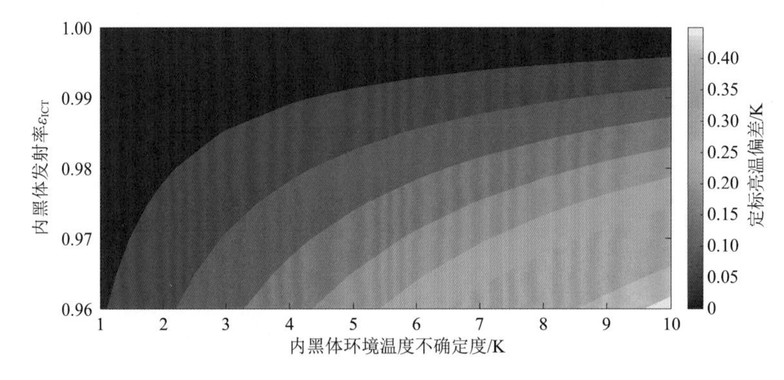

图 2.19 在参考波数 900 cm^{-1}处，不同内黑体发射率下，内黑体环境温度不确定度引起的定标亮温偏差

2.4 基于变分原理的观测系统偏差订正理论模型

仪器在轨运行阶段，为了获取更真实的仪器在轨性能参数，发展了基于变分原理的卫星遥感仪器在轨性能参数优化模型(SIPOn-Opt 模型)并应用于 FY-3 光学、微波和高光谱仪器。假设卫星遥感仪器的在轨性能参数由一个函数集合 S 确定，则遥感仪器任意在轨性能参数可用 S 中的一个函数 $y(x)$表示，且对于任意一个 $y(x)$均有一个实数 J 与之对应，而 J 则被称为定义在 S 上的泛函，即一般意义上认为，泛函 $J[y(x)]$是 $y(x)$的函数。变分方法是一种求解泛函极值的方法。首先，根据问题建立目标泛函；其次求解目标泛函的梯度；最后，利用最优化的方法实现目标泛函的下降。该优化模型采用泛函的变分反演求解，其核心为构造的目标函数。

普适于宽谱段仪器的在轨性能参数需要针对仪器的每个通道单独构造目标泛函，则 $J_n(\Delta v_o, \mathrm{bd}, \mathrm{stopband}, \Delta T_{\max}, k, \mathrm{srf}, c, w, a)$ 为第 n 个通道的目标泛函，Δv_o 表示通道中心频点，bd 表示带宽，stopband 表示通道截止参数，$\Delta T_{\max}$ 表示非线性参数，k 表示天线主波束效率，srf 表示光谱响应函数，c 为冷空观测异常指示参数，w 为暖黑体观测异常指示参数，a 为光谱吸收谱线测量误差。该目标泛函可以具体展开为：

$$\begin{aligned} & J_n(\Delta v_o, \mathrm{bd}, \mathrm{stopband}, \Delta T_{\max}, k, \mathrm{srf}, c, w, a) \\ & = \frac{m(\Delta v_o, \mathrm{bd}, \mathrm{stopband}, \Delta T_{\max}, k, \mathrm{srf}, c, w, a)^2}{\sigma_{\mathrm{m}}^2} \\ & + \frac{s(\Delta v_o, \mathrm{bd}, \mathrm{stopband}, \Delta T_{\max}, k, \mathrm{srf}, c, w, a)^2}{\sigma_{\mathrm{s}}^2} \end{aligned} \tag{2.1}$$

式中，$m(\Delta v_o, \mathrm{bd}, \mathrm{stopband}, \Delta T_{\max}, k, \mathrm{srf}, c, w, a)$ 表示观测模拟偏差的平均值，而 $s(\Delta v_o, \mathrm{bd}, \mathrm{stopband}, \Delta T_{\max}, k, \mathrm{srf}, c, w, a)$ 表示观测模拟偏差的标准差，这两个变量都是仪器在轨性能参数的函数；σ_{m} 和 σ_{s} 为平均值和标准差的动态范围，表征数值预报模式的精度。针对某一具体仪器，经过敏感性评价，确定其观测系统偏差的主要来源，如微波温度计其主要误差来源是通道频点测量误差和仪器材料的非线性特征，因此，式(2.1)可简化为：

$$J(\Delta v_o, \Delta T_{\max}) = \frac{m(\Delta v_o, \Delta T_{\max})^2}{\sigma_{\mathrm{m}}^2} + \frac{s(\Delta v_o, \Delta T_{\max})^2}{\sigma_{\mathrm{s}}^2} \tag{2.2}$$

对于高光谱仪器，如红外高光谱大气探测仪，可将定标辐射看作自变量为一组定标参数的函数，而其变化订正过程就是将变分法应用于耦合误差效应分离的问题，设定标参数为：

$$R_\nu = R_\nu(x_1, x_2, \cdots, x_m) \tag{2.3}$$

式中，x_m 中 $j=1,2,\cdots,m$ 表示 m 个定标参数，R 表示定标辐射，ν 表示波数(通道)。当定标参数为理想值时所对应的理想定标辐射记为 R_0。于是建立代价函数(泛函)如下

$$J = \frac{1}{2}\sum_{i=1}^{n}[R_i(x_1, x_2, \cdots, x_m) - R_{0i}]^2 \tag{2.4}$$

式中，$i=1,2,\cdots,n$，表示 n 个通道。于是代价函数对定标参数的梯度为

$$\begin{cases} \dfrac{\partial J}{\partial x_1} = \sum\limits_{i=1}^{n}[R_i(x_1, x_2, \cdots, x_m) - R_{0i}]\dfrac{\partial R_i}{\partial x_1} \\ \dfrac{\partial J}{\partial x_2} = \sum\limits_{i=1}^{n}[R_i(x_1, x_2, \cdots, x_m) - R_{0i}]\dfrac{\partial R_i}{\partial x_2} \\ \qquad \vdots \\ \dfrac{\partial J}{\partial x_m} = \sum\limits_{i=1}^{n}[R_i(x_1, x_2, \cdots, x_m) - R_{0i}]\dfrac{\partial R_i}{\partial x_m} \end{cases} \tag{2.5}$$

用矩阵形式表示可改写为

$$\begin{bmatrix} \dfrac{\partial J}{\partial x_1} \\ \dfrac{\partial J}{\partial x_2} \\ \vdots \\ \dfrac{\partial J}{\partial x_m} \end{bmatrix}_{m\times 1} = \begin{bmatrix} \dfrac{\partial R_1}{\partial x_1} & \dfrac{\partial R_2}{\partial x_1} & \cdots & \dfrac{\partial R_n}{\partial x_1} \\ \dfrac{\partial R_1}{\partial x_2} & \dfrac{\partial R_2}{\partial x_2} & \cdots & \dfrac{\partial R_n}{\partial x_2} \\ \vdots & \vdots & \ddots & \vdots \\ \dfrac{\partial R_1}{\partial x_m} & \dfrac{\partial R_2}{\partial x_m} & \cdots & \dfrac{\partial R_n}{\partial x_n} \end{bmatrix}_{m\times n} \begin{bmatrix} R_1 - R_{01} \\ R_2 - R_{02} \\ \vdots \\ R_3 - R_{03} \end{bmatrix}_{n\times 1} = \mathbf{A}^{\mathrm{T}}(R - R_0) \tag{2.6}$$

式中，$\mathbf{A}$ 为定标辐射关于定标参数的雅各比矩阵

$$\mathbf{A}=\frac{\partial R}{\partial X}=\begin{bmatrix}\frac{\partial R_1}{\partial x_1} & \frac{\partial R_1}{\partial x_2} & \cdots & \frac{\partial R_1}{\partial x_m}\\ \frac{\partial R_2}{\partial x_1} & \frac{\partial R_2}{\partial x_2} & \cdots & \frac{\partial R_2}{\partial x_m}\\ \vdots & \vdots & \ddots & \vdots\\ \frac{\partial R_n}{\partial x_1} & \frac{\partial R_n}{\partial x_2} & \cdots & \frac{\partial R_n}{\partial x_m}\end{bmatrix}_{n\times m} \tag{2.7}$$

利用泰勒公式将代价函数在 X_k 处可展开为

$$J(X)=J(X_k)+\left[\frac{\partial J(X_k)}{\partial X_k}\right]^{\mathrm{T}}(X-X_k)+\frac{1}{2}(X-X_k)^{\mathrm{T}}\left[\frac{\partial^2 J(X_k)}{\partial X_k^2}\right](X-X_k) \tag{2.8}$$

将式(2.8)两边对 X 求导可得

$$\frac{\partial J(X)}{\partial X}=\frac{\partial J(X_k)}{\partial X_k}+\left[\frac{\partial^2 J(X_k)}{\partial X_k^2}\right]^{\mathrm{T}}(X-X_k) \tag{2.9}$$

由式(2.6)和式(2.7)可得

$$\begin{aligned}\frac{\partial^2 J(X_k)}{\partial X_k^2}&=\frac{\partial}{\partial X_k}\left[\frac{\partial J(X_k)}{\partial X_k}\right]=\frac{\partial\{\mathbf{A}(X_k)^{\mathrm{T}}[R(X_k)-R_0]\}}{\partial X_k}\\ &=\mathbf{A}(X_k)^{\mathrm{T}}\mathbf{A}(X_k)+[R(X_k)-R_0]^{\mathrm{T}}\frac{\partial \mathbf{A}(X_k)}{\partial X_k}\end{aligned} \tag{2.10}$$

由于式(2.10)右端第二项为高阶小量可忽略不计，于是根据式(2.6)和(2.10)，可将式(2.9)简化为

$$\frac{\partial J(X)}{\partial X}=\mathbf{A}(X_k)^{\mathrm{T}}[R(X_k)-R_0]+\mathbf{A}(X_k)^{\mathrm{T}}\mathbf{A}(X_k)(X-X_k) \tag{2.11}$$

所要求的 X 是使得代价函数达到最小值时所对应的定标参数向量，而代价函数在 X 处为极小值的必要条件为

$$\frac{\partial J(X)}{\partial X}=0 \tag{2.12}$$

于是结合式(2.11)可得拟牛顿迭代方程

$$X_{k+1}=X_k-[\mathbf{A}(X_k)^{\mathrm{T}}\mathbf{A}(X_k)]^{-1}\mathbf{A}(X_k)^{\mathrm{T}}[R(X_k)-R_0] \tag{2.13}$$

把式(2.13)右端第二项称为迭代方向 d_k，每次定标参数的迭代就沿 d_k 方向做一维线性搜索。为了使代价函数的值更快地收敛(减少迭代次数)，需要在定标参数沿着 d_k 方向迭代时寻求一个最优步长 λ_k，使得 $J(X_k-\lambda_k d_k)$ 达到最小。此时迭代公式化为

$$X_{k+1}=X_k-\lambda_k d_k \tag{2.14}$$

当代价函数的梯度 $\partial J/\partial X$ 到达要求的精度时终止迭代，此时对应的定标参数 X 即为理想值的最优估计。

第 3 章　仪器观测数据参考源获取方法

为了实现观测系统偏差订正首先需要获取"真实"的参考源数据，通常会有两种方法，一种是利用数值预报等天气场数据通过辐射传输模式计算得到其理论值，通常称为模拟参考源；另一种是与同类型基线仪器通过星下点瞬时交叉定标方法（Simultaneous Nadir Overpasses, SNO）获取质量较好的参考源数据，也被称为观测参考源。由于辐射传输模拟的方法需要每个仪器都单独计算透过率系数文件，且如果 SRF 有变化或误差，需要每次调整都计算一次透过率系数，此外，还需要逐通道去除云（降水）的影响，而交叉比对不用考虑这两个难点，但其缺陷是大多数目标集中在南北两极高纬地区，样本空间代表性以及动态范围代表性不够，两种方法可相互作为补充和验证。

3.1　模拟参考源

通过数值预报模式输入辐射传输模式计算得到的模拟亮温作为的模拟参考源，相对其他仪器观测质量评估数据具有很多优势。由于数值预报数据具有时空连续性，可获得高频次、长时间序列的全球辐射模拟数据。借助各种辐射传输模式可以模拟多谱段数据，可包含太阳反射波段、红外波段、微波波段等谱段。且通过辐射传输模拟的参数设计，可以模拟多种观测模式下的数据，包括主动和被动探测模式。利用模拟数据，可以对观测数据进行时间、空间、扫描位置等多维度评估分析，检测各种仪器或定标偏差，从而为偏差分析及订正提供帮助，从而有助于提升观测数据质量。

但此种方法也存在局限，模拟亮温中也会存在辐射传输模式和数值预报模式数据的偏差。由于辐射传输模式对有云和降水情况的模拟尚存在偏差，因此，使用该方法时通常需要进行云和降水像元的剔除。对海冰像元模拟也会存在较大偏差，因此，一般选用南北纬 60°内的像元作为质量评估的偏差统计对象。臭氧和二氧化碳等一般选用气候平均值作为模拟输入，因此，模拟亮温不宜用于评估对这些微量气体敏感的通道观测质量。因此，在使用此类方法时，需要控制统计像元，才能使评估结果客观合理。

3.1.1　数值预报场偏差影响分析

微波温度计（FY-3 MWTS）相同卫星观测资料条件下基于不同来源数值预报场（ECMWF、NCEP、T639 和 CMA-GFS（原 GRAPES）模式）和离线辐射传输模拟计算卫星观测亮温，诊断分析不同数值预报场卫星辐射亮温模拟的差异，通过这些差异的比较，进一步优化 FY-3 MWTS 偏差。我国数值天气预报模式 CMA-GFS 正在快速发展，针对不同数值预报模式的观测模拟偏差统计特征和卫星探测仪器运行参数的长期监测，不仅有助于确定仪器系统偏差，同时也可以帮助分析、诊断 CMA-GFS 数值预报场与较好数值预报场的廓线在时空上的差异。

由于地表发射率计算的不确定性，早期针对 FY-3 MWTS 的分析主要针对经过云监测和质量控制过滤后的海上卫星观测资料。对于 CMA-GFS 离线模拟监测模块较为初级，未经过严格对比检查，因此，可能包含了数值预报模式自身的误差和离线模拟软件的误差。

由图 3.1 可以发现 FY-3 MWTS 通道 2 和通道 3 位于吸收谱线上，数值预报模式输入场的微小扰动就会引起明显的辐射亮温模拟差异。

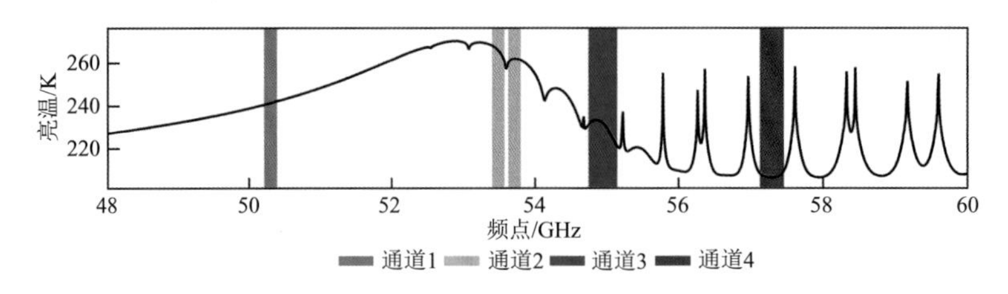

图 3.1 MWTS 吸收光谱能量随中心频点演化图

图 3.2 显示不同数值预报场与 ECMWF 的差异，即各数值预报场每 20 个纬度不同高度的温度廓线平均与 ECMWF 的温度廓线的差值。总体来说，各数值预报场间差异在不同高度较为相似，在低空 1000～800 hPa 和高空 200～0 hPa 间有一个差异突变，特别是纬度 50°—70°S、30°—50°N 以及 70°—90°N 间。各数值预报场差异大小在不同的纬度段表现各有不同，总体上 CMA-GFS 与 ECMWF 的差异较大一些。MWTS 的通道 2、3 和 4 的权重函数分别代表 500 hPa、200 hPa 和 70 hPa，图中可见 70 hPa 和 200 hPa 高度上各数值预报场间的差异较为相似，而 500 hPa 高度上 T639 和 CMA-GFS 较为相似，NECP 与前两者相反。

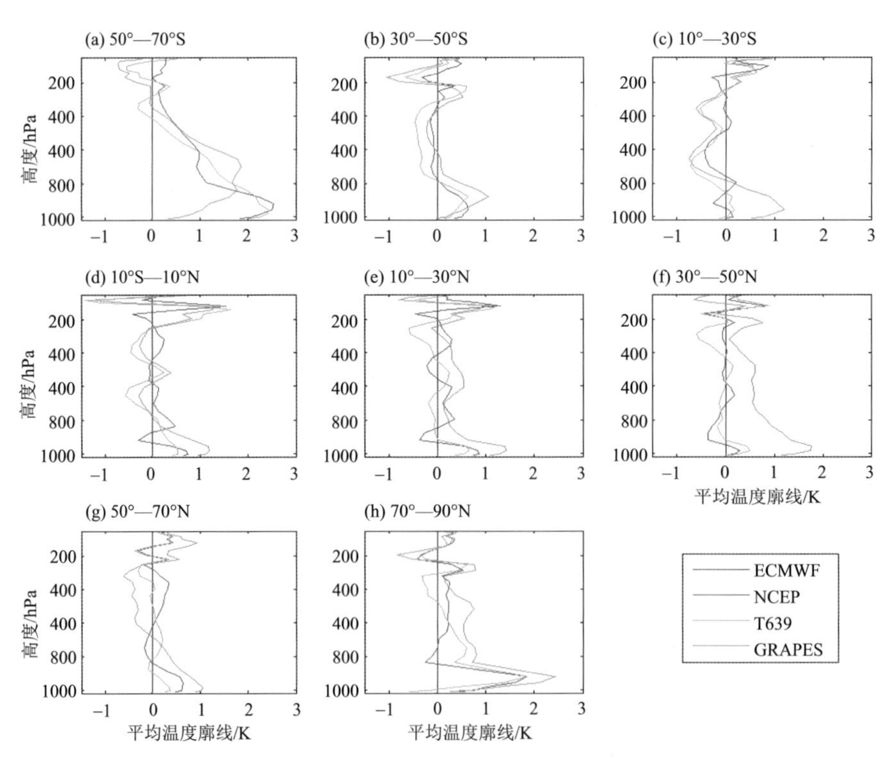

图 3.2 不同数值预报场（NECP、T639 和 CMA-GFS）纬度平均廓线与 ECMWF 模式结果的差异图

利用不同数值预报场对于通道 3 而言，ECMWF 观测与模拟偏差的标准差可达 0.2 K 左右，NCEP 与 T639 的观测与模拟偏差的标准差约为 0.4 K，而 CMA-GFS 则大于 0.8 K。比较偏差随亮温变化图可见，T639 在 220～230 K 模拟偏差较大的转折贡献了其较 NCEP 偏大的偏差标准差。CMA-GFS 异于其他几种资料的一些偏大的正负极值偏差造成了其较大的模拟偏差标准差。

对比偏差与亮温散点图(图 3.3)可发现，当仪器的观测信息有问题时，各数值预报场模拟偏差均能体现这种偏差。FY-3B MWTS 模拟偏差均值和标准差比较(图 3.4)可发现，不同数值预报场引起的模拟偏差标准差较为接近，对均值影响方面 ECMWF VARBC 表现最好。

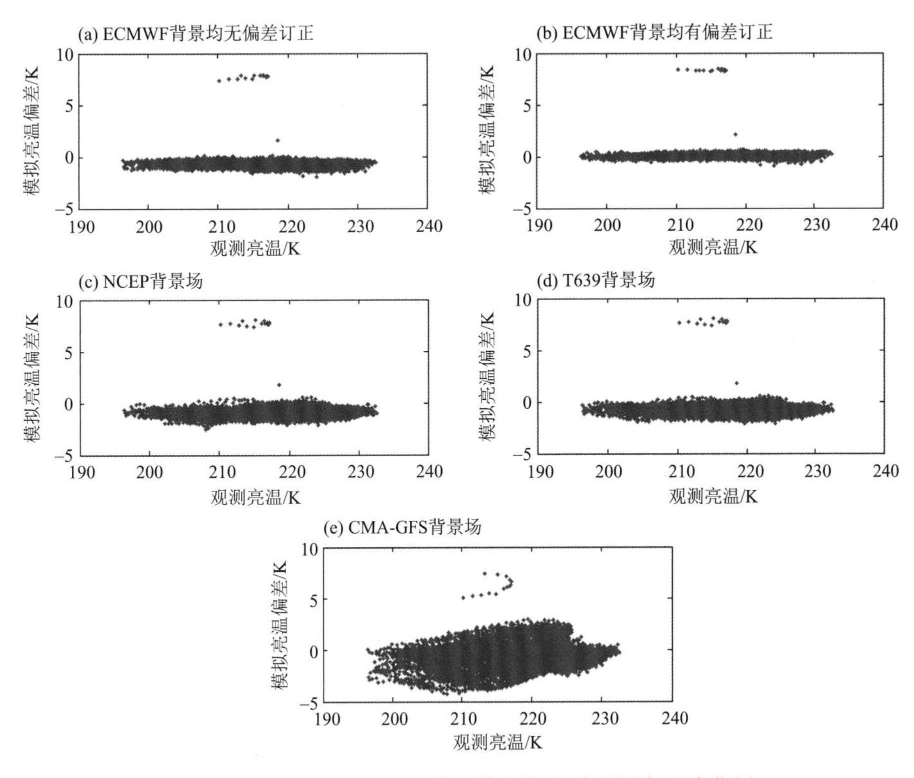

图 3.3　FY-3B MWTS 通道 3 模拟偏差随观测亮温演化图

对比模拟偏差的地理分布(图 3.5，图 3.6)，所有的数值预报场都指示出，在赤道周围仍有一些重复的点，这有可能是地理分布与实际不一致引起的，尽管这种不匹配的现象在质量控制中可以滤去，但仍是值得关注的问题。相对比偏差直方图，尽管它们的均方根误差表面上较为一致，但 NCEP、T639 和 CMA-GFS 的偏差的直方图却明显宽得多。FY-3B 偏差的直方图却变宽了很多，使得其 NCEP、T639 以及 CMA-GFS 的差异变小。

各种数值预报场均揭示类似的模拟偏差随扫描位置变化的趋势(图 3.7)，只是量级略有不同。FY-3B 与 FY-3A 呈现截然不同的变化趋势，FY-3A MWTS 为对称变化而 FY-3B MWTS 则呈单调变化。

观察模拟偏差的时间演化趋势(图 3.8)，对比 ECMWF、NCEP 和 T639，FY-3B MWTS 均呈现了模拟偏差类似的变化趋势；经过偏差订正后的 ECMWF 的变化趋势则更平稳，接近于 0；但 CMA-GFS 的变化趋势却要更复杂。

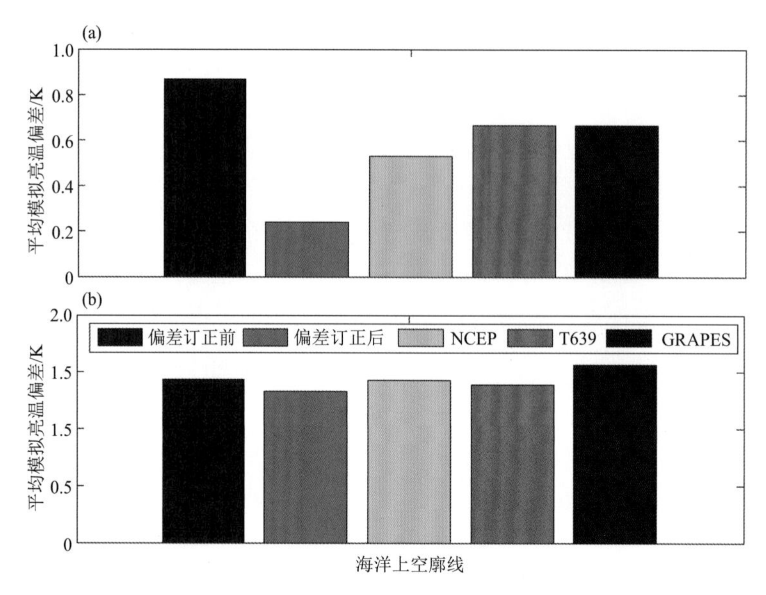

图 3.4　FY-3B MWTS 通道 3 模拟偏差平均值及标准差比较
(a)偏差平均值,(b)偏差标准差

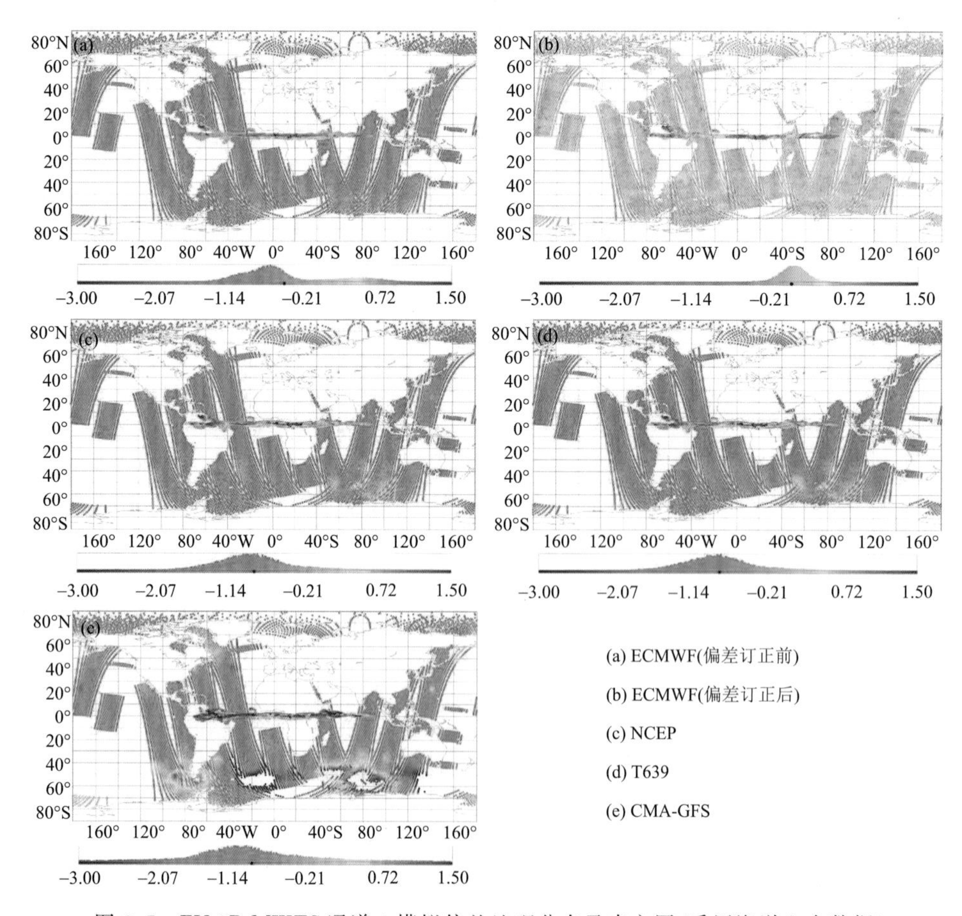

图 3.5　FY-3B MWTS 通道 3 模拟偏差地理分布及直方图(采用海洋上全数据)

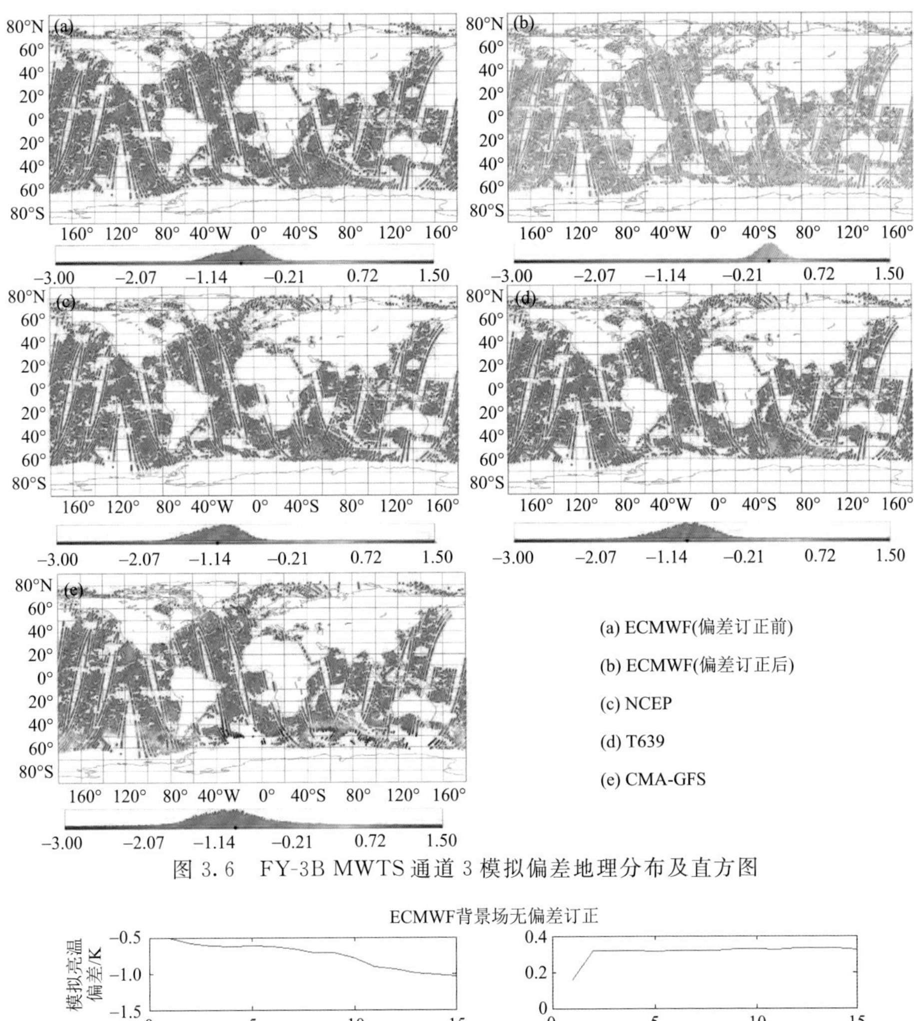

图 3.6　FY-3B MWTS 通道 3 模拟偏差地理分布及直方图

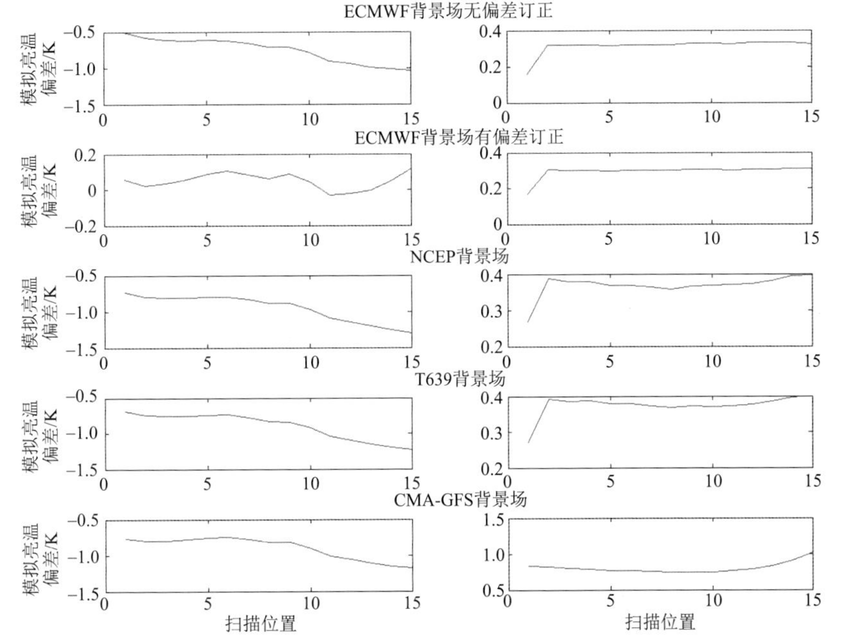

图 3.7　FY-3B MWTS 通道 3 各种数值预报场模拟偏差平均值与标准差随扫描位置变化
（左列为偏差平均值，右列为偏差标准差）

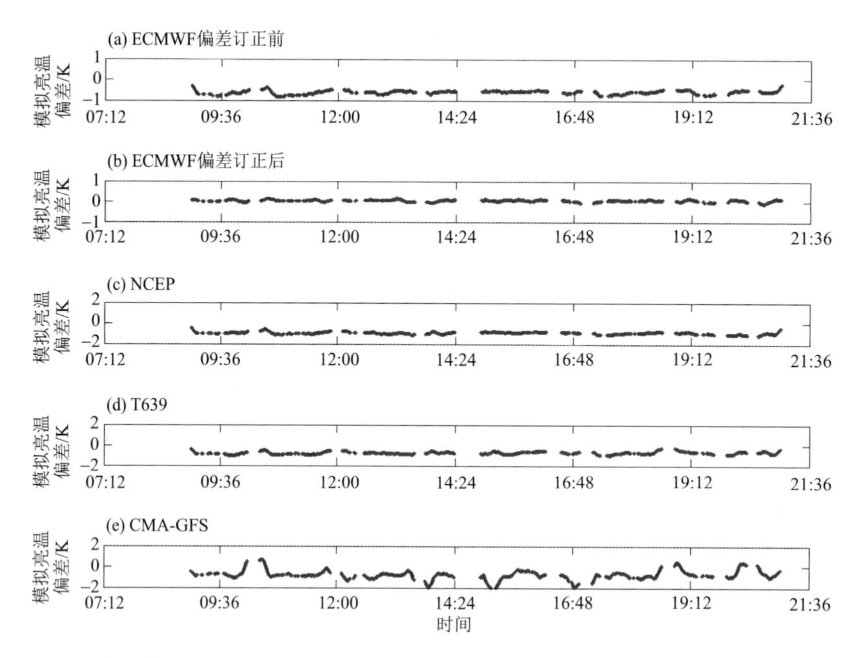

图 3.8　2011 年 8 月 28 日 07:12—21:36 FY-3B MWTS 通道 3 观测与模拟偏差随时间演化图

针对 FY-3C MWHS 仪器温度的长时间序列监测结果发现，从 FY-3C 发射升空以后到 2019 年间，仪器温度出现了多次跳变和渐变。图 3.9 中显示了 89/118 GHz 通道和 150/183 GHz通道的接收机温度和黑体温度，几种温度变化趋势一致，在整个时间范围内变化可达 6 K。同时分析了各通道观测模拟亮温差是否会受到仪器温度变化的影响。

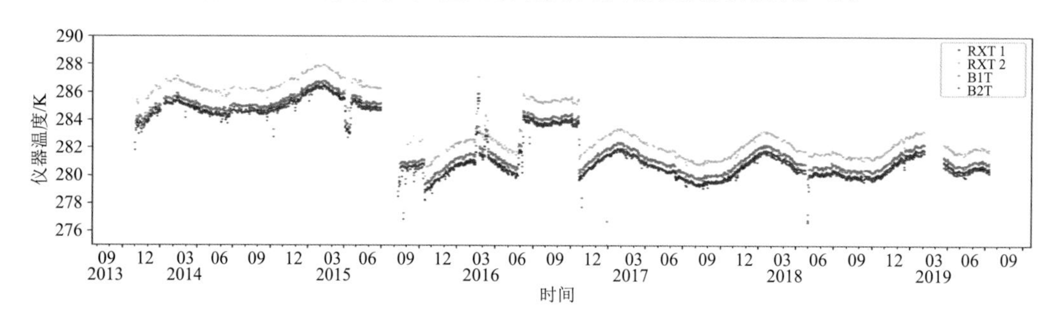

图 3.9　FY-3C MWHS-Ⅱ仪器温度长时间序列监测图

图 3.9 可见在 2016 年 5 月 7 日和 2016 年 9 月 20 日发生了两次仪器温度跳变，选择 2016 年的定标精度变化分析。图 3.10 显示了通道 2、3、13 和 14 的观测模拟亮温差。图中蓝色和黄色分别是用 T639 和 ERA-5 计算的观测模拟亮温差。可见，虽然两种偏差在数值上存在差异，但可以反映一致的偏差变化趋势。通道 2 和 3 在仪器温度升高时偏差也升高，且变化幅度均较小。通道 13 和 14 仪器温度升高偏差降低，幅度较大。进一步分析通道偏差的特征。图 3.11 显示了两种数值模式预报场得到的偏差随扫描位置的分布特征。两种结果存在差异，ERA-5 各纬度的分布曲线较为集中，T639 的各纬度曲线较为离散，但两种结果均显示出，各纬度范围下，通道 14 的偏差随扫描位置存在星下点不对称关系。由此可见，虽然 T639 和 ERA-5 评估得到的观测模拟亮温差不同，但偏差的特征均可以被较好评估体现。

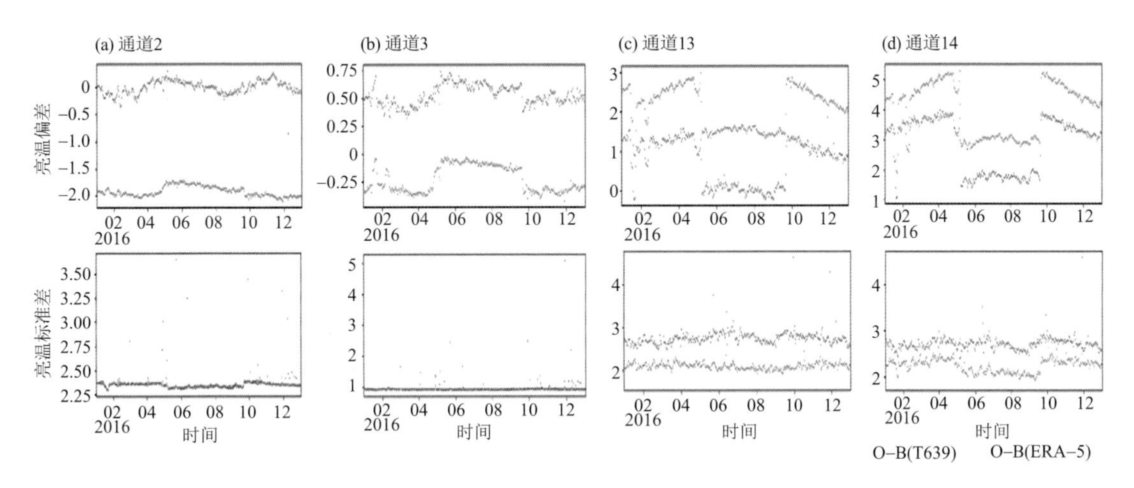

图 3.10　FY-3C MWHS 不同数值预报场评估结果对比

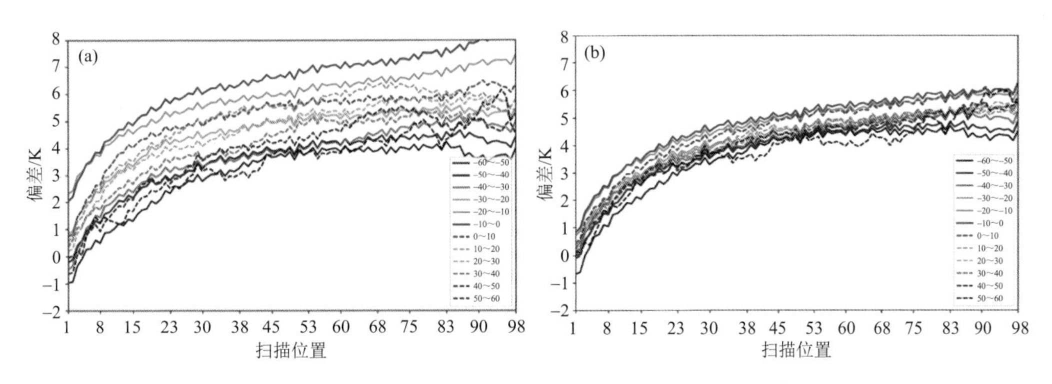

图 3.11　FY-3C MWHS 不同数值预报场模拟亮温随扫描位置分布
(a)T369 2016 年 10 月 2—7 日,(b)ERA-5 2016 年 10 月 1—7 日

前面针对 FY-3A/3B/3C 载荷的分析发现,基于国内 T639 和 CMA-GFS 资料的观测模拟偏差相较于其他数值模式偏大,这与当时技术发展不完善有关。经过几年发展,基于最新 CMA-GFS 资料的 FY-3C/D MWTS 观测模拟偏差已能与 ERA-5 再分析的结果相当(图 3.12 和图 3.13)。对 MWTS 而言,通道 1、2 为近地表探测通道,目前辐射模式对此类通道的处理能力不足,因此此处不做讨论。对于通道 3～13,从平均偏差来看,基于 ERA-5 的结果优于 CMA-GFS 的结果,特别是高层探测通道 11～13,前者平均偏差较后者小 1.0～2.0 K。但从标准偏差来看,中低层探测通道 CMA-GFS 的结果与 ERA-5 的结果相当,而对于高层探测通道 11～13,CMA-GFS 的结果明显优于 ERA-5。此外,从长时间序列来看,基于 CMA-GFS 的观测模拟偏差具有较好的稳定性。图 3.14 给出了 FY-3D MWTS 通道 6 全球海洋区域基于 CMA-GFS 的观测模拟偏差标准差随时间的演变特征。由图可见,在 2020 年近一年的时间内,观测模拟偏差的标准差在 0.4 附近波动,体现出较好的稳定性。因此,从目前的分析结果来看,CMA-GFS 数据可以很好地应用于 FY-3D MWTS 载荷的性能监测。

此外,FY-3D MWHS 通道 3 和通道 4 全球海洋区域基于 CMA-GFS 的观测模拟偏差和标准差的时间变化特征,这部分结果也验证了 CMA-GFS 观测模拟偏差具有较好的稳定性。

由图 3.15 可以发现 FY-3D 通道 3 在 2020 年近一年的时间里，其模拟偏差的标准差基本在 1 K 左右波动，通道 4 的结果也类似(图 3.16)，总体来看稳定性较好。

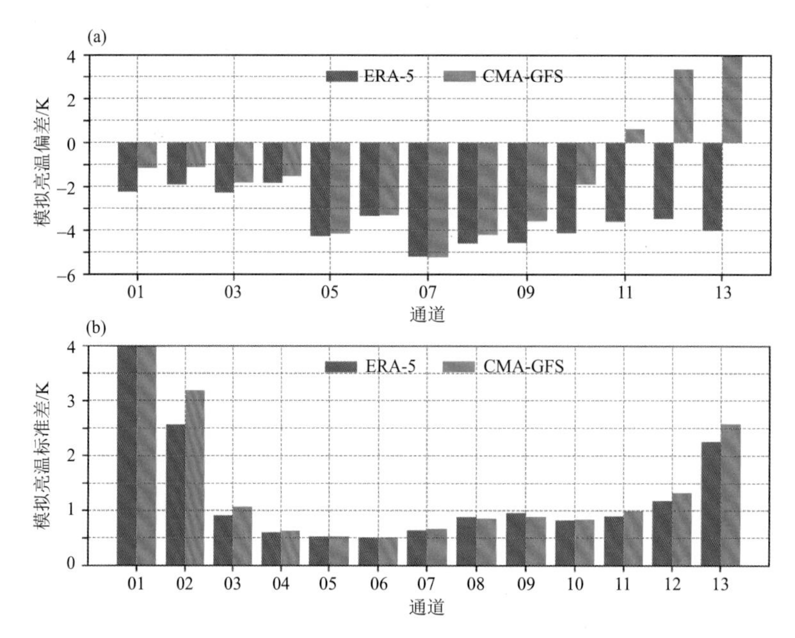

图 3.12　FY-3C MWTS 各通道 2014 年 4 月 1 日至 2014 年 4 月 4 日多天观测模拟偏差的统计特征图
(a)平均偏差，(b)标准差
(蓝色为基于 ERA-5 的结果，橘色为基于 CMA-GFS 的结果)

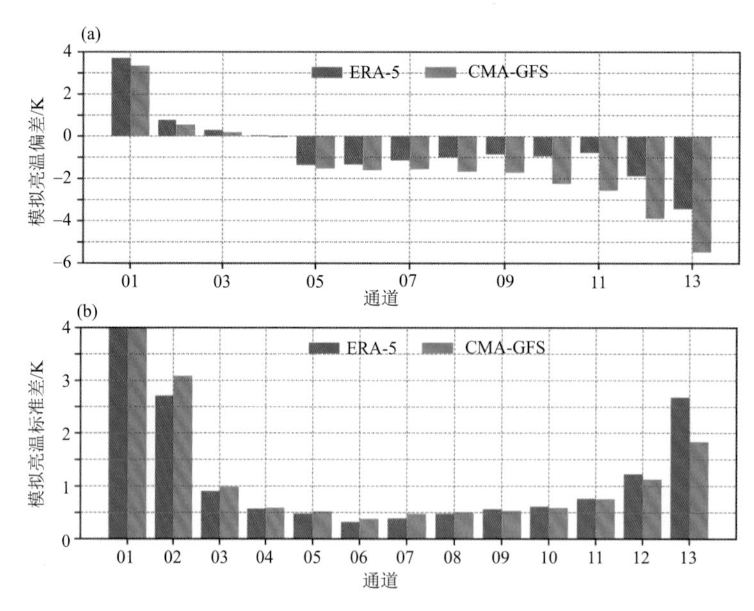

图 3.13　FY-3D MWTS 各通道 2020 年 8 月 10 日至 2020 年 8 月 14 日多天观测模拟偏差的统计特征图
(a)平均偏差，(b)标准差
(蓝色为基于 ERA-5 的结果，橘色为基于 CMA-GFS 的结果)

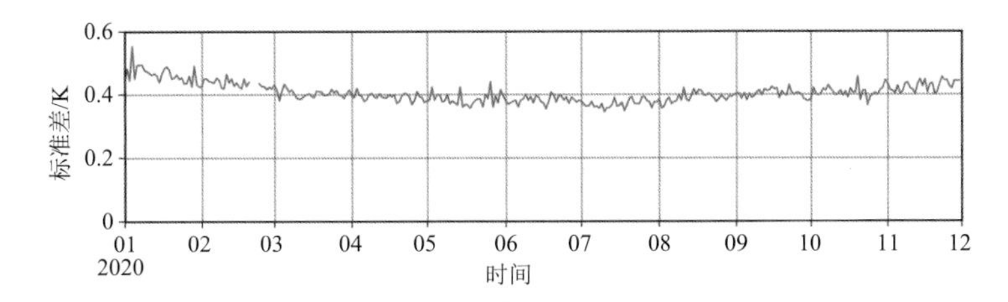

图 3.14　FY-3D MWTS 通道 6 基于 CMA-GFS 的全球海洋区域观测模拟偏差的时序图

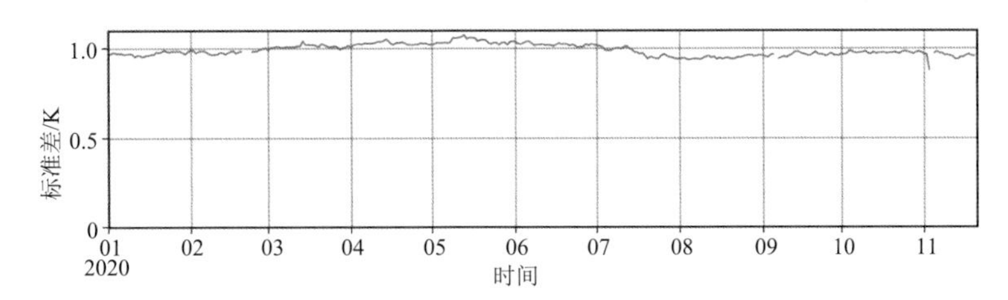

图 3.15　FY-3D MWHS 通道 3 基于 CMA-GFS 的全球海洋区域观测模拟偏差的时序图

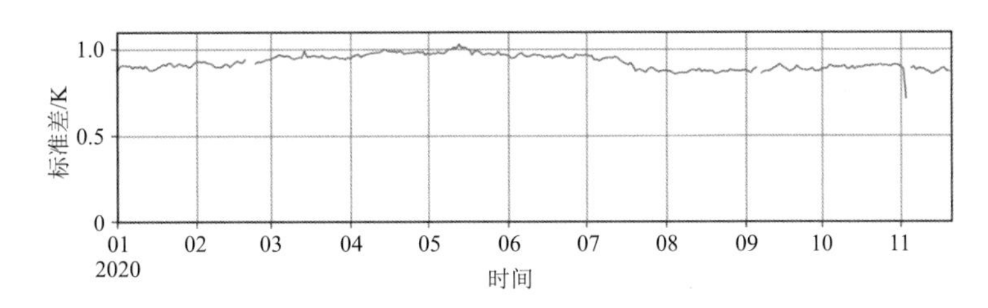

图 3.16　FY-3D MWHS 通道 4 基于 CMA-GFS 的全球海洋区域观测模拟偏差的时序图

3.1.2　云和降水检测方案

由于辐射传输模式对云雨大气的模拟精度较差，对晴空和表面发射率均匀的视场，其模拟精度很高，因此，一般把晴空条件、表面发射率均匀的目标的模拟观测作为准确的参考源数据，也即要获取精确的模拟参考源必须对观测数据进行严格的云(降水)检测，以挑选出可信度最高的绝对晴空像元。如红外谱段由于不能穿透云(薄卷云除外)，因此，在晴空大气条件下是最精确的，微波谱段不能穿透降水云，只有在非降水条件下模拟值比较精确。针对 FY-3 红外和微波探测仪器的云和降水检测方案，目标是找到最准确的晴空和非降水像元，得到精确模拟值作为参考源数据。

3.1.2.1　IRAS 数据云检测方案

FY-3 最早的业务云检测方案为利用 FY-3 VIRR 可见光成像仪器的云检测产品匹配到 IRAS 上。VIRR 对于晴空判识是基于 5 个单独的白天和夜间检测进行的，只有所有的测试值为负才能判识为晴空。这种检测方法会把某些晴空错判为有云，但却是保证晴空像元最保险的一种方案。FY-3 红外分光计是同时拥有红外和可见近红外通道的探测仪器，可充分利用此优势进行单独红外云检测方案，该方案简单易行且晴空精度最高，红外分光计单独云检测的原理是基于红外通道观测，主要是窗区 12 μm 通道和地表短波红外通道的观测对于云目标有较大光学厚度响应来进行云污染判识。检测由于白天和夜间的观测特性不同而分开进行。其检测流程如图3.17所示，主要分以下步骤进行。

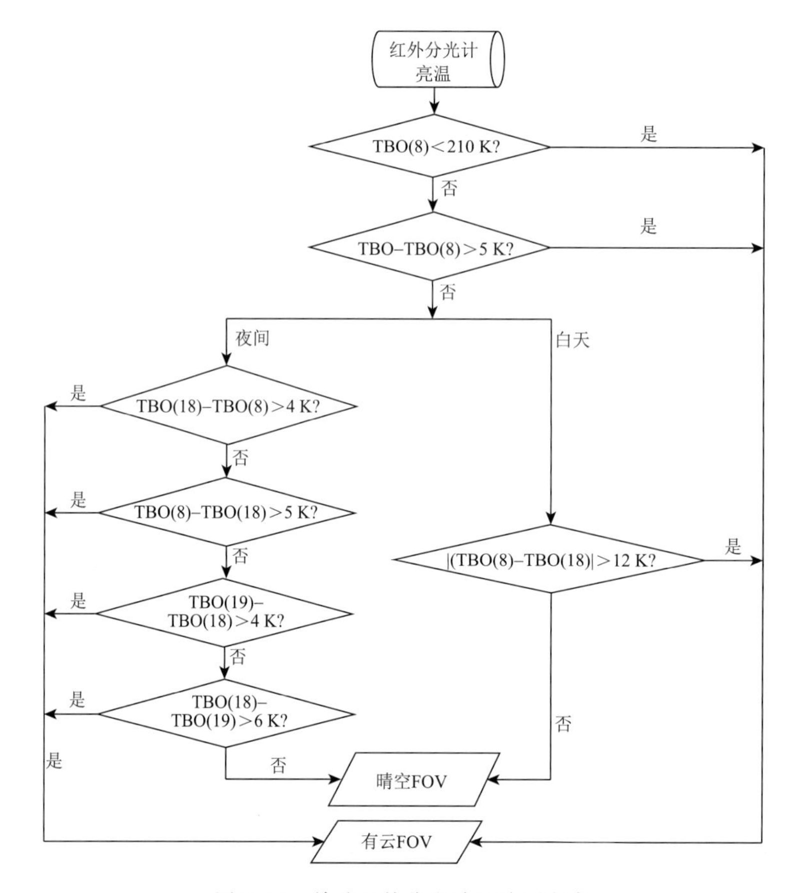

图3.17　单独红外分光计云检测方案

(1)长波红外窗区阈值测试

第一个阈值检测基于长波窗区12 μm通道的观测亮温是否低于210 K，最暖邻近像元与被检测像元12 μm通道亮温差是否大于5 K。满足任意一个条件则为云污染像元。

(2)白天红外单独云检测

长波窗区12 μm通道与短波红外3.98 μm通道亮温差是否大于12 K，满足则为有云。

(3)夜间红外单独云检测

夜间云检测更为复杂，需要进行四项单独的阈值测试，分别为12 μm通道与3.76 μm通道的亮温差是否大于5 K或者小于−4 K；3.76 μm通道与3.98 μm通道亮温差是否大于4 K或者小于−6 K；满足任意一个条件则为云污染像元。

图3.18分别给出为红外分光计单独红外云检测结果和VIRR匹配到红外分光计的云检测结果，结果显示二者在大部分区域有较好的一致性。

3.1.2.2　MWRI数据云和降水检测方案

降水在MWRI高频通道89 GHz会显示出云雨散射导致的亮温衰减，因此，利用89 GHz的晴空亮温(根据19 GHz与23.8 GHz低频通道的观测亮温进行近似估算)与观测亮温的差值来进行初步的降水检测。然而，由于一些散射较强的下垫面(如陆地的积

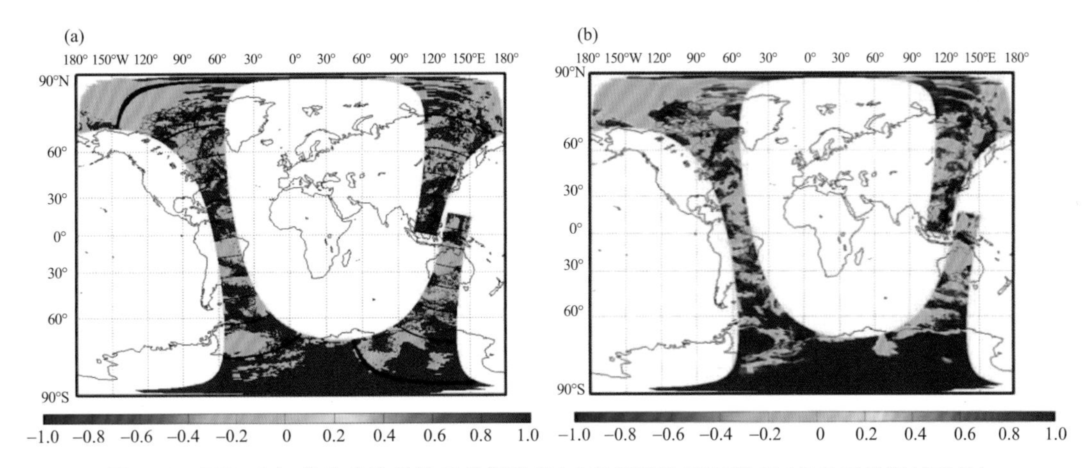

图 3.18　FY-3C 红外分光计单独云检测结果(a)和 VIRR 匹配到 IRAS 的云检测结果(b)

雪、沙漠、半干旱土地以及海洋上的海冰、较强的海面风速等)产生的散射信息与降水极为相似,还需要结合低频通道的观测数据对这些散射类物质进行划分,从而确定哪些散射类像元是降水信息。

基于以上原理开发了 MWRI 降水判识方案,并利用 PR 雷达降水反演产品对其进行精度评估。图 3.19 为一个飑线个例降水判识的空间分布。经过统计分析,在可匹配区域内,匹配到的降水像元有 1774 个,晴空像元有 3546 个,准确率为 87.67%,准确度满足基本的应用需求,具体的统计参数见表 3.1。

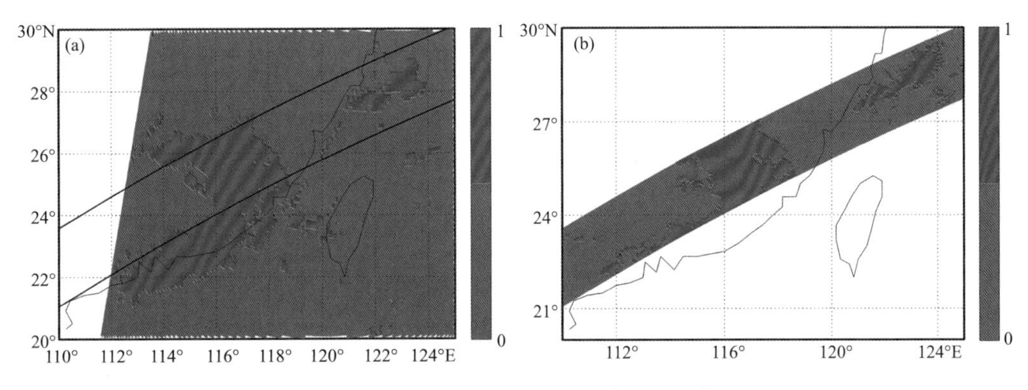

图 3.19　FY-3C MWRI 与 PR 降水判识结果

(a)MWRI,(b)PR

表 3.1　MWRI 降水判识精度统计分析

项目	降水像元	晴空像元	MWRI 降水—PR 降水	MWRI 降水—PR 晴空	MWRI 晴空—PR 晴空	MWRI 晴空—PR 降水	命中率
数值	1774	3546	1365	409	3299	247	87.67%

3.1.2.3　MWTS/MWHS 数据云和降水检测方案

微波温度计(MWTS)和微波湿度计(MWHS)是同时搭载于 FY-3 气象卫星上主要用于

大气垂直探测的微波仪器，其探测资料用于大气参数反演和大气资料同化。MWHS是利用其自身数据开发的降水检测产品，该产品利用89 GHz和150 GHz的亮温差进行降水检测，由于算法适用性目前只在海洋上开展降水检测。业务上是利用匹配查找表方法，把MWHS-Ⅱ降水检测结果匹配到MWTS观测视场上，判识MWTS探测像元是否受到降水的污染，从而确定非降水影响像元。

FY-3上搭载了三种微波仪器，分别为MWTS、MWHS和MWRI，具体性能参数见表3.2和表3.3。基于FY-3 MWRI对于降水的敏感性以及MWTS/MWHS探测仪器降水检测能力较弱的原因，开展了将MWRI匹配至MWTS/MWHS探测仪器像元的改进方案研究。通过分析三种微波仪器的扫描特征和几何参数，开发了微波成像仪和微波探测仪器之间的数据匹配方法，提出了一种新的微波探测仪器的降水检测方法并开展了相关试验。

表3.2　FY-3C MWTS和MWHS主要性能参数

仪器参数	MWTS	MWHS
通道数	13	15
对地扫描张角/°	±49.5	±53.35
视场角/°	2.2	1.1
步进角/°	1.112	1.1
步进时间/s	0.016	0.01763
行扫描点数	90	98
扫描周期/s	8/3	8/3
星下点分辨率/km	33	15
扫描带宽/km	2248	2700

表3.3　FY-3C MWRI主要性能参数

仪器参数	数值				
中心频率/GHz	10.65	18.7	23.8	36.5	89
极化方式	V,H	V,H	V,H	V,H	V,H
带宽/MHz	180	200	400	900	4600
地面分辨率/(km×km)	85×51	50×30	45×27	30×18	15×9
行扫描点数	254	254	254	254	254
扫描周期/s	1.7	1.7	1.7	1.7	1.7
扫描带宽/km	1400	1400	1400	1400	1400

(1)匹配融合方案

MWTS和MWHS为微波探测器，扫描方式为机械扫描，MWRI为微波成像仪，扫描方式为圆锥成像扫描。所以，MWRI与MWTS、MWHS的数据融合需要考虑扫描方式的不同。

由于MWTS和MWHS为机械扫描方式，而MWRI为圆锥扫描方式，在卫星同一观测时间，两种仪器对地观测范围有很大不同，如图3.20所示。因此，在进行数据匹配之前，首先要确定匹配的时间误差。根据图 3.21 可知，为了得到图中 MWTS 和 MWHS 扫描行的匹配数据，首先需要确定可匹配的 MWRI 扫描行数。而对于同一观测地点，微波成像仪先于 MWTS 和 MWHS 进行观测，因此，放宽误差范围，定义时间匹配阈值。通过时间阈值来确定可匹配的 MWRI 扫描行，可以有效节约匹配时间。

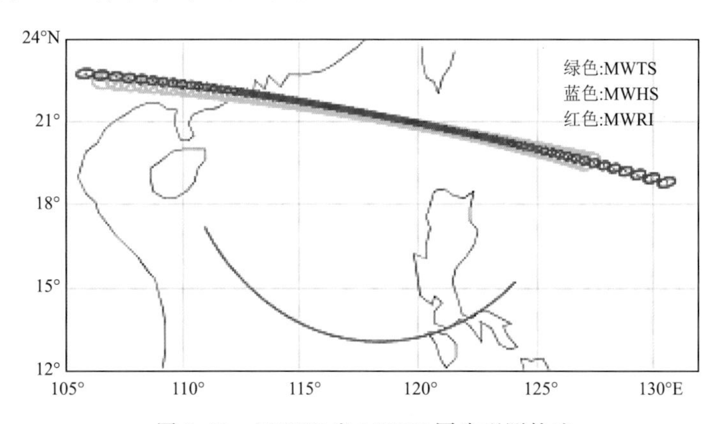

图 3.20　MWTS 和 MWRI 同步观测轨迹

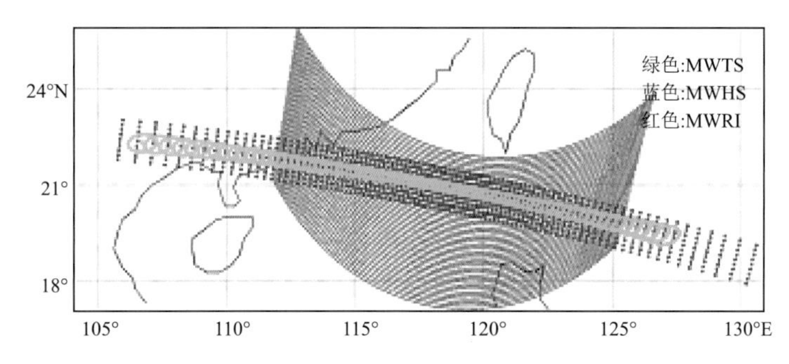

图 3.21　MWTS/MWHS 扫描行与 MWRI 扫描行的空间分布示意图

MWTS/MWHS 星下点的探测像元投影形状近似为圆形，当扫描张角逐渐增大时，探测像元投影形状也由圆形逐渐变成椭圆形，且越到边缘，椭圆的离心率越大，椭圆越扁。要对 MWTS/MWHS 与 MWRI 进行空间匹配，首先需要计算 MWTS/MWHS 的几何特征参数，确定地面椭圆投影的长轴、短轴和焦距等参数。

假设 MWRI 的像元为点源，若该点源落在 MWTS 像元视场范围内，则视为可匹配像元。因此，依赖于扫描角的 MWTS/MWHS 像元视场大小以及椭圆形视场的两个焦点与点源的距离决定了点源的可匹配性。

因此，主要的数据匹配方案包括以下几个步骤：

①确定匹配时间；

②确定满足匹配时间的目标扫描行；

③计算目标像元两个焦点与匹配像元的距离；

④判断匹配像元是否为可匹配像元。

(2)MWTS 和 MWHS 的降水云检测结果

根据上述数据融合方法及结果分析，分别利用 MWRI 完成了 MWTS 和 MWHS 的降水云检测，将融合结果(降水检测标记、洋面云检测标记、降水概率、MWRI 各通道亮温)和 L1 级数据合并生成融合后的 HDF 文件，并对数据进行了质量检查，在融合数据中降水标识参数说明如表 3.4 所示。

表 3.4　融合数据新增参数说明

参数	科学数据集	数据说明
降水检测标记	rr_flag	−1:无效 0:无雨 1:有雨
降水概率	rr_prob	−1:无效 0:无雨 1～100:降水概率(%)
洋面云检测标记	lwp_flag	−1:无效 0:无云 1:有云
MWRI 各通道亮温	tsri_tb	−9.9:无效

结合上述 MWRI 降水判识方法和数据匹配方法，开展了 MWHS 降水云检测；对于洋面，MWRI 对于云水有较好的判识结果，而对于陆地，由于下垫面的信息干扰，会有较大的误差，因此，本项研究还增加了洋面云的判识。图 3.22 为上述飑线个例的云和降水判识结果，其中(a)～(d)图分别为 MWRI 原始观测降水判识结果、匹配后的降水判识结果、匹配后的降水概率计算结果、降水和洋面云的判识结果。图 3.23 则为 2014 年 6 月 20 日的日检测结果。与 MWRI 匹配至 MWHS 像元方法相似，图 3.24 则为 2014 年 6 月 20 日 MWTS 的日匹配降水检测结果。

综上，基于 FY-3C MWRI 对于降水的敏感性以及 MWTS/MWHTS 探测仪器降水检测能力较弱的原因，开展了将 MWRI 匹配至 MWTS/MWHS 探测仪器像元的试验。试验通过分析三种微波仪器的扫描特征和几何参数，开发了微波成像仪和微波探测仪器之间的数据匹配方法，分析并检验了 MWRI 降水判识方法，提出了一种新的微波探测仪器的降水检测方法并开展了相关试验。试验结果表明，该方法可以有效获取全球下垫面的降水信息和洋面的云信息，为微波探测仪器的质量监控及数值同化应用提供有效的预质量控制信息。目前，根据上述数据融合方法及结果分析，针对 2014 年 6 月 1 日至 2014 年 9 月 1 日 3 个月的 FY-3C MWRI 和 MWTS/MWHS 观测资料，生成了相关降水检测数据，现已推送至中国气象局地球系统数值预报中心用于在同化中的效果检验。

3.1.3　地表发射率反演算法

1. 微波地表发射率反演算法

微波地表发射率与地表覆盖类型、地表物体的组成、物体的表面状况(表面粗糙度等)及物理性质(介电常数、含水量、温度等)有关，并随观测条件(观测波长、观测角度等)的变化而变化，即地表发射率受地表本身特性和传感器观测条件两大类参数的影响。这些参数中很多都有不确定性，在反演地表发射率时就成为了误差的主要来源。为了准确地进行地表发射率的

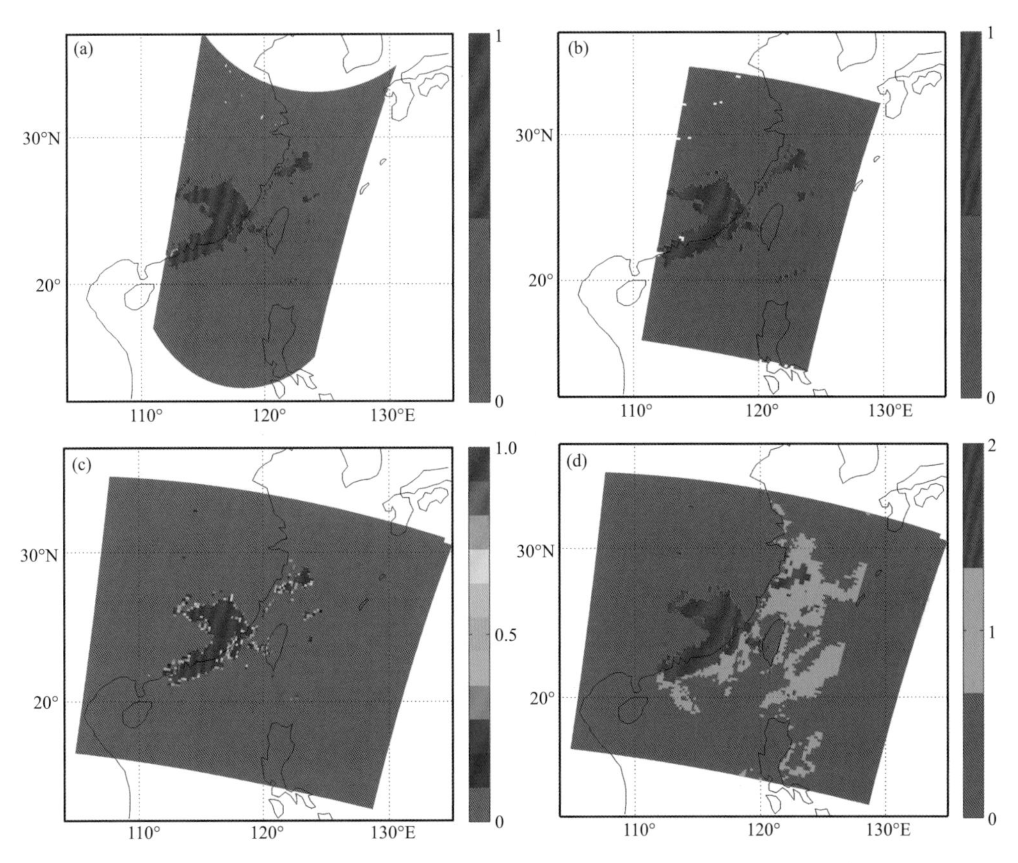

图 3.22　MWRI 匹配至 MWHS 降水检测结果(0:陆地无雨+洋面无云,1:洋面非降水云,2:有雨)
(a)MWRI 原始观测降水判识结果,(b)匹配至 MWHS 像元的降水判识结果,
(c)匹配至 MWHS 象元的降水概率结果,(d)匹配至 MWHS 像元的降水和洋面云判识结果

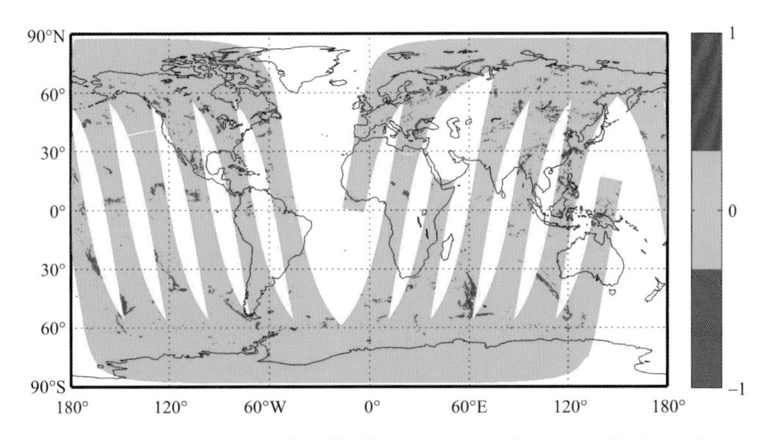

图 3.23　MWRI 匹配至 MWHS 降水检测日(2014 年 6 月 20 日)拼图(0:无雨,1:有雨)

反演,有必要选取主要的且容易获得的影响因子进行分类讨论。有研究表明,土壤含水量是微波地表发射率产生年内变化的重要因子之一,地表发射率随土壤含水量增大而降低;另外,地表温度与微波地表发射率的年内变化也存在着显著的负相关性。对塔克拉玛干沙漠地区的地

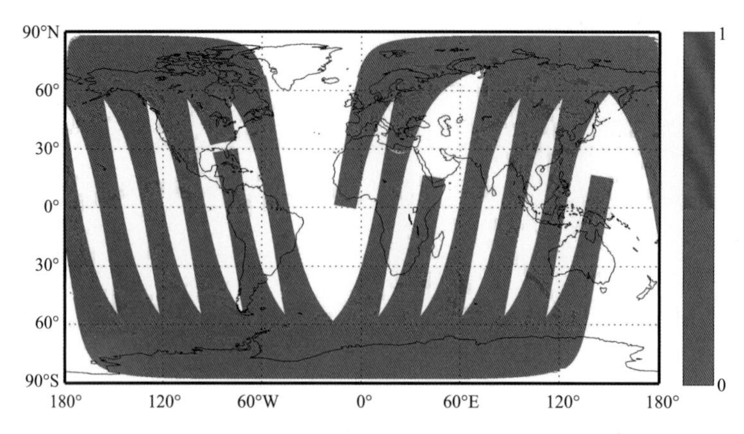

图 3.24　MWRI 匹配至 MWTS 降水检测日(2014 年 6 月 20 日)拼图(0:无雨,1:有雨)

表发射率与地表湿度、地表温度的相关性进行了对比分析,地表发射率与二者都有着明显的负相关关系,与前人的研究成果相符。因此,可以选取地表温度和地表湿度作为沙漠地区微波地表发射率反演的预报因子。

微波地表发射率反演模型的流程如图 3.25 所示。

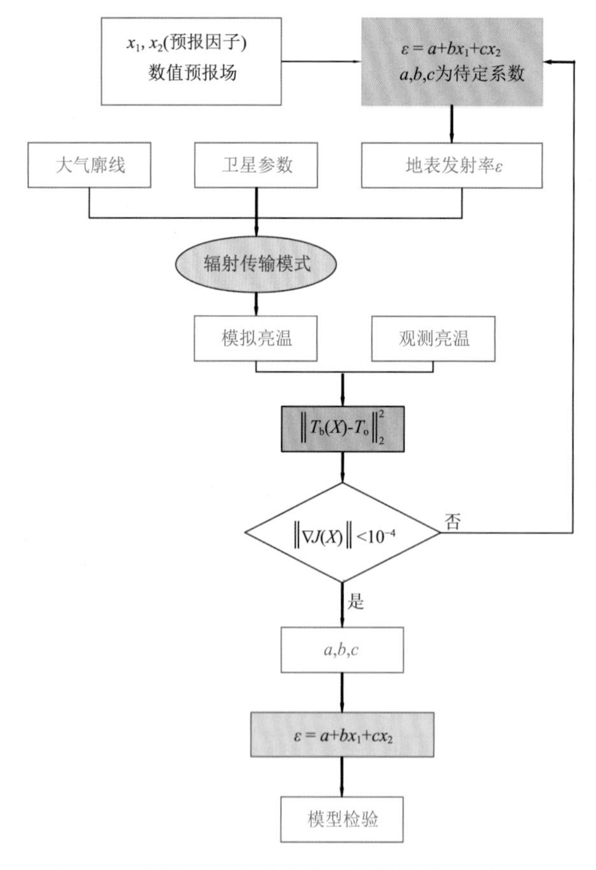

图 3.25　微波地表发射率关于预报因子的反演流程

(1)输入数据的预处理模块

预处理模块完成输入数据的读取、格式转换、质量控制功能。我们选取塔克拉玛干沙漠地区的一部分(38°—39.5°N,81°—82.5°E)进行沙漠地区微波地表发射率的反演。时间上选择四季的代表性月份 1 月、4 月、7 月和 10 月,在每个月中挑选 5 d。用 FY-3C MWRI 的 10.65 GHz垂直极化的亮温资料,采用散射指数(SI)对反演区域内受大气散射影响的扫描点进行质量控制。大气温湿廓线资料使用 T639 模式预报数据,地表温度采用欧洲中心的再分析资料(ERA-Interim)。根据卫星资料像元位置,将大气状态信息进行插值,其中时间上采用线性插值,空间上采用由反距离权重插值。

(2)代价函数的构建模块

在晴空大气下,辐射传输方程为

$$I(\mu)=\left[r\int_0^{\tau_N}B(T)\mathrm{d}T_d(\tau',\mu_d)+r_{\otimes}\frac{F_{\otimes}}{\pi}T_d(0,\mu_{\otimes})+\varepsilon B(T_s)\right]T_u(\tau_N,\mu)-\int_0^{\tau_N}B(T)\mathrm{d}T_u(\tau',\mu) \tag{3.1}$$

式中,⊗代表大气吸收,I 为辐射强度,单位:$W\cdot sr^{-1}$,μ 为天顶角余弦,单位:°,τ_N 为大气自上而下的光学厚度,T_u 和 T_d 分别为向上和向下的透射,ε 为地表发射率,r 为地表反射率,B 为普朗克函数,F 为太阳辐照度,单位:$W\cdot m^{-2}$。方程右端四项分别代表地球表面反射的大气向下辐射、表面反射的太阳辐射、地表发射的辐射和大气向上的辐射。可以看出地表发射率 ε 是地表辐射中一个非常重要的部分。

选取地表温度(T_s)与地表湿度(Q_s)为沙漠地区的微波地表发射率的预报因子,即将地表发射率看成地表温度和地表湿度的函数:

$$\varepsilon=f(T_s,Q_s) \tag{3.2}$$

由于具体函数关系(f)未知,根据二元函数的泰勒定理,将式(3.2)在(0,0)处展开:

$$f(T_s,Q_s)=f(0,0)+f'_{T_s}(0,0)T_s+f'_{Q_s}(0,0)Q_s+\frac{1}{2!}f''_{T_sQ_s}(0,0)T_sQ_s+\frac{1}{2!}f''_{T_s}(0,0)T_s^2+\frac{1}{2!}f''_{Q_s}(0,0)Q_s^2+\frac{1}{2!}f''_{T_sQ_s}(0,0)Q_sT_s+\cdots+(o)^n \tag{3.3}$$

当取一次线性近似时,地表发射率与地表温度、地表湿度为:

$$\varepsilon\approx\varepsilon_{2v}=aT_s+bQ_s+c \tag{3.4}$$

式中,a、b、c 为微波地表发射率线性函数关系中的待定系数。根据最优控制原理,结合 CRTM 模式的模拟亮温与 MWRI 的观测亮温建立代价函数

$$J(X)=\|T_b(X)-T_o\|_2^2 \tag{3.5}$$

式中,T_o 为 MWRI 的观测亮温,T_b 为 CRTM 前向模型的模拟亮温,它是经 CRTM 模式利用式(3.1)模拟的辐射强度 I,再由 I 通过下式求得

$$T_b=\frac{P_1}{B_2\times\ln\left(\frac{P_2}{I}+1\right)}-\frac{B_1}{B_2} \tag{3.6}$$

式中,P_1、P_2、B_1、B_2 表示普朗克常量。在线性反演模型中 $X=[a,b,c]^T$。

(3)CRTM 正演模拟亮温模块

将大气温湿廓线、卫星几何参数、地表发射率等信息提供给 CRTM 辐射传输模式进行亮

温的模拟，实现 CRTM 正演模拟亮温功能。一方面，利用 CRTM 前向模型得到的模拟亮温，结合观测亮温，建立代价函数；另一方面，在反演的过程中，由 CRTM 的辐射传输原理作为约束对地表发射率反演模型的参数不断进行修正，直至满足条件。

(4)极小化代价函数模块

利用牛顿法局部细致搜索的优势对代价函数进行极小化，实现极小化算法功能。对式(3.5)在 X_k 处泰勒展开为

$$J(X)=J(X_k)+\left[\frac{\partial J(X_k)}{\partial X_k}\right]^{\mathrm{T}}(X-X_k)+\frac{1}{2}(X-X_k)^{\mathrm{T}}\left[\frac{\partial J^2(X_k)}{\partial X_k^2}\right](X-X_k) \tag{3.7}$$

将式(3.7)右边极小化，可得迭代公式：

$$X_{k+1}=X_k-\left[\frac{\partial^2 J(X_k)}{\partial X_k^2}\right]^{-1}\cdot\frac{\partial J(X_k)}{\partial X_k} \tag{3.8}$$

其中：

$$\frac{\partial J(X_k)}{\partial X_k}=\nabla J\ (X_k)^{\mathrm{T}}J(X_k) \tag{3.9}$$

$$\frac{\partial J^2(X_k)}{\partial X_k^2}=\nabla J\ (X_k)^{\mathrm{T}}\ \nabla J(X_k)+J\ (X_k)^{\mathrm{T}}\ \nabla^2 J(X_k) \tag{3.10}$$

为了简化计算，忽略二阶偏导项得到新的迭代公式：

$$X_{k+1}=X_k-[\nabla J(X_k)^{\mathrm{T}}\ \nabla J(X_k)]^{-1}\nabla J(X_k)J(X_k) \tag{3.11}$$

式(3.11)右边第二部分也称作迭代方向 d_k，每次迭代沿此方向作一维线性搜索，寻求最优步长，即：

$$\lambda_k=\arg\min_{\lambda\in R} J(X_k+\lambda d_k) \tag{3.12}$$

这里的一维线性搜索方法采用了 Armijo-Goldstein 准则，满足以下两个条件：

$$J(X_k+\lambda_k d_k)\leqslant J(X_k)+\lambda_k\mu\cdot\nabla J(X_k)^{\mathrm{T}}d_k \tag{3.13}$$

$$J(X_k+\lambda_k d_k)\geqslant J(X_k)+\lambda_k(1-\mu)\cdot\nabla J(X_k)^{\mathrm{T}}d_k \tag{3.14}$$

式中，$\mu\in\left(0,\frac{1}{2}\right)$，对式(3.13)左边进行泰勒展开：

$$J(X_k+\lambda_k d_k)=J(X_k)+\lambda_k\ \nabla J\ (X_k)^{\mathrm{T}}d_k+o(\lambda_k) \tag{3.15}$$

最后一项高阶无穷小可以略去，由于是第 k 次迭代的下降方向，因此

$$\nabla J(X_k)^{\mathrm{T}}d_k<0 \tag{3.16}$$

由此得到最终的迭代公式：

$$X_{k+1}=X_k-\lambda_k d_k \tag{3.17}$$

因此，式(3.13)成立即保证函数是下降的，而对于式(3.14)右边与式(3.13)右边，可发现

$$\lambda_k(1-\mu)\cdot\nabla J(X_k)^{\mathrm{T}}d_k<\lambda_k\mu\cdot\nabla J(X_k)^{\mathrm{T}}d_k<0 \tag{3.18}$$

步长太小会导致该不等式不成立。因此，式(3.16)保证了步长不能太小。经逐次迭代，直到目标函数梯度达到要求的精度($\|\nabla J(X)\|<10^{-4}$)，则停止迭代，最后一步的结果即为最优解，由此可得待定系数 X，从而确定沙漠地区微波地表发射率与地表温度、地表湿度的线性函数关系。

(5)模型的检验模块

利用 4 个月的地表发射率反演模型分别做了两类检验。

第一类：选取整个塔克拉玛干沙漠(37°—41°N，78°—88°E)为检验区域，时间随机在反演的 5 d 中选取一天。利用反演模型计算整个塔克拉玛干沙漠地区的地表发射率，提供给

CRTM模拟亮温，并将其与原地表发射率模拟亮温、MWRI观测亮温进行对比。对比发现，反演所得的地表发射率模拟亮温和观测亮温的差在塔克拉玛干沙漠的大部分地区均小于原地表发射率模拟亮温和观测亮温的差。

第二类：选取的区域仍为检验区域，时间在每个月没有用来反演的天数中随机选一天，其他步骤与第一类检验相同。1月和4月塔克拉玛干沙漠地区的观测亮温（T_{obs}）与模拟亮温（T_{old}）差值图如图3.26所示。可见在1月29日原地表发射率模拟的亮温（T_2）比观测亮温在沙漠地区的大部分地区低3 K左右，最大可达7 K。利用2个因子反演所得的地表发射率模拟的亮温与观测亮温的差值减小到−2～2 K。4月8日，改变了地表发射率后，模拟亮温与观测亮温在塔克拉玛干沙漠的大部分地区由负偏差变为正偏差，模拟亮温较原模拟亮温减小。同时，在大部分沙漠地区的差值由−9 K左右减小到0～3 K。图3.27与图3.28相同但为7月和10月的结果，可见7月3日原地表发射率的模拟亮温与观测亮温在沙漠地区的大部分地区相差3 K左右，有些甚至相差5 K左右。而2个因子反演所得的地表发射率得到的模拟亮温在大部分区域与观测亮温的差值为−2～2 K，只有少部分地区达到3 K左右。10月8日，改变了地表发射率后的模拟亮温与观测亮温的偏差在塔克拉玛干沙漠的西部边缘由负变正，意味着我们的反演算法可能不适合计算沙漠边缘的地表发射率，但在其余大部分沙漠地区，采用新的地表发射率所得到的模拟亮温更加接近观测亮温。综上所述，2个因子反演的地表发射率的准确度比原地表发射率显著提高。

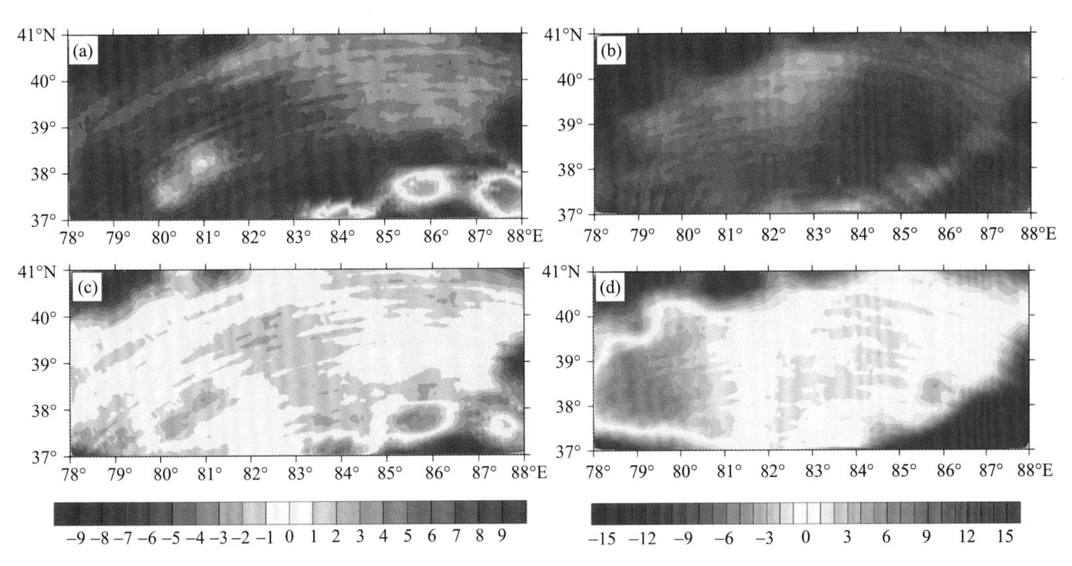

图3.26　1月29日（左）和4月8日（右）观测亮温和两种地表发射率下的模拟亮温差（单位：K）
左列：(a) $T_{obs}-T_{old}$，(c) $T_{obs}-T_2$；右列：(b) $T_{obs}-T_{old}$，(d) $T_{obs}-T_2$

2. 红外地表发射率算法

对AIRS红外地表发射率的卫星观测产品和Noah陆面土壤质地数据库进行匹配，建立了北非和阿拉伯半岛地区3.7～15.4 μm波段12种质地土壤的红外发射率数据集，并与ASTER光谱数据库中相应土壤进行了比较，分析了红外地表发射率和沙漠土壤质地的关系。发现在AIRS窗通道沙漠土壤发射率值随砂含量减少而增大，土壤中硅酸盐矿物质的余辉带效应决定了8～10 μm波段沙漠土壤发射率的光谱特征，土壤粒径的大小和有机物含量等都会影响地表发射率的值。

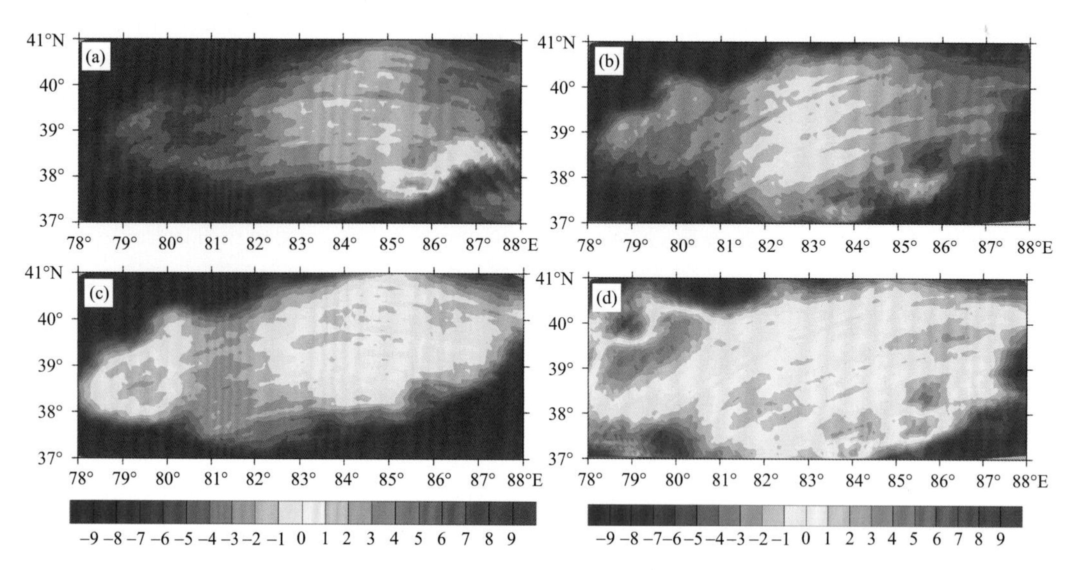

图 3.27　7 月 3 日(左)和 10 月 8 日(右)观测亮温和两种地表发射率下的模拟亮温差(单位:K)
左列:(a) $T_{obs}-T_{old}$,(c) $T_{obs}-T_2$;右列:(b) $T_{obs}-T_{old}$,(d) $T_{obs}-T_2$

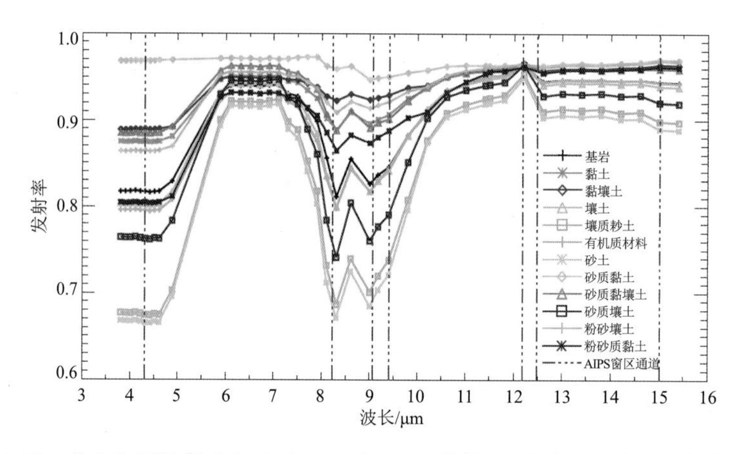

图 3.28　北非和阿拉伯半岛地区 2008 年 1—3 月份 12 种质地土壤的发射率光谱

假设地表是平坦的,对于平行平面非散射大气,使用 Rayleigh-Jeans 近似,计算地表发射率可以通过辐射方程,即

$$\varepsilon_{\nu,p}=\frac{\mathrm{TB}_{\nu,p}-T_{\mathrm{u}}-\Gamma_{\nu}T_{\mathrm{d}}}{\Gamma_{\nu}(T_{\mathrm{s}}-T_{\mathrm{d}})} \tag{3.19}$$

式中:ε 是地表微波发射率;TB 是卫星亮温观测值;T_s是地表温度;T_u和 T_d分别是上行和下行的大气辐射亮温;Γ 是大气透过率。

卫星观测资料由 2009 年 AMSR-E 亮温数据提供。

利用 FAO 和 STATSGO 全球土壤质地分类数据库,对北非沙漠地区的土壤进行质地分类。该数据库包括全球 19 种土壤类型,空间分辨率为 1 km。根据美国农业部土壤质地的三角形分类法,不同土壤的质地按不同含量的砂土、粉土和黏土来定义,砂土粒子(0.05～2 mm)

尺度大于粉土粒子(0.002～0.05 mm)和黏土粒子(小于 0.002 mm)的尺度。根据该标准,北非沙漠地区存在 14 种质地的土壤。

由图 3.29 可知,不同地表类型的垂直极化发射率都是随着频率增加而呈逐渐减少趋势,而水平极化发射率都是随着频率增加而逐渐增大,极化差异随着频率增加而逐渐减少。可以看出,砂土(sand)和壤质砂土(loamy sand)比较接近,砂质壤土(sandy loam)、粉土(silt)和粉壤土(silt loam)比较接近,壤土(loam)、黏质壤土(clay loam)和粉质黏土(silty clay)比较接近,砂质黏土(sandy clay)和粉砂黏壤土(silty clay loam)比较接近。

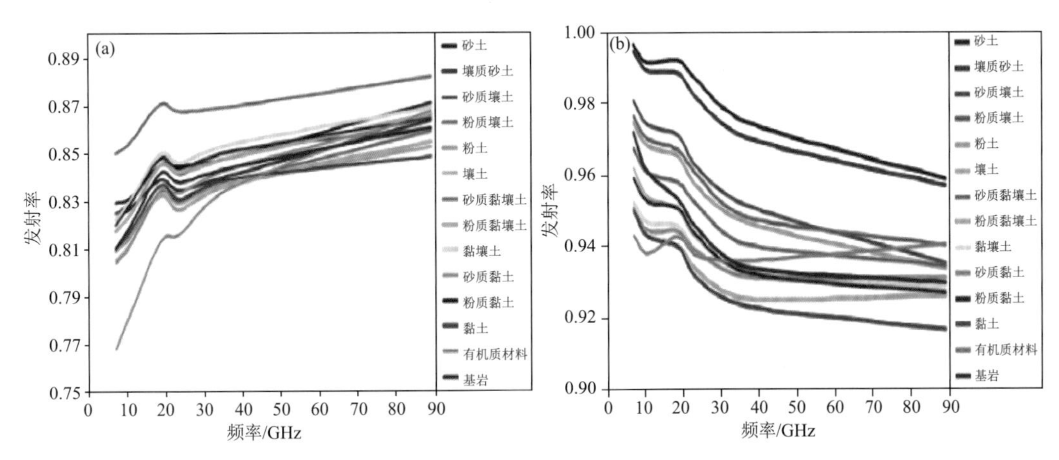

图 3.29　由 AMSR-E 观测资料反演的不同土壤质地的地表发射率
(a)水平极化,(b)垂直极化

与上述砂土含量较高的土质相对照,有机物(organic materials)、黏土(clay)和基岩(bedrock)的土壤发射率较低。当频率高于 30 GHz 时,粉砂黏壤土(silty clay loam)、砂质黏土(sandy clay)、基岩(bedrock)的发射率几乎保持不变。砂土含量较高的土壤,如砂土(sand)、壤质砂土(loamy sand)和砂质壤土(sandy loam)在较低频率一般显示出较大的极化差异,而黏土(clay)含量较高的土壤,如黏土(clay)、砂质黏土(sandy clay)和砂质黏壤土(sandy clay loam)的极化差异较小。这些特征可能与分层和材料介电性有关。

3. 地表发射率数据库的建立与比较

建立数据库包含:MODIS LSE 数据、GLASS LSE 数据、MERSI LSE 数据和微波地表发射率资料。

(1)MODIS LSE 数据

产品可由如下网页下载:https://emissivity.jpl.nasa.gov/mod21。

MODIS 地表温度和发射率(LST/LSE)标准产品(来自 Terra 的为 MOD11,以及来自 Aqua 的为 MYD11)由三种不同的算法生成:通用分裂窗(GSW)算法(MOD11_L2),该算法以 1 km 分辨率生成 LST 数据,以+5 km(C4)和+6 km(C5)分辨率生成 LST/LSE 数据;日/夜算法(MOD11B1),以及基于 ASTER 温度发射率分离(MOD21_L2)算法,该算法以 1 km 分辨率在 3 个 MODIS TIR 通道(29、31、32)中生成 LST 和 LSE。

MOD21 产品由 JPL 开发,由 ASTER 温度发射率分离(TES)算法生产,该算法适用于 MODIS 通道 29、31 和 32。MOD21 产品解决了传感器之间的算法不一致问题,使相互比较难以解释，在重新采样数据时引入不确定性，并限制了其在模型和地球系统数据记录的有用性，这些记录要求在空间、光谱和时间尺度范围内在所有陆地覆盖类型上进行一致和准确的发射。

图 3.30 显示了全球 MOD21 8 d 平均 MODIS 3 个通道(29、31 和 32)的发射率。通道 29 的发射率变化最大(0.8～1)，因为它对应于 8～10 μm 的石英石带中，在沙漠地区发现最低的发射率(蓝色区域)。通道 31 和 32，即分裂窗频段，具有更稳定的发射率，范围从 0.92～1。值得注意的是，在沙漠上，分裂算法根据分类发射率为通道 31～32 设置了恒定发射率(0.96)。从下面的 MOD21 结果可以明显看出，沙漠地区通道 31～32 的发射率变化很大，结果显示，分裂窗算法(例如 MOD11_L2)往往对干旱和半干旱地区具有较大的 LST 不确定性。

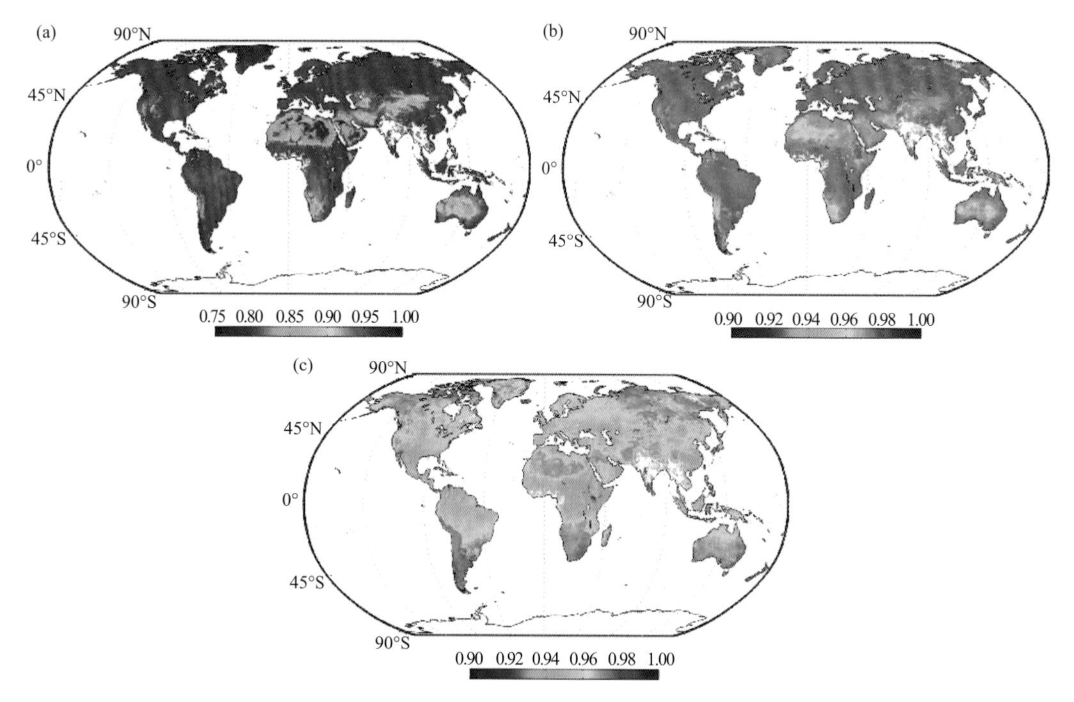

图 3.30 MODIS 通道 29(a)、31(b)、32(c)的发射率分布图

(2)GLASS LSE 数据

GLASS 全球陆表特征参量产品-发射率 BBE_modis(1 km)，下载数据来源于国家科技基础条件平台-国家地球系统科学数据中心。产品相关文件包括 HDF 和 XML 两个文件，其中数据实体存储在 HDF 文件中，产品的元数据信息存储在 HDF 和 XML 文件中。该产品具有长时间序列、高分辨率、高精度的特征，为研究全球环境变化提供了可靠的依据，能够广泛应用于全球、洲际和区域的大气、植被覆盖、水体等方面的动态监测，并与气温、降水等气候变化表征参数结合起来，应用于全球变化分析。可为全球生态环境演变规律、生态环境监测、资源开发和社会经济可持续发展提供很好的科学依据、技术和数据支持。其中，数据为全球范围 1 km正弦投影栅格的数据。图 3.31 为地表发射率的一个示例。

将全球陆表划分成裸土、过渡区域、植被覆盖、水体、冰/雪。分别给出每种地表类型的宽波段发射率反演方法。其中水体和冰/雪主要根据输入数据和预处理数据的标识确定，而裸土、过渡区域、植被覆盖根据像元的 NDVI 确定。当 0<NDVI≤0.156，将像元标识为裸土；当 0.156<NDVI，将像元标识为植被覆盖；当 0.1<NDVI<0.2，将像元标识为过渡区域。发射

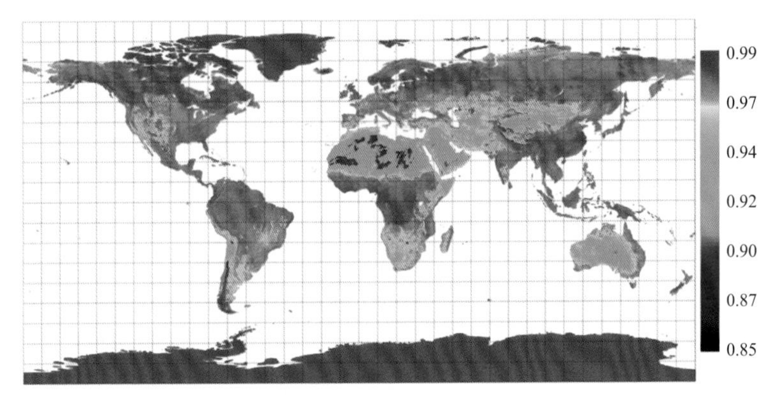

图 3.31　地表发射率产品空间分布图(2015 年)

率光谱计算、统计得到,赋值为 0.985。根据 ASTER 宽波段发射率和 MODIS7 个窄波段反照率之间的显著线性关系,通过回归的方法确定算法的表达式,以裸土和过渡区域的发射率反演。另外采取查找表的方式,实现植被覆盖地表宽波段发射率反演。使用辐射传输模型 4SAIL 构建宽波段发射率查找表模型输出为方向宽波段发射率,通过角度积分得到半球宽波段发射率,确定模型的输入参数后,即可从查找表中查取像元的宽波段发射率。

(3)微波地表发射率资料

利用网络下载的特定微波频点的地表发射率数据库,为 10.65、18.7、23.8、36.5、89 共 5 个频点,垂直和水平极化两个分量,分析了陆地区域微波地表发射率的时空变化特征,图 3.32 给出了 89 GHz 处水平极化的地表发射率。从年平均来看(图 3.32a),89 GHz 处地表发射率的高值区位于热带和副热带森林区域,其量值超过 0.94,而在干旱、半干旱区域地表发射率相对较小,普遍在 0.8～0.9。从年标准差变化来看(图 3.32b),全球大部分区域月平均的变化率在 0.02 以内,变化较大的区域主要为极区和中高纬度,以及印度次大陆。由于区域内地表状况的年内变化比较剧烈,通常伴随着冰雪和植被的转化,对于极区和中高纬度地区的极高的年内变化是可以理解的。但是对于印度次大陆,东南亚一些地区也存在较大的年内变化率,很难用常规的地表类型变化来解释,需要后期通过其他数据的对比分析进一步确认。另外,对于上述的 5 个频点,其特征存在较大差异。

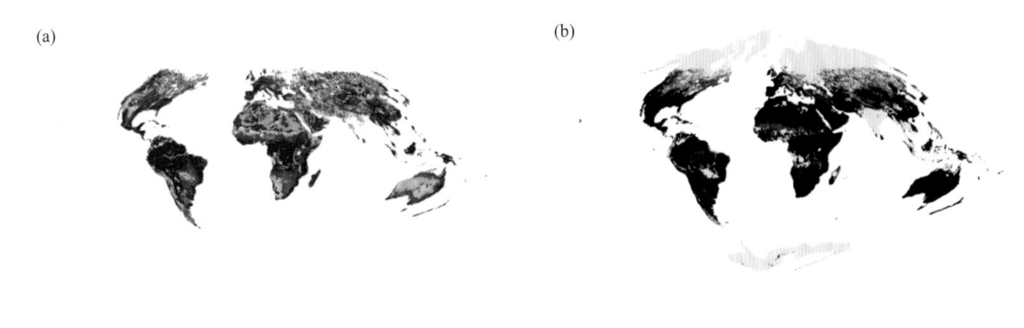

图 3.32　微波 89 GHz 处水平极化的地表发射率

(a)年平均值,(b)年标准差

（4）地表发射率数据库时空和光谱匹配

基于TELSEM使用插值的方法得到仪器通道的地表发射率。在RTTOV mod_mwatlas.f90的基础上，增加上述四类地表发射率产品的读取程序。TELSEM的插值过程如下。

首先对于用户选择的位置（纬度和经度）和月份，算法在参考气候学中搜索相应的SSM/I发射率。它为SSM/I三个频率（19.35、37.0和85.5 GHz）上的EMSSMIV（53°）和EMSSMIH（53°），即53°天顶角对应的垂直和水平极化发射率。然后，对于每个SSM/I频率（19.35、37.0、85.5 GHz），算法从EMSSMIV（53°）和EMSSMIH（53°）的多线性回归中计算得到天底条件下EmV（0°）（等于EmH（0°））时的发射率。此多线性回归的系数已分类单独预计算。下一步包括应用一个预计算的多项式函数，该函数描述每个极化和每个SSM/I频率的角度依赖性，以在用户选择的电位角度下推断出发射率EmV（θ）和EmH（θ）。最后，应用频率的线性插值，从三个SSM/I频率发射率函数中，推导出用户选定的频率下EmV（θ）和EmH（θ）。具体过程如图3.33所示。

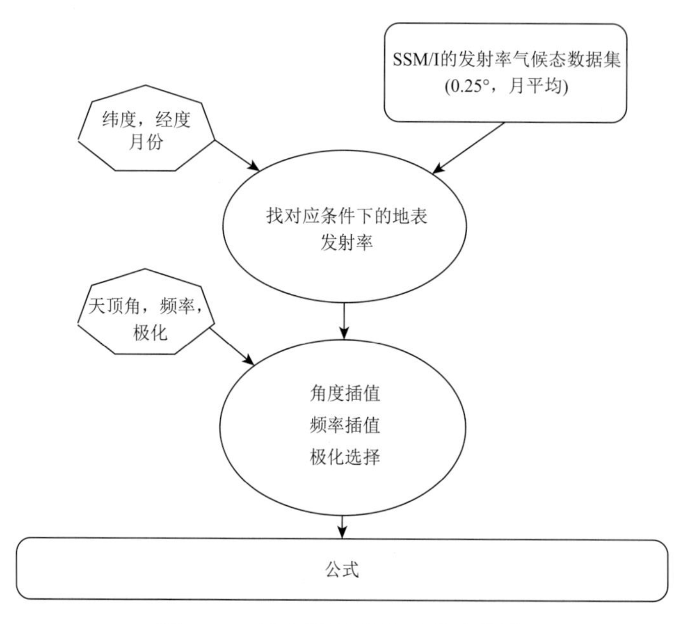

图3.33　TELSEM插值过程流程图

在具体实践中，软件通过调用函数的形式激活该方法。

上面是针对微波发射率的情况，对应的，软件设计了红外的插值方法，即基于铆钉点的发射率采用线性插值得到其他频率的发射率。空间上，软件基于反距离加权得到对应点的发射率。

（5）微波地表发射率库数据与发射率模型结果的比较

通过收集微波地表发射率并将其应用于辐射计算。图3.34和图3.35分别给出了基于地表发射率库和RTTOV发射率模型计算的MWHS通道1亮温分布图，及其观测模拟偏差的分布图。由图可见，尽管采用地表发射率库的模拟结果在部分陆地区域其观测模拟偏差略优于基于RTTOV自带发射率模型的结果，但其观测模拟偏差仍然很大（标准偏差大于6 K），远不能满足监测观测数据质量的要求，因此在实际的监测中，没有针对近地表通道展开分析。

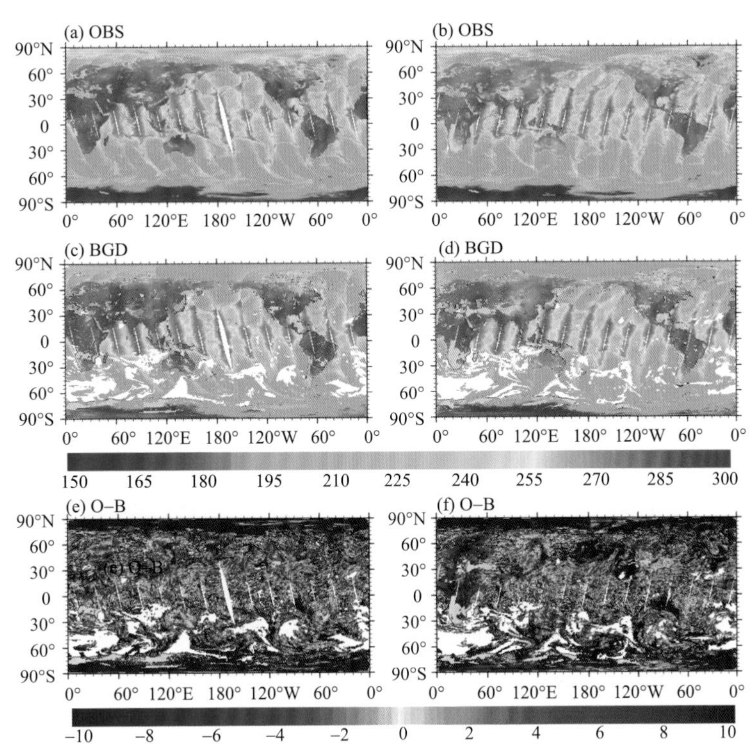

图 3.34　FY-3D MWHS 第一通道观测模拟亮温的空间分布(单位:K)
(左、右两列分别为升、降轨的结果,模拟亮温时地表发射率采用地表发射率库插值得到,
OBS:观测,BGD:背景,O－B:观测－背景)

3.1.4　高速并行运算方法

无论是载荷性能监测时对高光谱仪器背景辐射快速模拟的需求,还是载荷参数偏差演算中对辐射多次迭代计算的需求,都涉及大量计算和读写(IO),可以采取基于 MPI 和 OpenMP 的传统并行方案和基于云端的高性能细粒度计算方案以提高计算效率。通过以载荷性能监测时背景辐射的快速计算为例,其需求在于:一方面,由于快速辐射传输模型与背景场本身的不确定性,需要利用不同的背景场、正演模型与正演方案,对载荷进行模拟;另一方面,如红外高光谱 HIRAS 载荷包含本身 2275 个通道,每 5 min 一个扫描段,一天生成 288 个文件,因此,载荷正演模拟运算本身具有 IO 密集型与计算密集型的业务特点。

在 MPI 和 OpenMP 方案中,针对上述情况,在系统架构上采用刀片集群与共享盘阵的结构,同时利用 MPI＋OpenMP 的技术,实现并发处理,如图 3.36 所示。

通过上述方案,使得计算效率得到提高。在针对 HIRAS 背景辐射的计算中,MPI 和 OpenMP 方案使得串行需要 17 min 完成的计算量在 10 节点并发的情况下 2 min 内完成计算。当然,使用这种方法也存在一些问题:

(1)采用集中式存储设计,系统扩展能力差,无法按需扩展或缩编,造成资源浪费。在传统设计中,系统设计人员通常按最大值来对研发所用资源进行配置;而在有效的资源配置情况下,如何更好地为科研人员服务,也是必须要解决的关键问题之一。

(2)传统设计中,在并行方面只是简单地对观测区域切片,并通过 MPI 对切片进行并发处

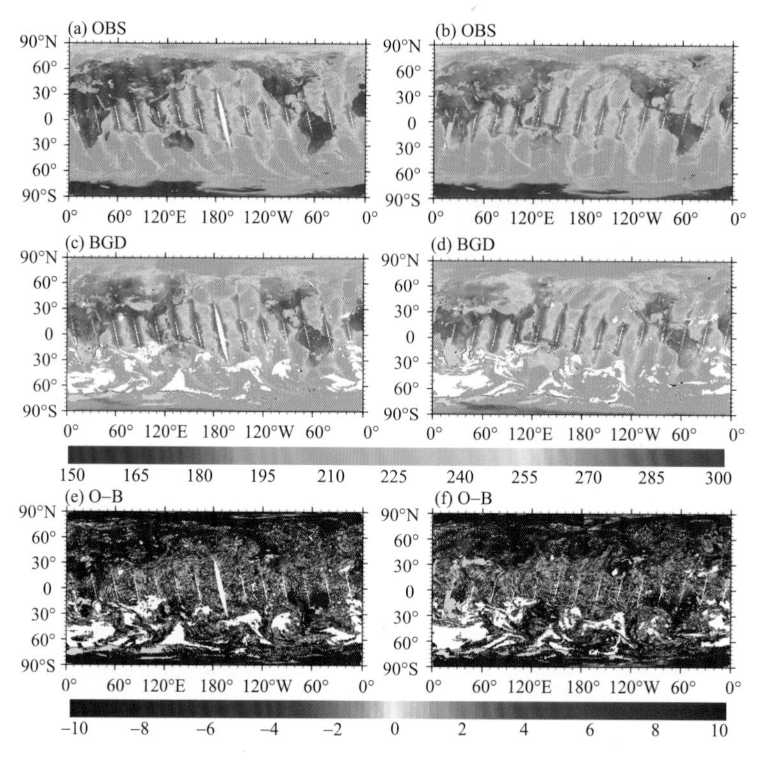

图 3.35　同图 3.34，但为采用基于 RTTOV 自带微波发射率模型计算地表发射率的结果

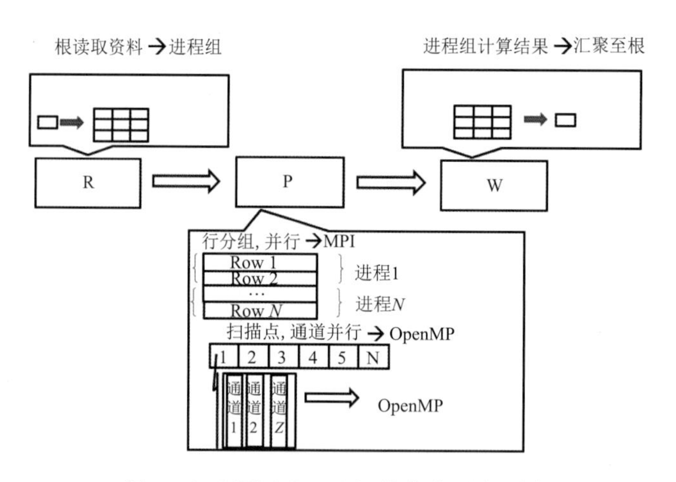

图 3.36　MPI＋OpenMP 并发处理流程图

理，同时通过 OpenMP 进行通道间的线程并发，而不同切片由于大气廓线、地表类型、观测几何不同，其计算效率存在较大差别，如图 3.37 所示。

由图 3.37 可见，在 10 个节点 60 个 CPU 核中，不同节点 CPU 的用时差异很大，最大可达 3 倍左右。因此，还需要研究新的方案，以便更好地调用集群计算资源与 IO 资源，针对上述问题，通过基于 Redis 建设云端的高性能细粒度方案。针对快速辐射传输其基本架构设计如图 3.38。

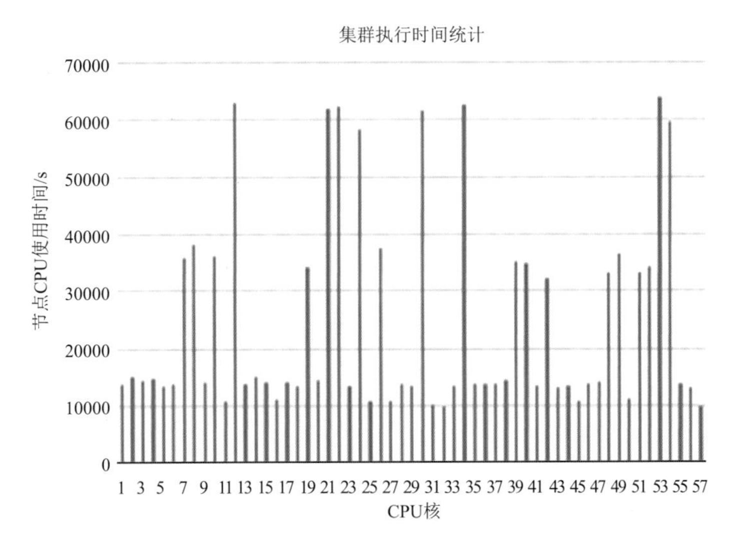

图3.37 MPI+OpenMP处理各节点CPU使用效率

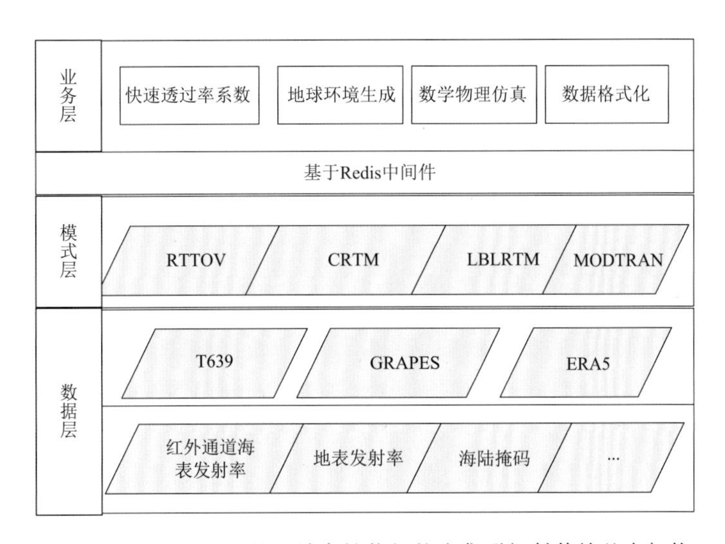

图3.38 基于Redis的云端高性能细粒度集群辐射传输基本架构

在本架构中，Redis是其中的关键。Redis是现在最受欢迎的NoSQL数据库之一，Redis是一个使用ANSI C编写的开源、包含多种数据结构、支持网络、基于内存、可选持久性的键值对存储数据库，其具备如下特性：

（1）基于内存运行，性能高效；

（2）支持分布式与主从架构，理论上可以无限扩展；

（3）KEY-Value存储系统；

（4）单结点支持读的速度是110000次·s^{-1}，写的速度是81000次·s^{-1}。

因此，相比于其他数据库类型，Redis具备操作具有原子性、持久性、高并性读写以及丰富的数据类型的特点。目前Redis已在中国电信、阿里巴巴、百度、美团等厂商得到广泛使用。

在基于云端的高性能细粒度计算方案中，采用Redis作为内存数据库，用于大气廓线数据的在线存储与消息队列的分发。对于大气廓线数据，采用 KEY-Value 结构，将其存储于 Redis 内存数据库中，并将 KEY 写入到 FIFO 队列中。云端各节点从 FIFO 队列中，读取 KEY，并从内存数据库中，取出廓线数据，进行正演，并将结果写入到内存数据库中，流程如图 3.39 所示

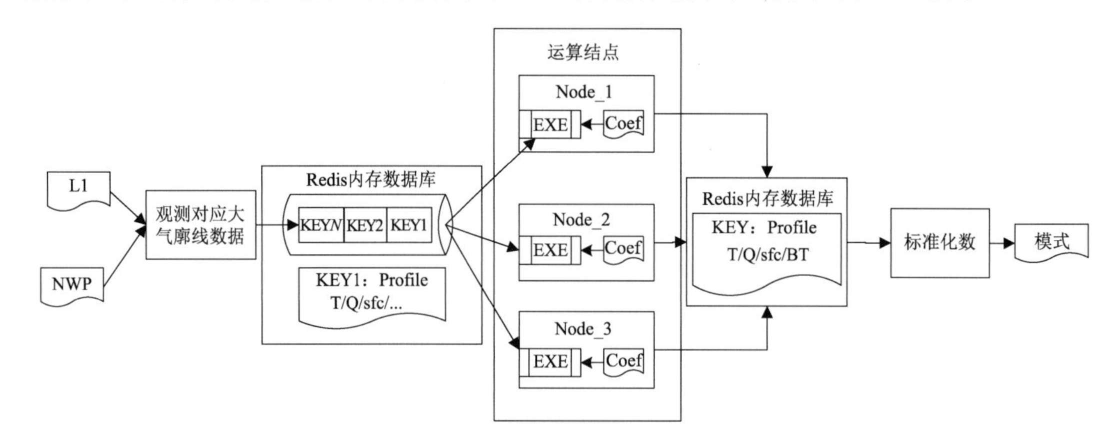

图 3.39　基于云端的高性能快速辐射传输架构流程图

其具体流程包括：(1)读取 L1 与 NWP，进行空间与时间匹配，生成观测对应大气廓线数据；(2)将大气廓线数据以 KEY-Value 形式写入 Redis 内存数据库，并将 KEY 写入 Redis 消息队列；(3)各运算结点从 Redis 队列中以 FIFO 的原则读取 KEY，并从 Redis 内存数据库中，依据 KEY 读取各点大气廓线数据，并依据载荷类型配置正演参数，进行载荷正演模拟，并将正演结果写入 Redis 中；(4)待集群中所有结点，完成正演运算后，从 Redis 内存数据库中读取各扫描点大气廓形数据与亮温，生成载荷正演模拟数据。

基于云端的高性能细粒度快速辐射传输架构主要包括四个模块：(1)快速透过率系数计算(2)地球环境参数生成模块，(3)数学物理仿真模块，(4)数据格式化模块。

在这种计算方案中，针对高光谱红外通道，采用 OpenMP 技术，线程级并发，减轻 IO 压力，充分调用运算结点计算资源。同时，以扫描点为处理单位，最大化集群处理能力，实现负载均衡，见图 3.40。通过上述方案，详见表 3.5，针对 HIRAS 的计算用时从 2 min 降低到 1 min 左右。

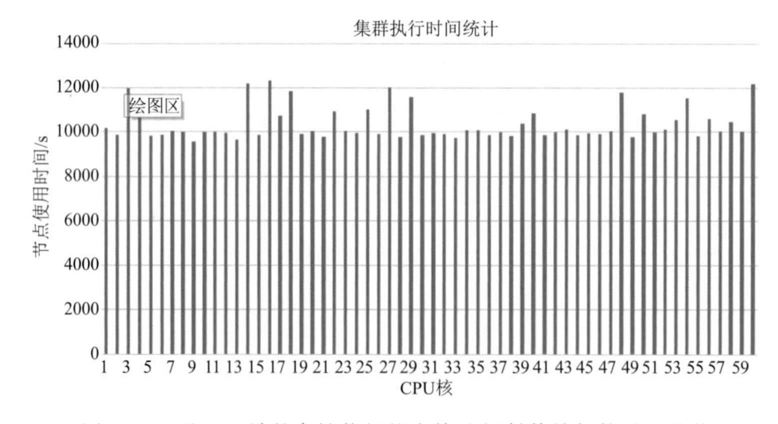

图 3.40　基于云端的高性能细粒度快速辐射传输架构处理性能

表 3.5　新旧方案对比

方案	串行方案	MPI+OpenMP 并行方案	云端
并发	1 节点	10 节点并发	10 节点并发
IO	1	10	1
执行时间	17 min	2 min 以内	1 min 以内
是否支持异常重处理（当处理异常中断后，是否从中断处理）	否	否	是 由于扫描点处理信息存在 Redis 内存数据库（支持持久化），在发生异常时，可通过消息队列，恢复正在处理的任务。
是否可扩展	否	是 1. 在高并发情况下，共享盘阵 IO 瓶颈 2. 集群最大化设计，资源浪费	是 1. 各节点信息通过网络交互，数据存放在内存 2. 理论上无限扩展，集群按需分配

3.2　观测参考源

3.2.1　SNO 方法概述

欧美、日本、中国等均有自己的气象观测卫星，有很多仪器观测谱段非常相似，对于极轨卫星而言都会观测同样的区域目标，这就为相互之间比对提供了可能，与其他国内外类似仪器观测进行比对不仅是评估数据精度的有效公认手段，同时也可以诊断数据误差来源，发现卫星及仪器状态与数据特征的联系，为卫星产品开发者、卫星仪器研制方提供可用信息。

基于卫星轨迹交叉点 SNO 的比对方法，主要是根据极轨卫星的轨道运行特点，当两颗卫星星下点同时或近似同时经过同一区域时，基于两星的共同观测资料就可以实现不同卫星平台载荷间观测辐射的相互比对，以定标精度较高的载荷为基准就可实现对另一载荷定标精度的评估和跟踪监控。该方法的关键是两遥感器光谱响应的一致性和观测条件的一致性。

该方法主要分为 4 个步骤。

(1)根据卫星星下点运行轨迹，计算两颗卫星观测同一目标区域（即运行轨迹交叉）时的空间位置和观测时间，筛选观测时间相近（比如，差异小于 5～10 min）的交叉点，根据交叉点信息分别下载两颗卫星的数据。

(2)基于时空匹配的卫星数据文件，对观测像元进行匹配并挑选观测条件相近的匹配像元。为尽量保证匹配像元观测条件的一致性，从时间、空间和观测几何三方面对像元进行筛选。特别是要设置合理的时间和空间匹配阈值。此外，还应考虑大气透过率、亮温等观测条件，需要选用观测条件更为接近的样本。例如，对于红外或者微波通道，控制两个传感器交叉像元点周边 7×7、5×5 或 3×3 像元范围内，亮温标准差均低于 1 K。

(3)对于宽谱段仪器，需要先将高光谱观测数据卷积到宽幅段仪器的光谱响应函数(SRF)上。

(4)基于事先建立的 L1 定标反演算法，将对应通道的辐射转换为亮温。目前，全球气象卫星交叉定标系统(GSICS)是全球最完善的。为了满足天气分析和气候应用研究对气象卫星观测精度的需求，保证不同卫星的观测数据相互之间可以比较，1999 年第 27 届国际气象卫星协调组(CGMS)要求各个气象卫星国家要与定标精度相对较高的美国 NOAA 卫星进行交叉定标。2005 年由世界气象组织(WMO)和国际气象卫星协调组(CGMS)建立了全球气象卫星交叉定标系统(GSICS),致力于全球在轨气象卫星之间的交叉定标研究。2006 年 GSICS 研究工作组利用 NOAA 卫星、EOS-MODIS 进行了交叉定标,之后从 2007 年开始决定致力于利用高光谱红外垂直探测仪器 AIRS 和 IASI 探测资料对静止气象卫星红外通道进行交叉定标方法研究。现在对于光学和微波交叉定标的工作已经较为成熟,现已形成较为标准的算法供成员国工程业务化使用。

交叉定标的流程如图 3.41 所示,主要包括轨道预报、数据下载、交叉定标、比对分析、绘图与长期监测。系统主要功能是以观测精度较高的高光谱红外仪器观测为参考基准,采取交叉比对的方式分析红外分光计相对参考基准观测的误差特征,并根据卫星交叉的时间频次,实现定标精度长时间的连续监测。基于该系统的比对结果可分析定标误差的原因,并对定标算法进行改进,改进后的效果依然可在监测系统中进行评估和验证。

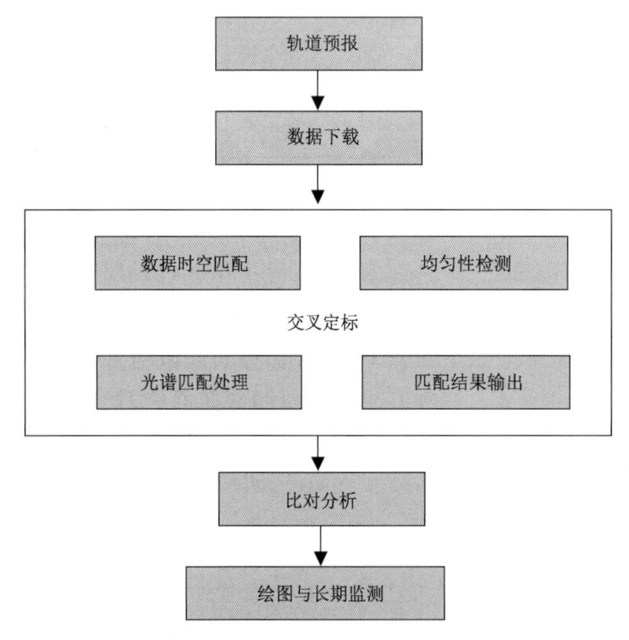

图 3.41　交叉定标精度监测流程

模拟参考源与观测参考源各有优势,对于模拟参考源来说,最大的优势是可以获取被评估仪器每个观测数据的模拟结果,数据量足够,且能够覆盖所有观测条件。缺点是,对于窗区通道,地球表面发射率模型特别是陆表发射率模型仍不完善,很难获取准确的辐射模拟结果。而观测参考源的优势是,数据获取比较直接,能够把已得到广泛认可的,相对准确的卫星观测数据通过 SNO 的方式将观测标准传递给其他传感器,缺点是对于多数极轨传感器,SNO 点位于极区,样本量及代表性均受到限制。

3.2.2　红外仪器观测参考源评估

红外仪器的同类观测参考源,国际公认的有搭载在美国 Suomi-NPP 和 JPSS-1 上的红外高光谱仪器 CrIS,以及搭载在欧洲 MetOp-A/B/C 三颗卫星上的红外高光谱仪器 IASI。CrIS 光谱范围为长波红外:15.38～9.13 μm;中波红外:8.26～5.7 μm;短波红外:4.64～3.92 μm,

IASI 光谱范围为 3.62～15.5 μm，以这两个高精度红外仪器观测数据作为参考源，可以覆盖几乎红外仪器的所有通道，可以对 IRAS 和 HIRAS 等进行交叉定标，根据对比结果也可以偏差分析及订正研究。

交叉定标首先要寻找同时空的观测目标，即两个遥感器在同一时间观测相同地理位置的目标，并且观测时两个仪器的视角（观测目标对应的卫星天顶角和方位角）也是一样的，因此需要通过卫星观测数据的时间匹配、几何匹配、视角匹配来寻找匹配样本。绝对的同一时间几乎不可能满足，一般把几分钟以内的先后观测视为“同一时间”，几何与视角匹配均需要进行像元的观测天顶角和方位角以及均匀性等检验。静止与极轨卫星之间的交叉定标要比不同的极轨卫星之间交叉定标做得更好，因为前者每天有几百个匹配样本而后者每天只有几十个。极轨与极轨卫星交叉定标的特点是两颗卫星的轨道交叉位置绝大部分在南北两极区域，且匹配区域比极轨跟静止卫星匹配区域相对要小，如图 3.42 所示为 FY-3C IRAS 与 MetOp/IASI 交叉匹配样本点基本位于南北纬度 80°左右区域。

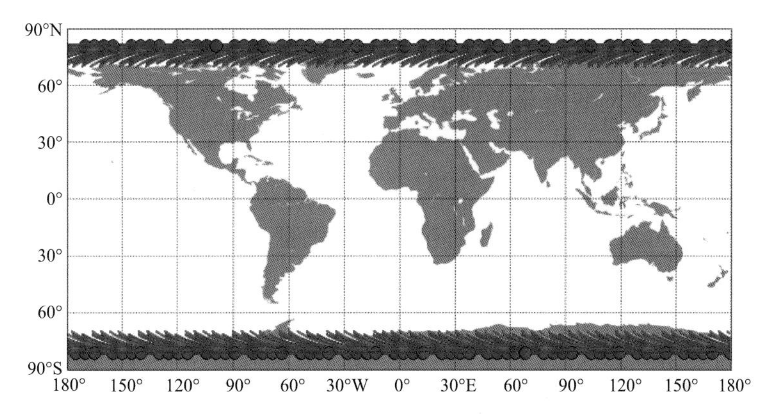

图 3.42 2014 年 8 月有 13—17 日 FY-3C IRAS（红线）与 MetOp/IASI（蓝线）交叉匹配样本点地理位置分布

3.2.3 微波仪器观测参考源评估

对于微波仪器观测参考源获取，主要分为微波探测仪和成像仪。微波探测仪 AMSU-A/B、ATMS 等仪器作为参考仪器开展交叉对比；成像仪采用 AMSR2 以及 GMI 等仪器作为参考仪器开展交叉比对。

例如，选取 2017 年 12 月 21—31 日 FY-3D 和 Soumi/NPP 轨道相交时对应通道的观测亮温进行比对分析。观测亮温时空匹配及均匀性检验的条件为：观测角度在星下点附近差异小于 5°，观测像元中心距离小于 3 km，观测像元周围 3 km×3 km 像元内的亮温标准差小于 1 K。对匹配上的观测亮温进行比对分析，结果如图 3.43 所示。对于每个交叉比对通道，图中都分别给出了 MWHS-Ⅱ 和 ATMS 观测亮温的散点分布（图中红线是 $y=ax+b$ 的散点拟合直线，绿线是 $y=x$ 的对角线），以及 ATMS 和 MWHS-Ⅱ 观测亮温差的频率分布图。由图可见，MWHS-Ⅱ 通道 14 受到 150 GHz 的谐波干扰，和 ATMS 通道 19 的观测亮温偏差较大，两个仪器其他可比通道的观测亮温一致性较好。图 3.44 为 FY-3C 和 FY-3D MWHS-Ⅱ 与 ATMS 交叉比对结果的标准差和设计指标要求的比较。蓝色表示 C 星结果，绿色表示 D 星结果，黄色表示指标要求。与 ATMS 可比的 183 GHz 五个湿度探测通道满足指标。

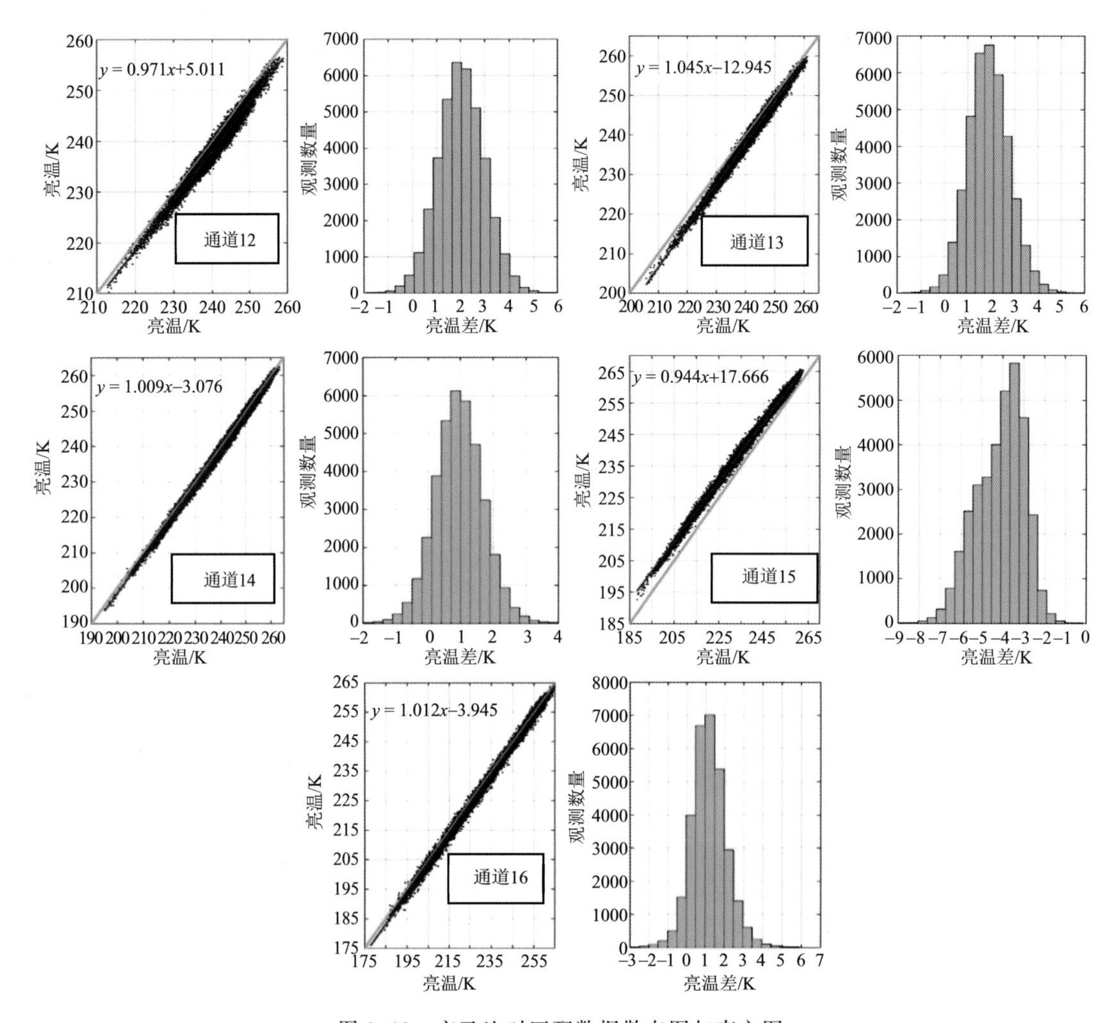

图 3.43　交叉比对匹配数据散点图与直方图

为了改进 FY-3 微波成像仪在轨定标精度，我们采用 GMI 作为参考源，开展了微波成像仪的辐射定标结果交叉比对。鉴于 GMI 具有以下 3 方面的优势，可作为 FY-3B、C、D 星微波成像仪的观测参考源。

(1)GMI 增加了星上噪声源定标以及在轨机动订正两种定标手段，通过上述两种手段进行在轨定标之后，GMI 的定标结果残差可以控制在 0.4 K 以内。

(2)GMI 的频点设计以及观测几何设计与 MWRI 基本一致。

(3)GMI-Core 为非太阳同步低倾角低轨道卫星，FY-3 为太阳同步轨道卫星，上述两种轨道在卫星运行过程中可以产生更多的交叉数据，有利于 SNO 工作。

基于上述规则，作为示例，图 3.45 给出了 FY-3C MWRI 与 GPM-Core/MWRI 在 89 GHz，H 极化通道所有交叉点的空间统计结果。

由图 3.45 可见，FY-3C MWRI 与 GPM-Core/MWRI 在 89 GHz，H 极化通道，全球交叉点均匀分布于南北纬 65°以内范围，大部分区域偏差及标准差结果比较稳定。

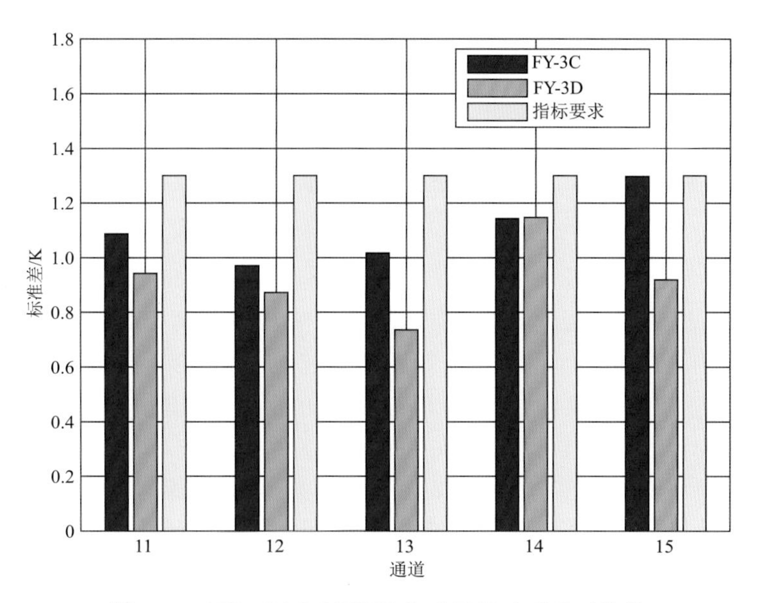

图 3.44　FY-3C/3D MWHS 与 ATMS 交叉比对结果

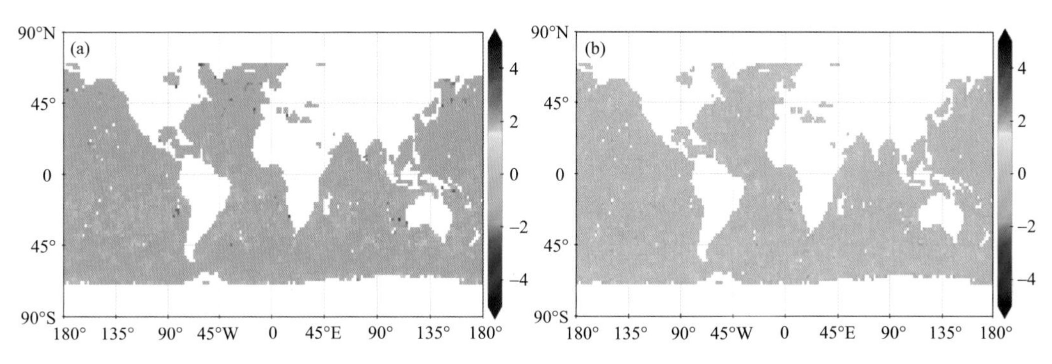

图 3.45　FY-3C MWRI 与 GPM-Core/MWRI 全球 SNO 分布(89H)

(a)偏差,(b)标准差

第 4 章　仪器在轨参数订正算法

卫星资料的偏差来源较为复杂，通常可分为观测和模拟两类，其中观测误差主要由仪器非线性特征、定标异常、空间环境噪声等因素引起，而观测模拟偏差来自数值预报场引入的大气廓线误差以及逐线辐射传输模拟引入的吸收光谱线和频谱参数误差等（图 4.1）。上述误差源与仪器在轨性能参数存在密切关系，但在仪器在轨运行阶段由于受观测条件限制和空间环境变化影响不能有效测量这些在轨性能参数。通过构造仪器在轨性能相关参数的目标泛函，根据前文提出的变分反演方法，获取更真实的仪器在轨性能参数。

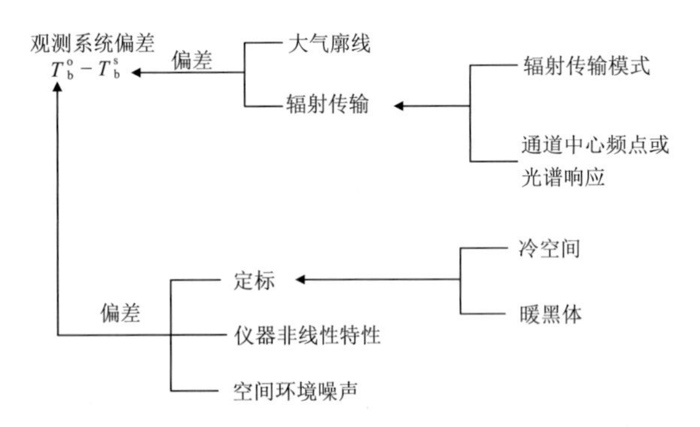

图 4.1　卫星资料观测和模拟偏差的主要来源

4.1　分光计在轨参数订正方法

如前所述引起红外探测仪器通道观测偏差的原因有很多种，非线性系数、SRF、黑体温度和发射率等参数的不准确，定标算法误差，其他误差效应等。IRAS 经偏差评估部分强吸收翼区通道偏差较大，且呈现随目标温度升高偏差显著增大的现象（图 4.2），各通道偏差方向并不完全一致。由于 IRAS 通道宽度较窄，且大部分通道位于气体吸收带，光谱响应函数位置的准确性是考虑的重要可能原因。国外红外同类仪器如 GOES 成像仪以及 HIRS 仪器研究均表明 SRF 位置的偏差是红外通道误差的重要来源。

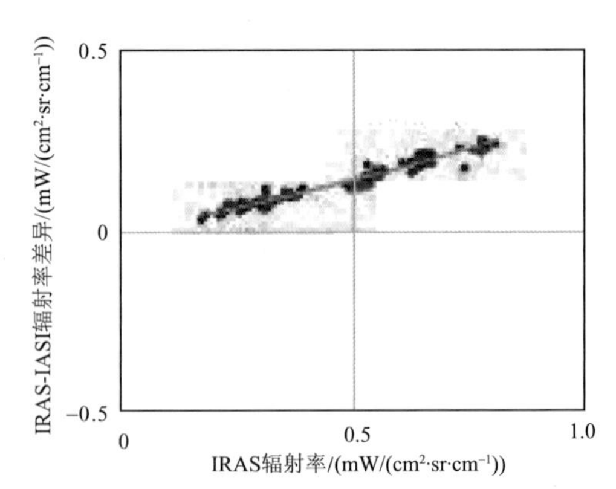

图 4.2　IRAS 偏差随目标温度变化

基于 IASI 辐射参考对 IRAS SRF 通道中心频点位置进行了优化，以 1 cm^{-1} 为 SRF 移动步长，进行了左右各 4～6 cm^{-1} 的移动，每移动一次均重新进行定标和精度评估，如图 4.3 所示为误差较大的通道误差随 SRF 移动的变化，综合以偏差和标准差达到最小的位置为 SRF 偏移订正后位置，最终误差较大通道 1，14，15，16，17，18 的 SRF 偏移分别为1 cm^{-1}，4 cm^{-1}，4 cm^{-1}，5 cm^{-1}，5 cm^{-1}，5.5 cm^{-1}，图 4.3 以通道 17、18 为例。

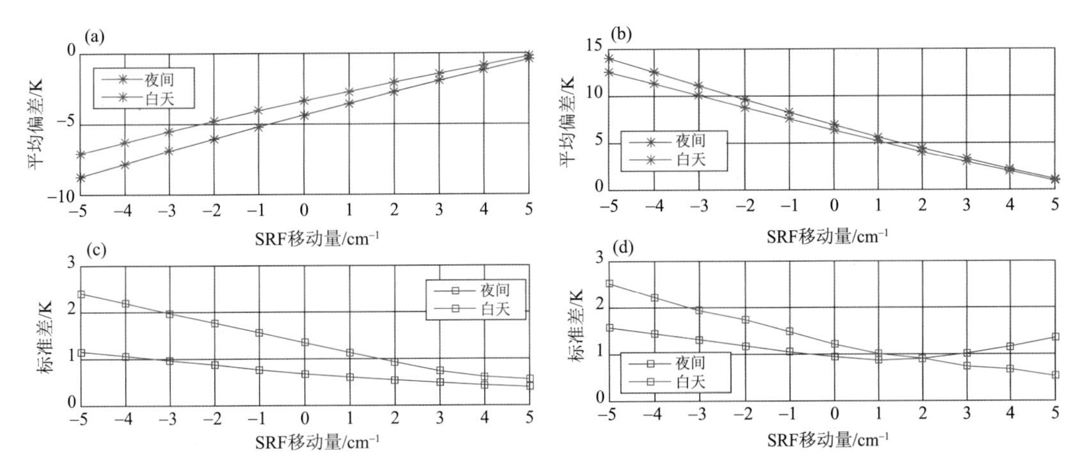

图 4.3　基于 IASI 比较的亮温偏差和标准差随 SRF 移动的变化

(a,c)通道 17，(b,d)通道 18

基于偏移后的 SRF 重新生成的数据进行定标精度评估，SRF 订正前后的长序列偏差如图 4.4 所示，可见 SRF 修正后几个误差较大通道的偏差尤其是季节波动得到较明显改进，偏差均达到 0.5 K 以内。

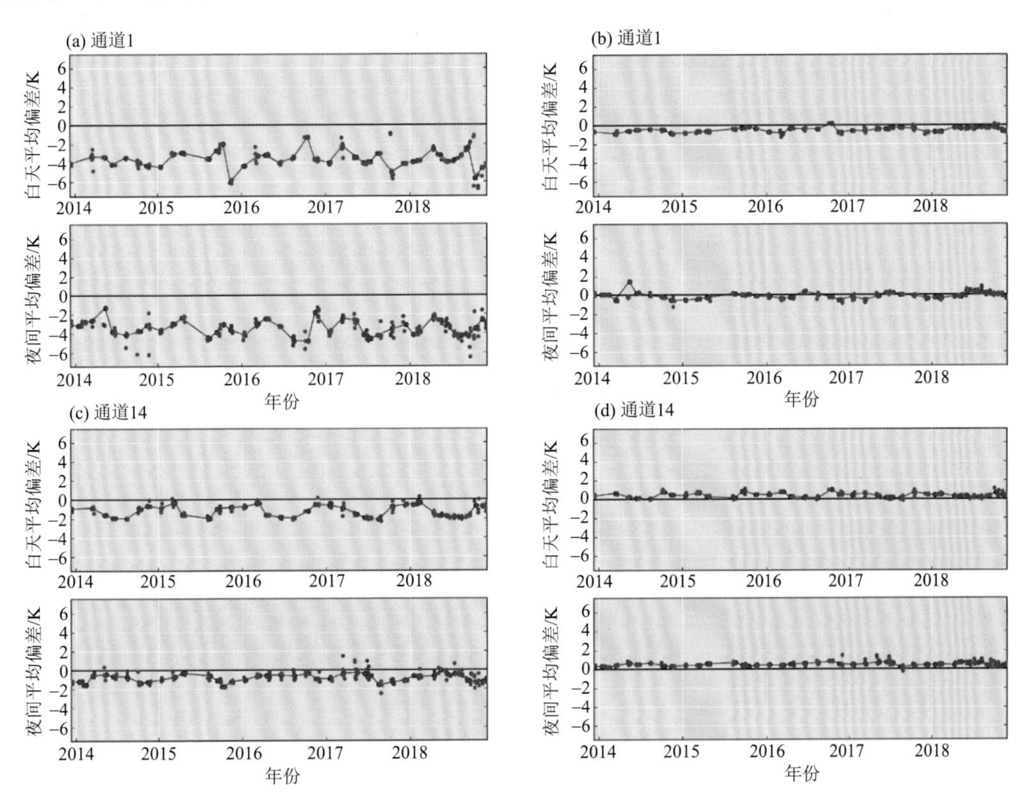

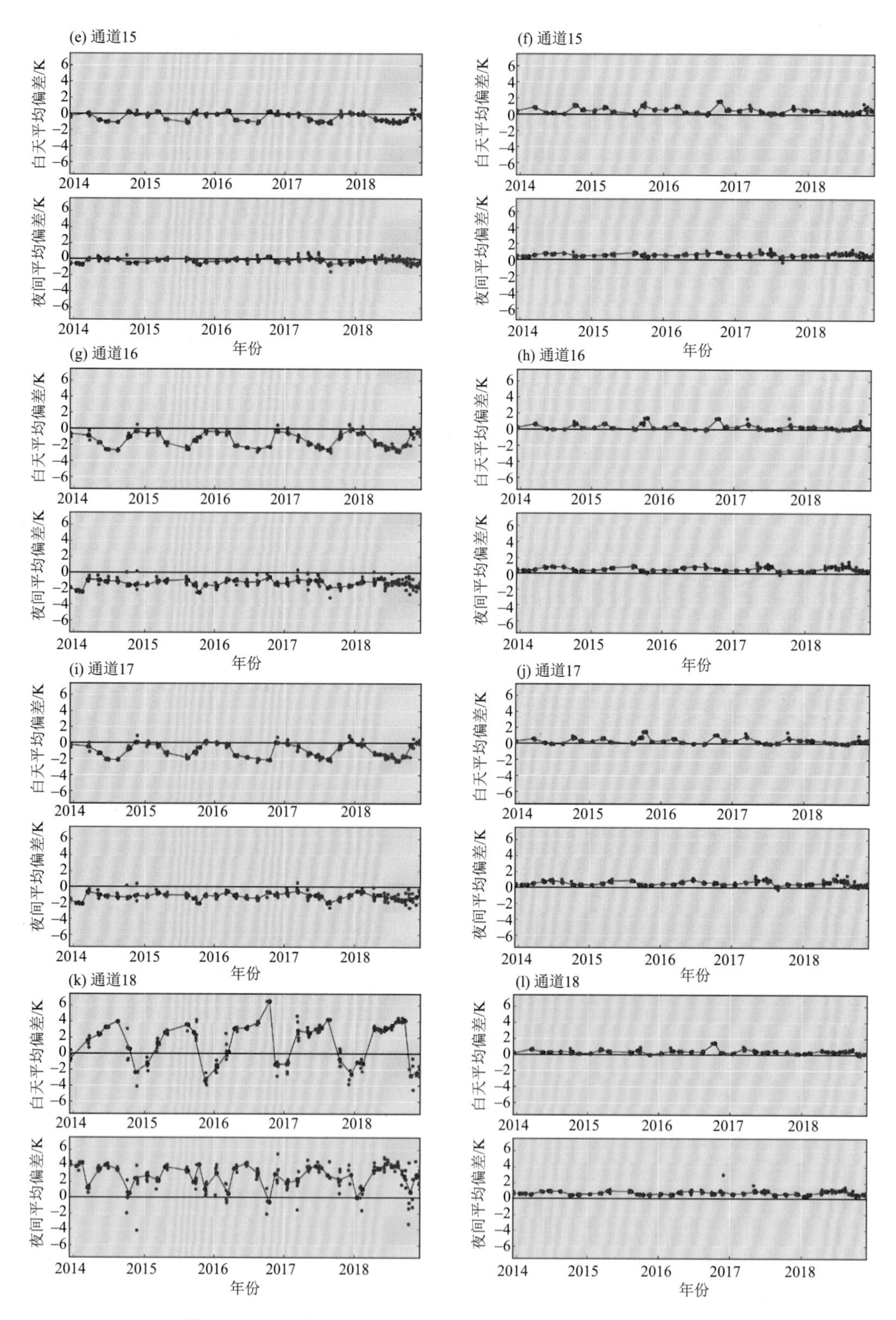

图 4.4　SRF 中心位置偏移订正前(左)和订正后(右)偏差比较

4.2　微波温度计在轨参数订正方法

4.2.1　FY-3A 频点漂移反演

研究表明，FY-3A 微波温度计显示出较之同类仪器更显著的观测模拟偏差，且该特征具有偏态特征。为此，依次研究了定标结果对输入大气廓线、冷空、内黑体、非线性、中心频率等因素引起误差的敏感性，结果如图 4.5 所示。由图 4.5 可见，相对而言，仪器的非线性误差是导致定标偏差的重要因素。同时，对辐射模式误差的分析显示，载荷频点设置误差也会显著地影响定标误差（图略）。因此，分析表明，通道频点测量误差和仪器的非线性特征是造成FY-3A MWTS 观测系统偏差的主要来源。

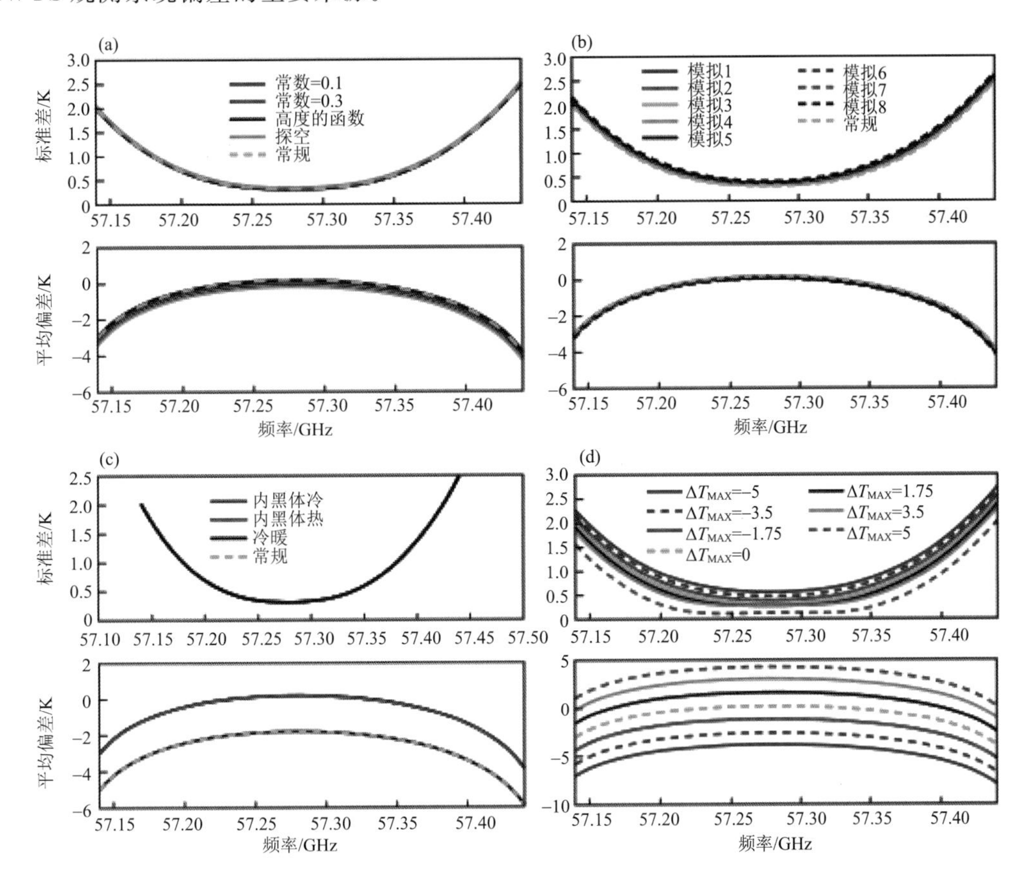

图 4.5　FY-3A MWTS 定标误差对大气廓线、冷空、内黑体、非线性等因素引起误差的敏感性

(a)扰动温度廓线，(b)大气廓线误差，(c)仪器定标误差，(d)非线性误差

根据前文提出的卫星遥感仪器在轨性能参数优化模型（SIPOn-Opt 模型），以 ECMWF 为输入，基于 MPM92 LBL 计算的高精度模拟值为参考，迭代获得更真实的频点和非线性参数，迭代过程如图 4.6 所示。通过迭代，可获得优化的频点和非线性参数，进而使得对应通道的观测模拟偏差的均方根减小（图 4.7）。自 2011 年 2 月 26 日起，频点误差＋非线性辐射偏差订正以及后来发现的月亮订正算法已在 FY-3A 业务系统中实施。

基于对观测模拟偏差的长时间监测，对偏差订正方法的稳定性进行了检查。图 4.8 给出

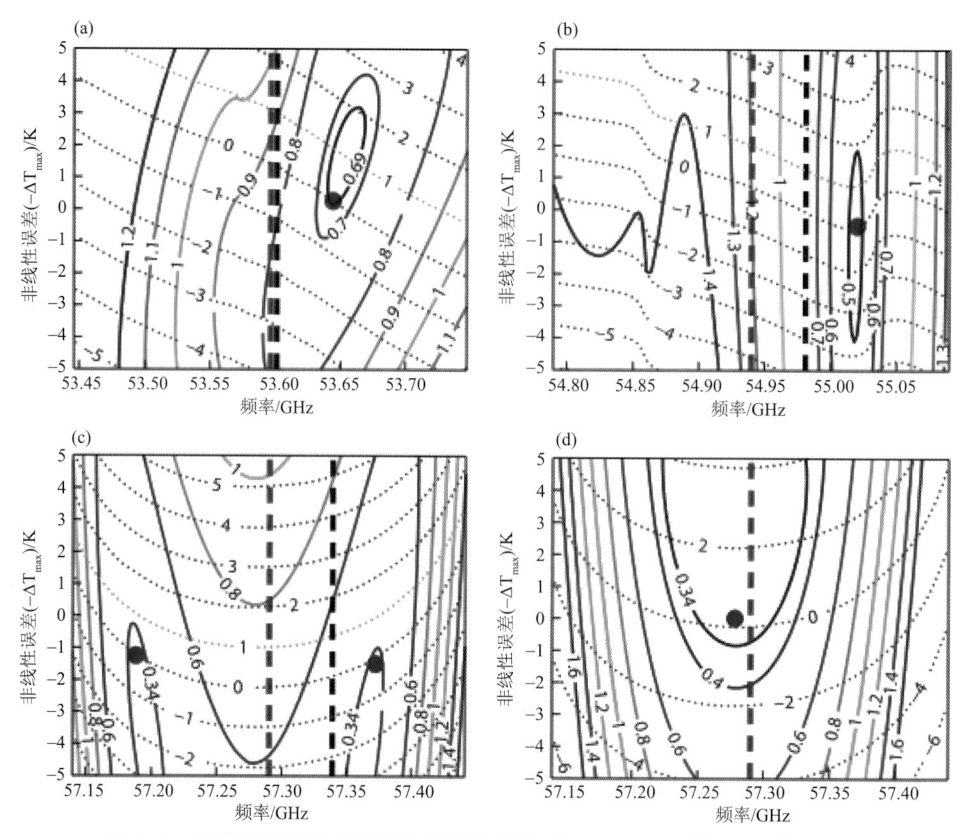

图 4.6　卫星遥感仪器在轨性能参数优化模型(SIPOn-Opt 模型)迭代过程中观测模拟偏差随通道中心频点以及非线性参数改变的变化特征
(a)MWTS 通道 2,(b)MWTS 通道 3,(c)MWTS 通道 4,(d)AMSU-A 通道 9

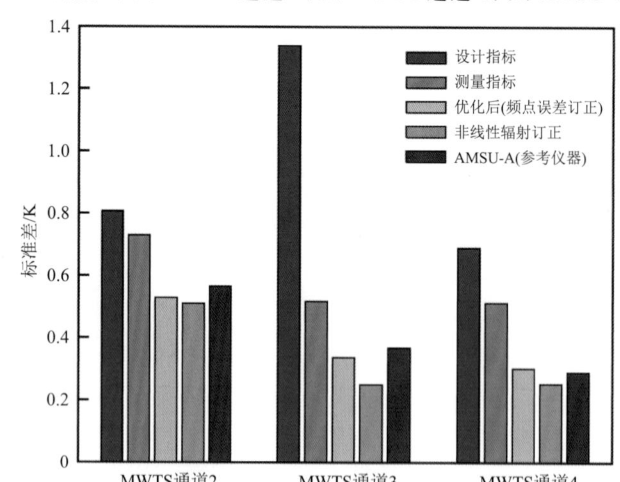

图 4.7　订正频点和非线性参数误差对观测模拟偏差均方根的影响

的是 MWTS 通道 4 偏差统计特征的时间演化序列,均方根误差尽管可以达到 0.25 K 左右,但总有起伏,通过检查发现,冷空间异常和月亮效应造成这种起伏。自 2011 年 2 月 26 日起对程序进行了修正,并引入频点误差＋非线性辐射偏差订正以及月亮订正算法,但开始的 10 d 程序还有错误,从 3 月 10 日开始,数据开始稳定,偏差的标准差在 0.2 K 左右,结果与 MetOp

AMSU-A 可比(图 4.8—图 4.9)。

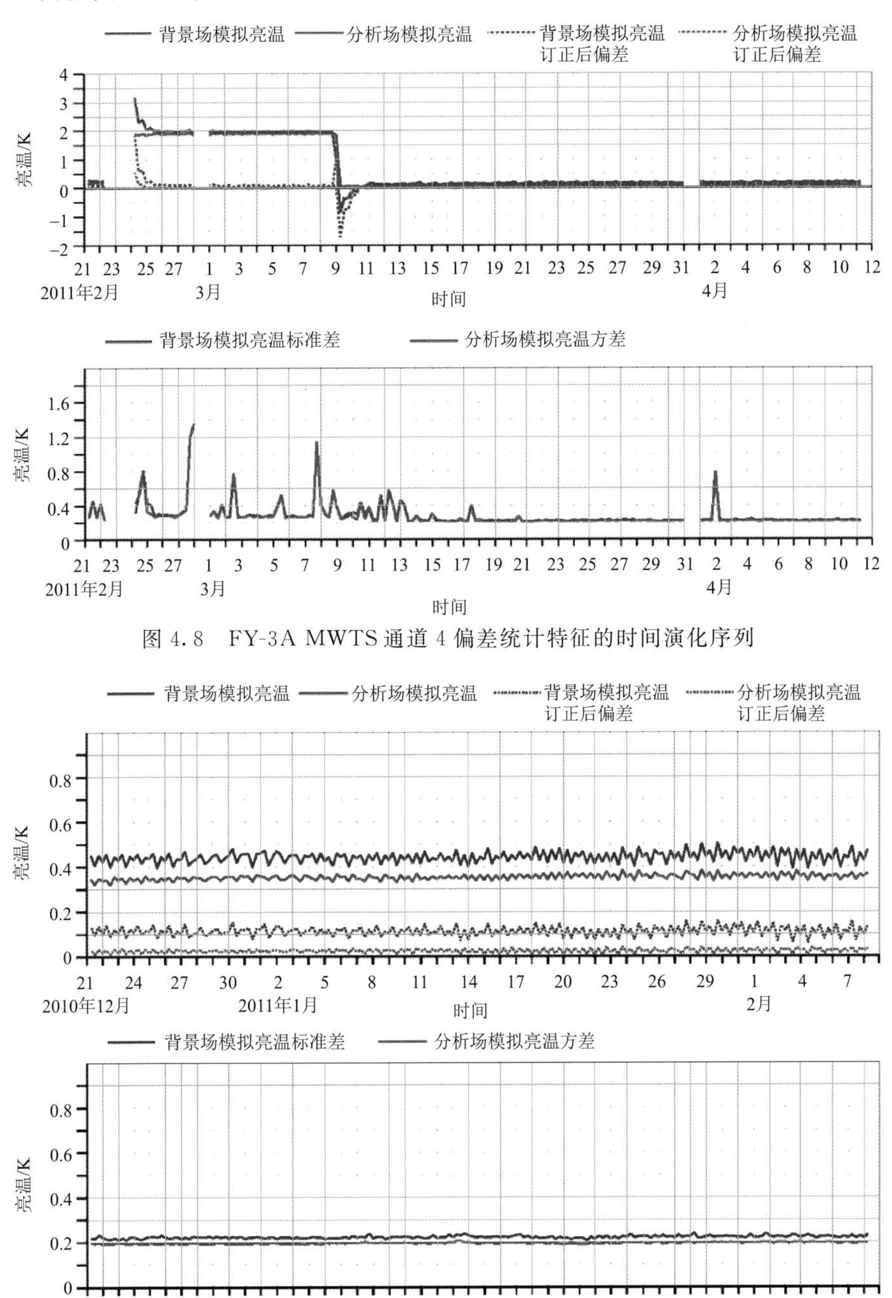

图 4.8　FY-3A MWTS 通道 4 偏差统计特征的时间演化序列

图 4.9　MetOp-A AMSU-A 通道 9 偏差统计特征的时间演化序列

图 4.10 给出的是 MWTS 通道 3 模拟偏差统计特征及其与类似仪器比较,图中结果显示,经频点误差+非线性辐射偏差订正后模拟偏差的标准差相对于利用发射前测量仪器参数模拟计算的偏差的标准差有明显改进(灰色);由于 ECMWF 较好的同化系统偏差订正系统,两者在进入同化系统前,系统偏差又被进一步订正(黑色);与其他类似仪器相比,经频点误差

十非线性辐射偏差订正后，获得了与其他仪器相近的偏差统计特征，进一步同化系统偏差订正后，获得了比 AMSU-A 更好的效果。

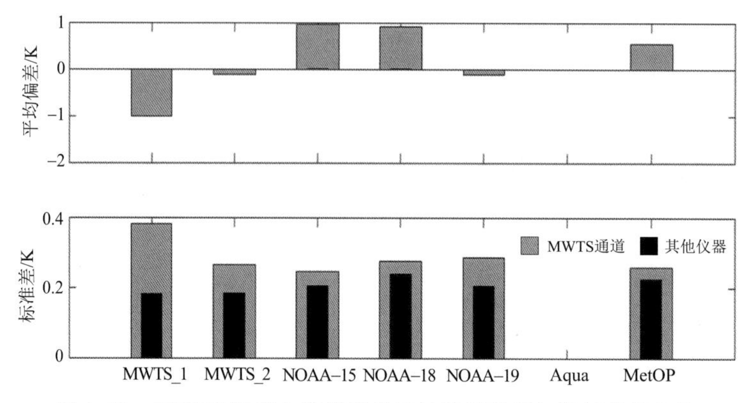

图 4.10 MWTS 通道 3 模拟偏差统计特征及其与类似仪器比较

4.2.2 FY-3A 空间环境噪声订正

在 FY-3A MWTS 长时间监测模拟观测过程中，还发现了由于月亮效应、太阳电磁场异常等特殊的空间环境噪声引起的较大异常偏差标准差。放大 2010 年 7 月 4 日 00 时同化窗内的全景可以发现：在全球大部分地区观测模拟偏差正常情况下，在局部地区出现十几条扫描线模拟异常（图 4.11a）。这种异常呈现沿扫描线中间大两边小的特征（图 4.11c），怀疑与冷空观测异常相关（图 4.11b）。

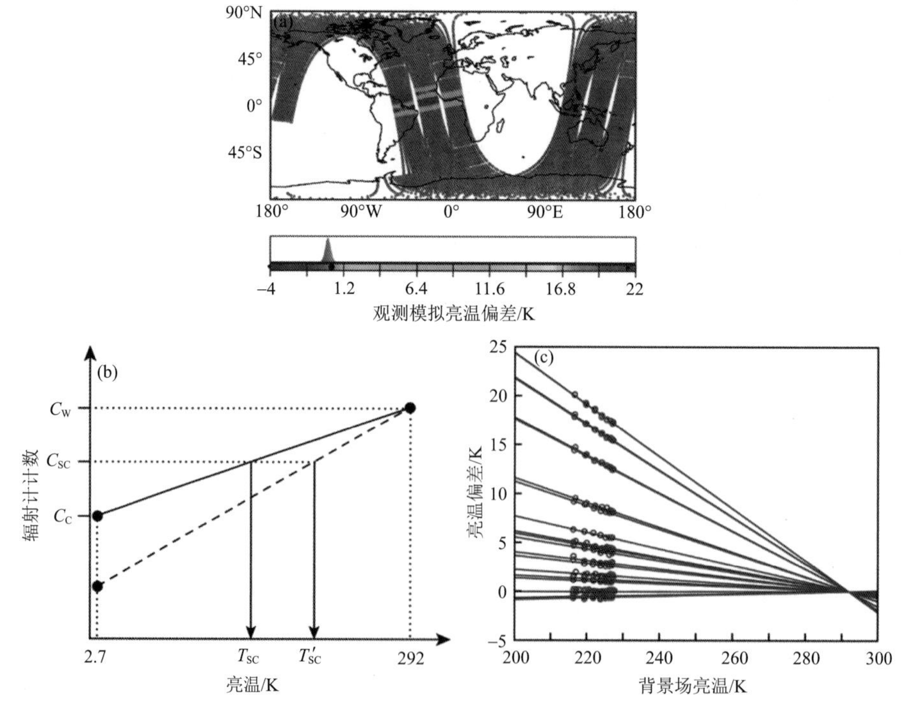

图 4.11 (a)2010 年 7 月 4 日 00 时同化窗内 MWTS 通道 3 观测模拟偏差局部显示明显异常，(b)定标过程中的可能原因（冷空异常可导致这种效应），即由于视场中出现了月亮或太阳电磁场异常的干扰，(c)异常区域观测模拟偏差随亮温的变化

基于上述观测到异常现象，自 2011 年 1—3 月国家卫星气象中心 FY-3A MWTS 定标组进一步核查发现有两个因素贡献了这一异常偏大的观测模拟偏差：月亮效应和预处理程序中的错误。参考 NOAA NESDIS 的算法，并结合 MWTS 仪器的特征，经反复演算设计了适合于 MWTS 的月亮效应订正算法，同时修复了发现的错误，并更新到业务运行软件中，自 2011 年 3 月 15 日后稳定运行，消除了月亮效应影响和原先频繁的相对较小的异常偏差扰动。

2011 年 6 月 8 日的强太阳风暴对微波温度计造成了一定的影响，主要影响了微波温度计的伺服控制器，使得天线的指向位置出现了固定的偏差，每次发现偏差后，通过地面注入修正数据，又使天线的指向位置恢复正常。在天线指向位置发现偏差后，使得对冷空间的观测更加靠近地球，地球的影响增大，使冷空间观测的实际亮温升高，观测值升高，对热源的观测影响较小。但两点定标处理时，冷空间的亮温仍按原值处理，因此，造成定标误差变大。

从 2011 年 6 月 8—30 日共出现了 4 次天线指向出现偏差的情况，如表 4.1 所示，而通道 3 观测与模拟偏差标准差出现了 4 次较为明显的变化(图 4.12)，与这 4 次天线指向偏差较为一致。而仪器制造方还需要收集更多的数据用于确定受到强太阳风暴影响后出现软故障的部位，以及在轨处理方法。而且随着仪器在轨运行时间的增加，还需要慎重处理。

表 4.1　观测和模拟偏差异常与太阳电磁场异常后地面修复时间之间的对应关系

序号	偏差开始时间	注数修正时间	备注
1	6 月 8 日 07:34	6 月 9 日 10:12	北京时间
2	6 月 17 日 07:50	6 月 17 日 20:58	北京时间
3	6 月 22 日 22:02	6 月 24 日 10:29	北京时间
4	6 月 26 日 21:29	6 月 27 日 07:30	北京时间

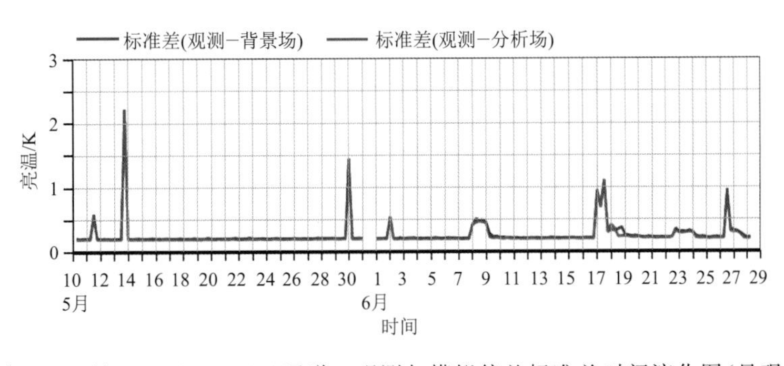

图 4.12　2011 年 5—6 月 FY-3A MWTS 通道 3 观测与模拟偏差标准差时间演化图(呈现偶尔明显异常)

在轨准确订正可能存在困难，因为天线指向偏差后，地球的影响比较难确定，但在轨标记是可能实现的。标记的方法是遥感数据包的 $A=\mathrm{data}[250]\times256+\mathrm{data}[251]$ 的值如果不在 1432 ± 10 的范围内，则表示天线指向发生了需要修正的偏差。粗略的订正方法是对比 A 发生变化前后的冷空观测值，两者之间的差除以当前热源与冷空观测值的差，再乘以 290，结果为冷空亮温值的变化。用这个数值再进行二点定标，可以粗略修正。

对 6 月 8 日的遥感数据进行了分析(图 4.13)，当发生天线指向偏差时，对冷空间的观测值变化了约 20 mV，相当于冷空间观测时地球的影响增大了约 1.2 K。

表 4.2 给出 2011 年 4—7 月观测模拟偏差异常与太阳电磁场异常之间的对应关系，可以

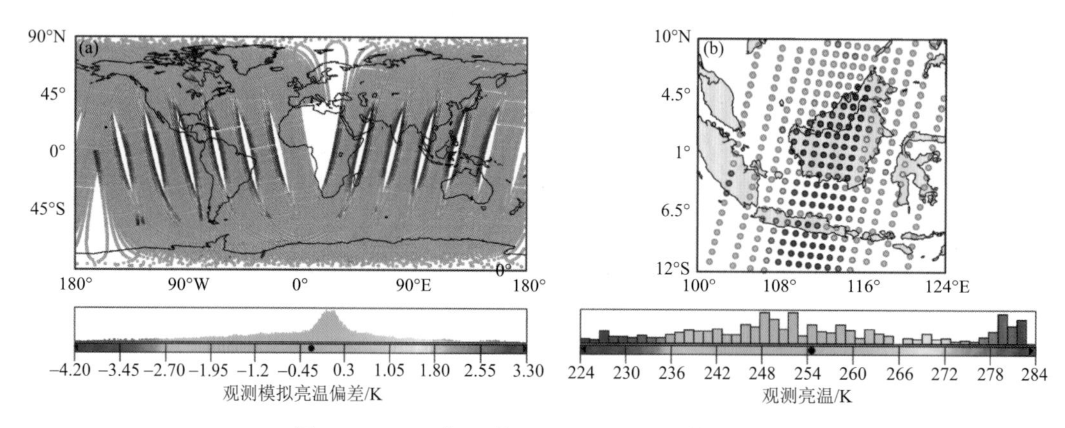

图 4.13　2011 年 6 月 8 日 MWTS 观测模拟偏差

(a)通道 3 观测模拟亮温偏差，发现观测模拟亮温偏差沿扫描位置呈现明显突变，

(b)通道 1 区域亮温局部放大图，发现可能存在扫描角度偏差的问题

看出：大部分异常样本都有较好对应关系。但目前从仪器方的反馈来看，还没有较好的办法来订正这一偏差。目前，正在与国外同行咨询他们如何处理这一问题；检测 FY-3B MWTS 是否也存在异常问题(理论上，如果这种异常是由于太阳电磁场异常所引起的，FY-3A MWTS 也同样会受到影响)。

表 4.2　观测和模拟偏差异常与太阳电磁场异常之间的对应关系(2011 年 4—7 月)

日期	空间环境
4 月 12 日	高能电子通量(e)高，地磁活跃
4 月 17 日	16 日 e 高，17 日正常，18 日地磁活跃
4 月 25 日	正常
5 月 5 日	e 高
5 月 14 日	正常
5 月 30 日	e 高　28—29 日地磁暴
6 月 2 日	e 高
6 月 8—10 日	高能质子通量(P)高，8 日地磁暴
6 月 16—18 日	高能质子通量(P)高，17 日地磁活跃
6 月 22—24 日	22—23 日地磁活跃，24 日 e 高
6 月 26—27 日	e 高

4.2.3　FY-3B 扫描角偏差订正

在 FY-3B MWTS 业务预处理软件中也植入了类似于 FY-3A MWTS 的频点测量误差和非线性辐射偏差订正模块，因此，对于 FY-3B MWTS 而言，这两类误差已不是主导误差，随扫描位置变化的扫描角偏差是主导偏差(图 4.14)。通过同化系统的偏差订正算法即可较好地订正该类偏差(图 4.15)。

对 FY-3B MWTS 近一年的数据质量监测表明，尽管地面应用系统有一些调整，主要对模拟偏差平均值有影响，对模拟偏差标准差没有影响，如图 4.16。通道 4 的模拟偏差还在增大。

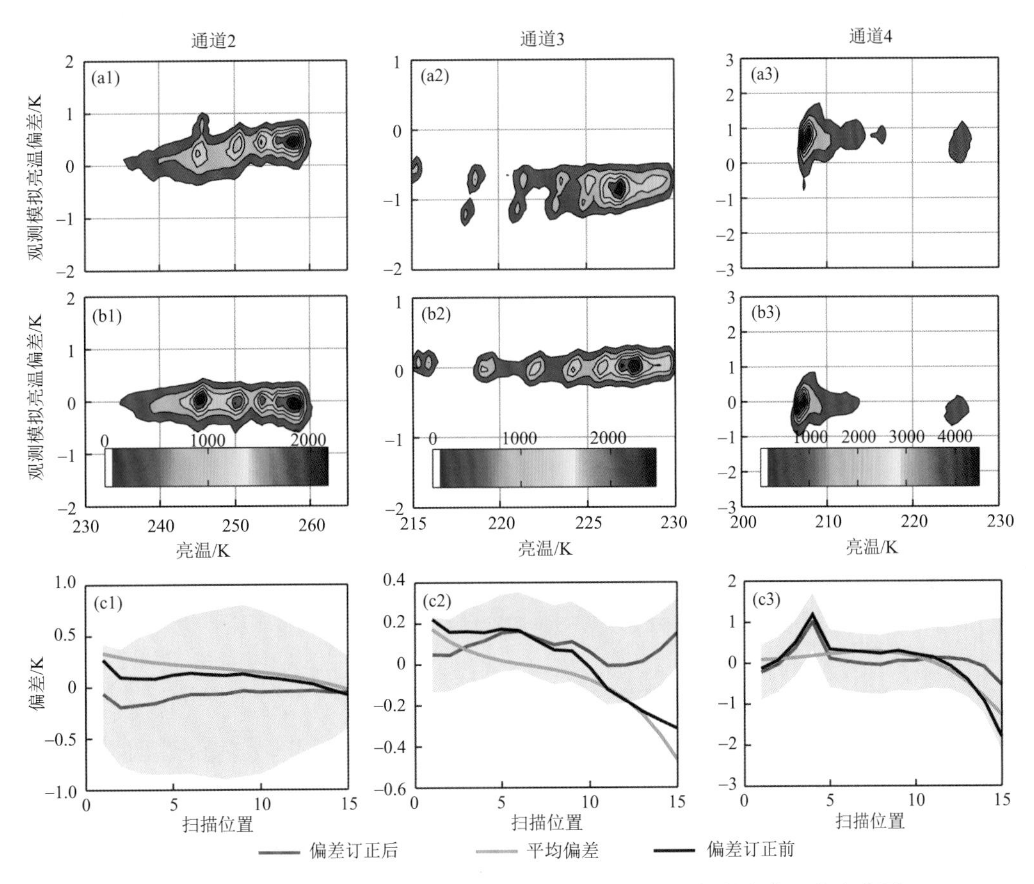

图4.14　FY-3B MWTS各通道模拟偏差随观测亮温和扫描角位置的变化图
(a1—a3)发射前测量指标,(b1—b3)变分偏差订正后,(c1—c3)偏差随扫描位置的变化

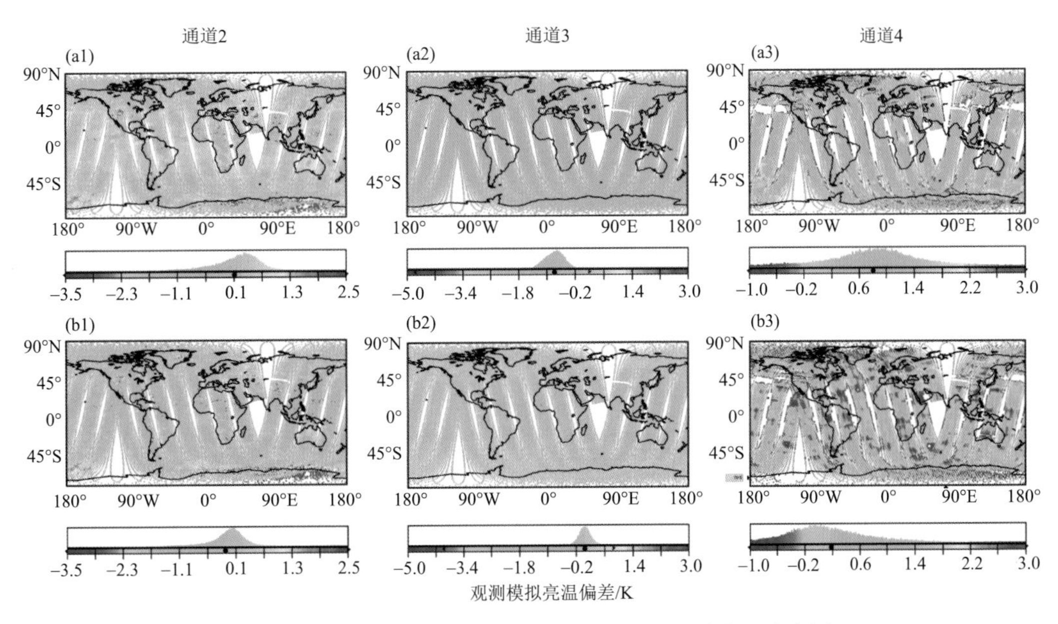

图4.15　FY-3B MWTS各通道模拟偏差地理分布及直方图
(a1—a3)发射前测量指标,(b1—b3)变分偏差订正后

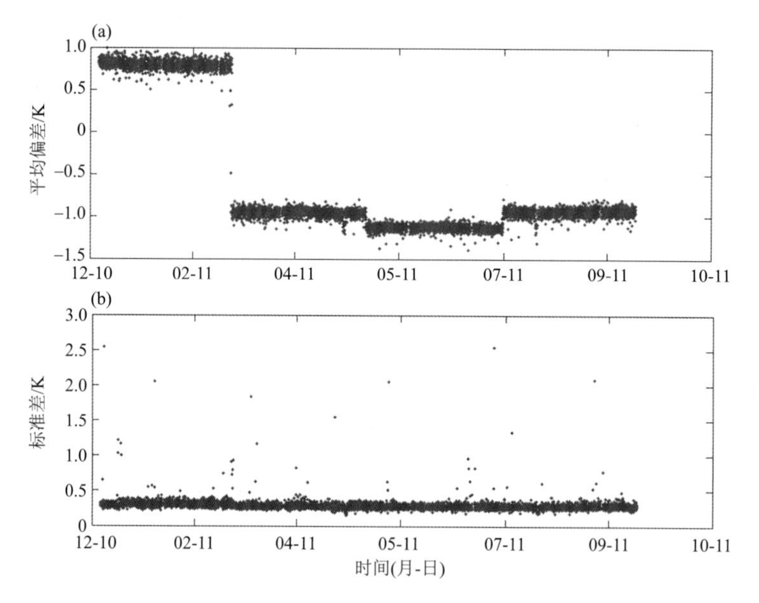

图 4.16　FY-3B MWTS 通道 3 偏差统计特征时间序列

4.2.4　FY-3C/3D 多路开关非线性偏差订正

FY-3C/3D MWTS 基于 FY-3A/3B 算法改进后，数据质量有了一定提高。在轨运行过程中，却通过监测系统发现了 FY-3C MWTS 通道 5、6、7 和 8 等部分通道存在较为明显的 O－B 偏差，其中，通道 6 亮温偏差均值达－4 K 以上(图 4.17)。从图 4.18 中可以发现通道 1 和通道 6 的亮温都反映出了地表信息。而通道 1 作为地表通道，应该反映出较为明显的地表信息，而通道 6 作为典型的大气探测通道，不应该与地面的海陆存在相关性。

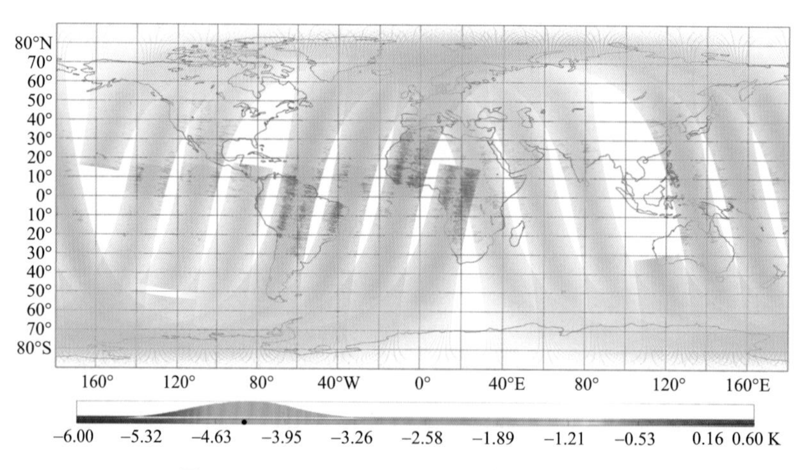

图 4.17　FY-3C MWTS O－B 亮温偏差分布

由于微波温度计基本上是一个线性系统，即输入计数值与输入亮温呈现线性关系，由于通道 1 能够较好反映出海陆信息，则利用通道 1 数据与通道 6 建立线性关系。

$$BT_j(\text{corr}) = BT_j + k(BT_1 - BT_j)$$

式中，BT 为亮温，对于通道 6，$k=0.013$。订正后结果较好地消除了通道 6 的海陆偏差问题，见图 4.19。猜测这是受空间环境影响，微波温度计的伺服控制器的+5 V 二次电源模块发生单粒子效应事件，伺服控制电路发生瞬时掉电，伺服控制器重新加电运行，微波温度计进入缺省的变速扫描模式。在伺服控制器掉电，然后重新加电运行，进入稳态变速扫描的过程中，由于在这个非正常的过程中，伺服控制器与微波温度计综合处理器的工作没有同步，综合处理器根据获取观测数据对部分通道的补偿量进行了调整。

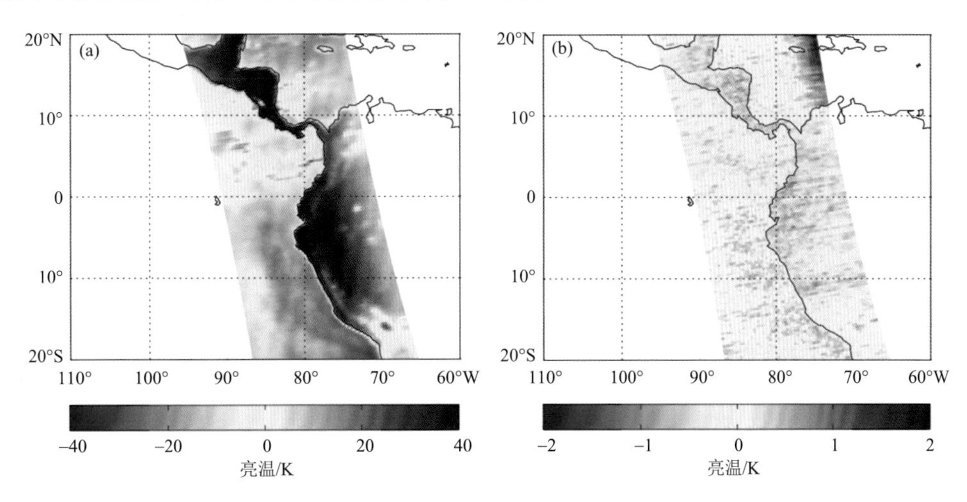

图 4.18　FY-3C MWTS(a)通道 1 和(b)通道 6 亮温海陆差异分布

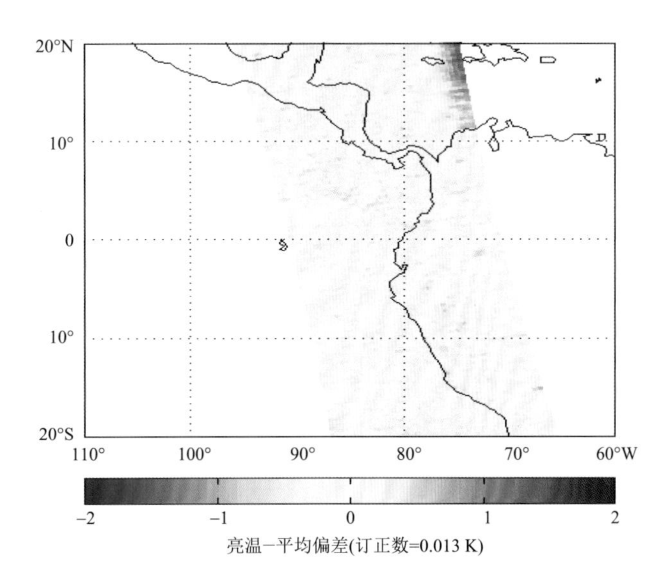

图 4.19　FY-3D MWTS 通道 6 海陆偏差订正后亮温分布

MWTS 基本上是一个线性系统，即输入计数值与输入亮温呈现线性关系，通常认为 MWTS 的输入输出非线性特性由检波器贡献，如式(4.2)所示。

$$Y_{out}=a\cdot T_{in}+f_{NL}(T_{in})+b \tag{4.1}$$

式中：Y_{out} 为微波温度计输出；a 为斜率；$f_{NL}(T_{in})$ 为非线性贡献项，与输入亮温相关；b 为截距。

在微波温度计的设计中，为了使输出处于模数变换器（A/D 变换器）的工作范围内，对 b 进行调整，即补偿调整。当 b 调整并采用二点定标后，根据式（4.2），不会引起微波温度计输出的变化。经过对微波温度计工作温度、测温灵敏度等状态的分析，以及地面应用软件的逐模块分析，确认微波温度计的输出随补偿值的调整带来了额外的变化，引起与 ATMS 交叉比对结果的偏差变化，而与 ATMS 交叉比对结果的方差没有变化表明接收通道特性没有变化，这也与交叉比对偏差发生变化时仅补偿值发生变化，微波温度计没有开关机操作，工作温度稳定相吻合。

选择了与 FY-3C/3D 状态类似的 02 批鉴定件产品，对其输出计数值的线性偏差进行了测试，测试曲线见图 4.20。

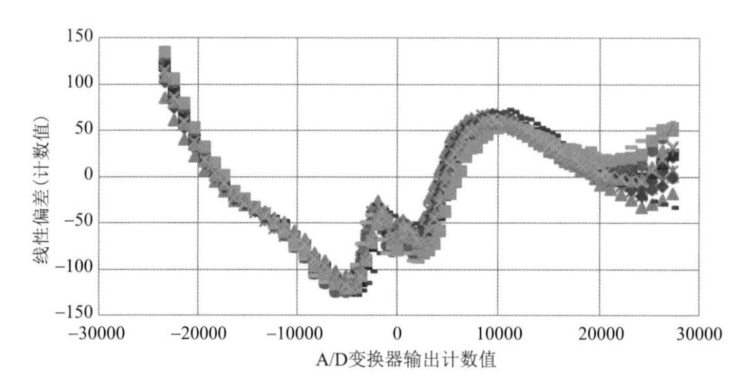

图 4.20　FY-3D MWTS 不同补偿值的比较

选取微波温度计目前在轨使用的计数值 3000～27000 的范围，对全链路线性偏差进行拟合，得到如图 4.21 的拟合曲线，线性偏差的拟合方程为：

$$Y = a3 \cdot X^3 + a2 \cdot X^2 + a1 \cdot X + a0 \tag{4.2}$$

式中：$a3 = 1.109084\mathrm{e}^{-10}$；$a2 = -4.918507\mathrm{e}^{-6}$；$a1 = 6.544658\mathrm{e}^{-2}$；$a0 = -3.070360\mathrm{e}^{2}$。

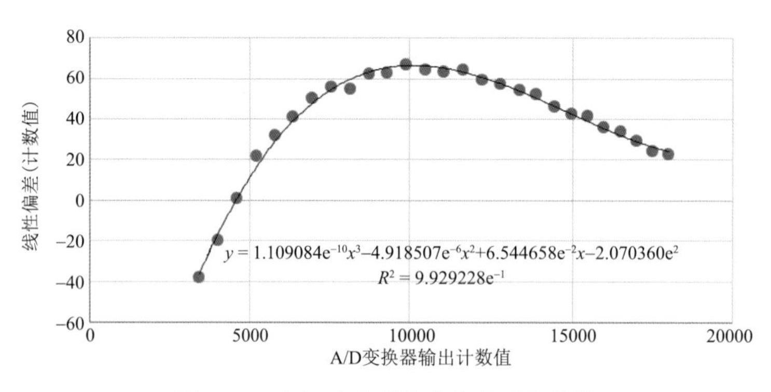

图 4.21　A/D 变换器输出偏差拟合曲线

应用上述修正方法对 L0 原始数据重新进行处理，选取 2018 年 1 月，然后与国外同类载荷 ATMS 进行时空匹配，对进行时空匹配后的偏差特性进行分析比对，得到交叉比对性能结果，见图 4.22。由表 4.3 可以发现校正后，相应通道的交叉比对偏差不随补偿值发生变化。

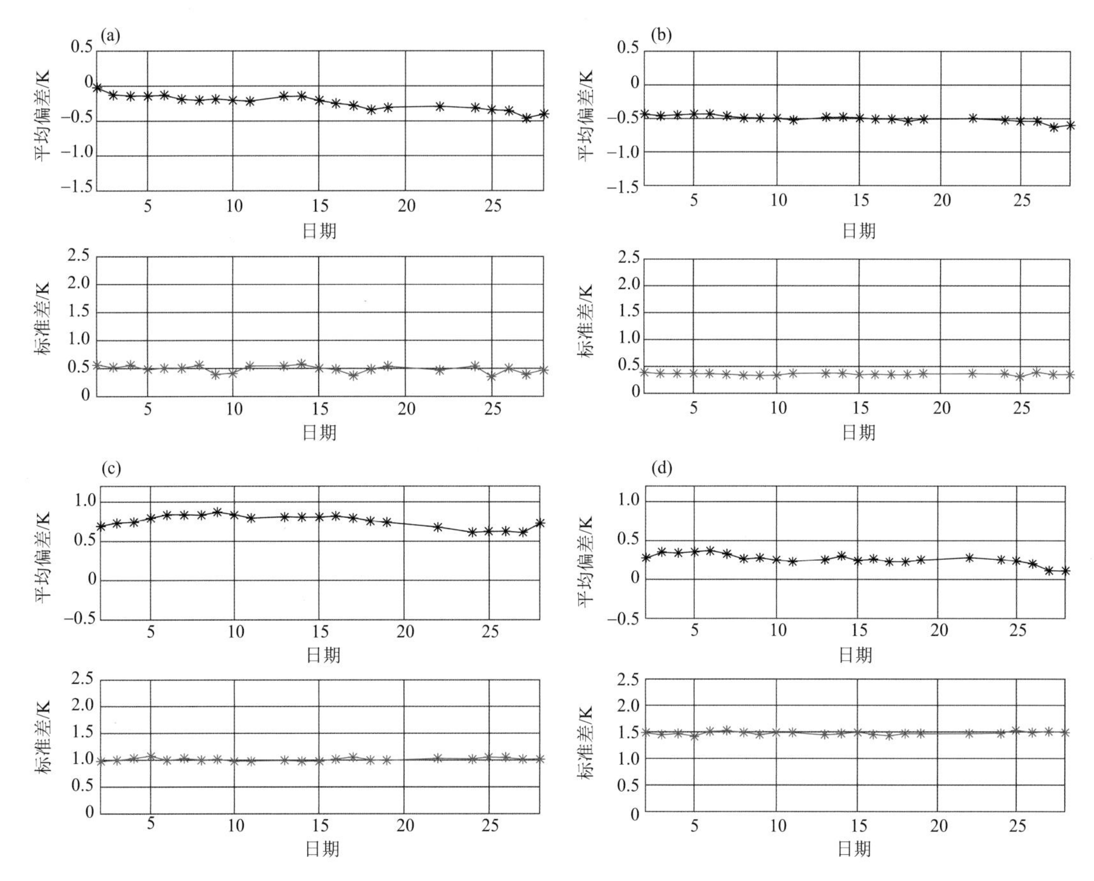

图 4.22　2018 年 1 月 FY-3D MWTS 通道 4(a)、6(b)、11(c)、12(d)交叉比对偏差和交叉比对标准差变化曲线

表 4.3　2018 年 1 月各个通道交叉比对平均偏差和标准差

通道	1	2	3	4	5	6	7	8	9	10	11	12	13
平均偏差/K	−0.54	−0.39	−0.42	−0.23	−0.77	−0.50	−0.31	−0.11	0.03	−0.03	0.76	0.26	0.02
标准差/K	0.06	0.16	0.08	0.10	0.11	0.05	0.04	0.05	0.07	0.05	0.08	0.07	0.08

4.3　微波湿度计在轨参数订正方法

影响微波湿度计定标精度的主要因素有三个，首先是定标热参考源误差，包括热敏电阻测温精度、黑体发射率测量误差、黑体温度梯度、馈源耦合误差以及接收机通过馈源的反射所引起的测量误差；其次是冷源误差，包括冷空反射镜误差以及馈源的反射所带来的测量误差；最后是仪器非线性误差，它可能会随仪器温度的变化而发生较大变化。因此，微波湿度计在轨参数订正方法要在上述误差因子对最终微波辐射测量精度所产生的影响做出定量化的评价。

通过仪器参数和定标误差监测发现偏差。对 FY-3 微波湿度计的质量监测，包括仪器参数(如黑体温度，仪器温度，观测角度等)和定标偏差的实时精度和长期稳定性监测。对以上参数的实时监测，有利于及时发现仪器或者定标过程中出现的异常，但有些偏差只有通过长期监测才能发现。通过对定标偏差的长期监测，图 4.23 显示了 FY-3C MWHS-Ⅱ通道 13 和 14 在 2016 年 5—9 月间观测模拟亮温差出现了明显的跳变。用于评价观测亮温的参考源，是用 ERA-5 数值模式数据和 RTTOV 模式计算出来的模拟亮温。需要找到偏差产生的原因和机理，方能进行偏差订正工作。于是追溯查看各仪器参数的时间序列图。发现同样的跳变也出现在了仪器温度(图 4.24)的时间序列图中。结合其他各个通道与仪器温度分布图，发现只有通道 13 和 14 与仪器温度存在强的负相关，且通道 14 的变化幅度更大。由此可见，通道偏差可能与仪器温度相关，进行了进一步分析研究。

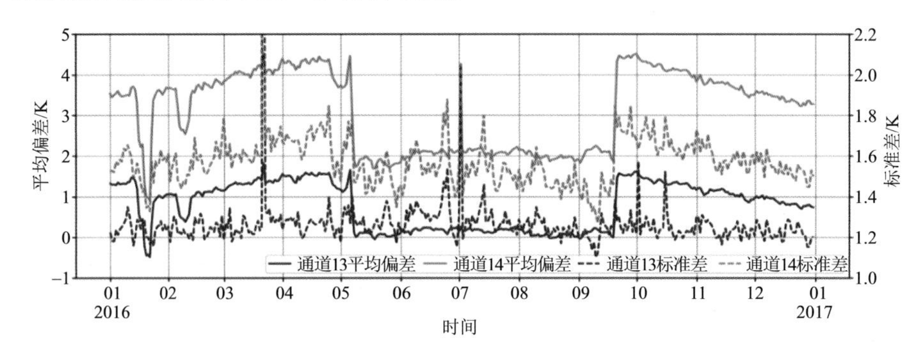

图 4.23 FY-3C MWHS-Ⅱ通道 13 和 14 观测亮温偏差时间序列图

(实线是观测模拟亮温差均值，虚线是标准差)

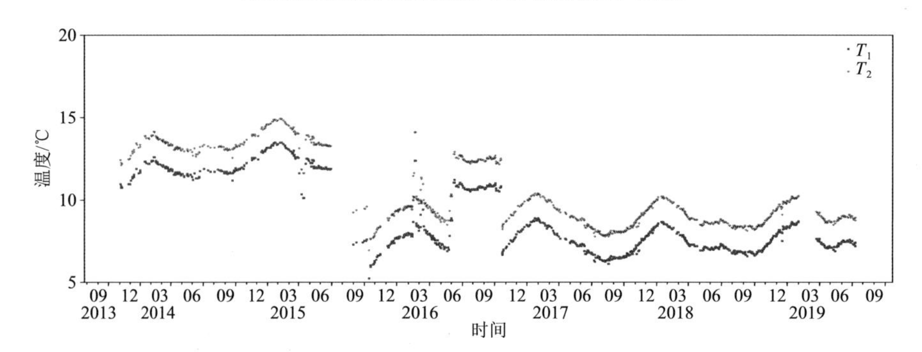

图 4.24 FY-3C 仪器温度时间序列(T_1 为 118 GHz 通道仪器温度，T_2 为 183 GHz 通道仪器温度)

图 4.23 中日均观测模拟亮温差，显示了偏差的整体特征。进一步分析了偏差在各个维度的特征。在定标过程中，不同的仪器温度需要使用不同的非线性校正系数。为分析仪器的非线性情况，查看了通道 13 和 14 亮温偏差随场景温度的变化特征；通过对偏差随纬度的分布和空间分布，核验是否存在局部噪声污染情况；此外还查看了升降轨的偏差分布情况。通过各种维度偏差的分析，发现偏差与仪器温度相关性最大，与观测角度也存在相关性。

对全年 12 个月，每月第一周的数据，选择南北纬 30°以内的像元求平均。图 4.25 中不同的颜色表示不同的仪器温度，蓝色、绿色、黄色和红色表示从低到高的仪器温度。每个点表示每一周各扫描位置观测模拟亮温差的统计平均值。仪器温度较高时亮温差随扫描位置的分布较为稳定，仪器温度较低时两个通道均呈现明显的从扫描位置 1～98 亮温差逐渐增加的趋势。可见温度低时，不同扫描位置亮温偏差差异较大。相同时期，通道 14 亮温偏差随扫描位置的变化趋势较通道 13 显著。

图 4.25 中可见，两个通道各周的观测模拟亮温差与扫描位置间呈现出相同的函数关系。

通道 13 可用二次多项式(4.4)拟合，通道 14 可用幂级数关系式(4.5)拟合，式中 θ 表示从 1 到 98 的扫描位置。Lawerance(2015)评估 MWHS-Ⅱ前 5 个像元存在较大的不确定性，故拟合时选用了观测位置 6～98 的样本。图 4.25 中实线显示了不同时间段(每周)数据拟合得到的函数曲线，通道 13 的函数拟合相关系数均大于 0.85，通道 14 的相关系数均大于 0.94，仪器温度越低拟合相关系数越高。

$$(\mathrm{O}-\mathrm{B})_{13}=a_{13}\times\theta^2+b_{13}\times\theta+c_{13} \tag{4.3}$$

$$(\mathrm{O}-\mathrm{B})_{14}=a_{14}\times\theta^{b_{14}} \tag{4.4}$$

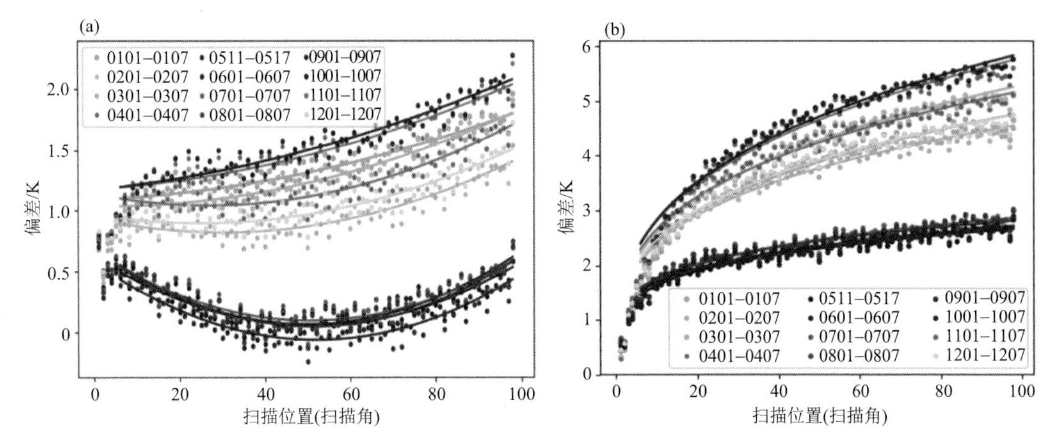

图 4.25　不同时间段(每周，不同仪器温度)观测偏差随扫描角分布图
(a)通道 13，(b)通道 14

图 4.25 中还可见，不同时间段(每周)的函数曲线与仪器温度具有相关性，用线性表达式拟合式(4.3)和式(4.4)中的系数。通道 13 系数 a_{13}，b_{13} 和 c_{13} 拟合的相关系数分别是 0.9712、0.9826 和 0.9834，通道 14 的系数 a_{14} 和 b_{14} 的拟合相关系数分别是 0.9583 和 0.9880。由此可见，通道 13 和 14 的观测模拟亮温差可以通过仪器温度和扫描位置拟合。

$$a_{13}=4.668\mathrm{e}^{-5}\times T-0.013 \tag{4.5}$$

$$b_{13}=-7.251\mathrm{e}^{-3}\times T+2.047 \tag{4.6}$$

$$c_{13}=-1.452\mathrm{e}^{-1}\times T+42.108 \tag{4.7}$$

$$a_{14}=-0.091\times T+26.905 \tag{4.8}$$

$$b_{14}=-0.028\times T+8.191 \tag{4.9}$$

根据仪器温度和扫描位置分别得到通道 13 和通道 14 的亮温偏差值。用该偏差值修正 2016 年全年和 2017 年的观测亮温，再次，与模式模拟亮温对比，统计得到图 4.26 所示的每日平均偏差时间序列图。相较于校正前，该图中显示的通道 13 和 14 观测模拟亮温差在全年相对比较稳定，随仪器温度变化的趋势均得到了显著校正。

基于微波正演辐射传输模式，对 MWHS-Ⅱ各通道进行上行辐射亮温模拟，模拟结果(O)和仪器实际观测的亮温(B)之间的差异记为“O－B”，对偏差值“O－B”进行统计特征分析是评估仪器定标精度的另一种方法。统计 2018 年 3 月 21—25 日全球南北纬 45°间洋面晴空区 O－B，结果如图 4.27。图 4.27a 是 FY-3D MWHS-Ⅱ O－B 的结果，其中深蓝色代表用 CRTM＋T639 模拟后的 O－B 标准差，浅蓝色是 RTTOV＋T639 模拟后的 O－B 标准差，绿色是用 CRTM＋FNL 模拟后的 O－B 标准差，黄色代表指标要求。在 118 GHz 的 8 个温度探测通道，三种方法的计算结果都满足指标要求。FNL 廓线的精度优于 T639 的廓线（特别是高层廓线），因此用同样的辐射传输模式 CRTM 进行模拟时，用 FNL 作为输入场得到的 O－B 标准差更小。为了便于比较，图 4.27 b 给出了 FY-3C 星 MWHS-Ⅱ O－B 结果，其中深蓝色

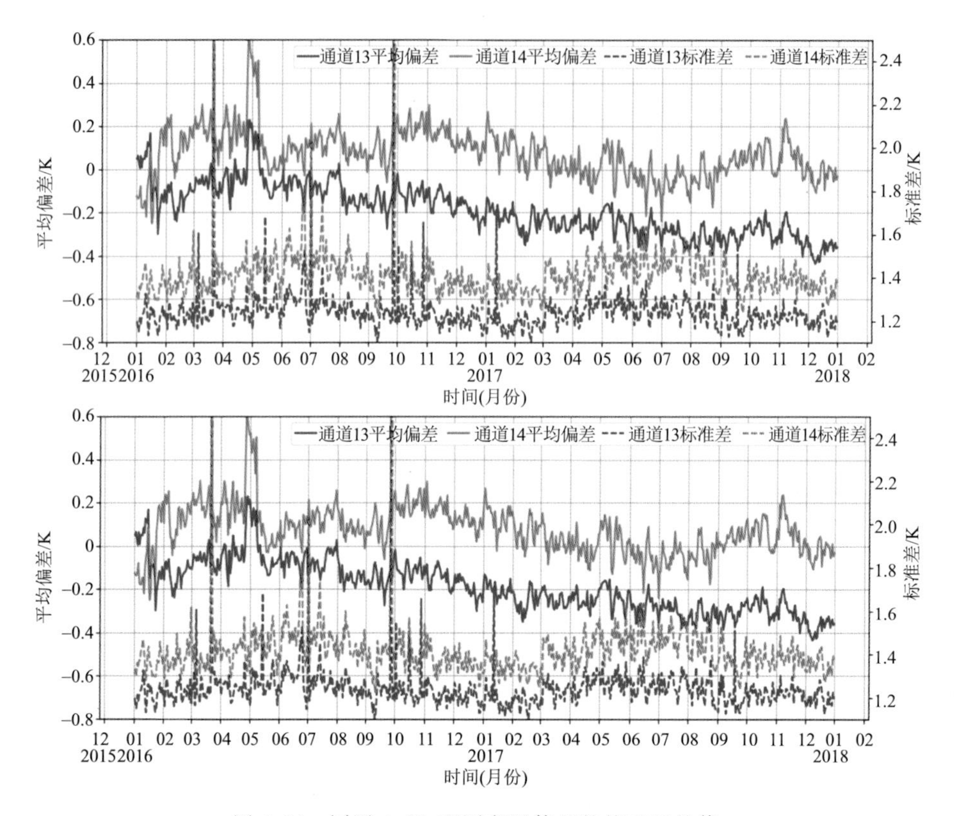

图 4.26　同图 4.23，观测亮温使用的校正后的值

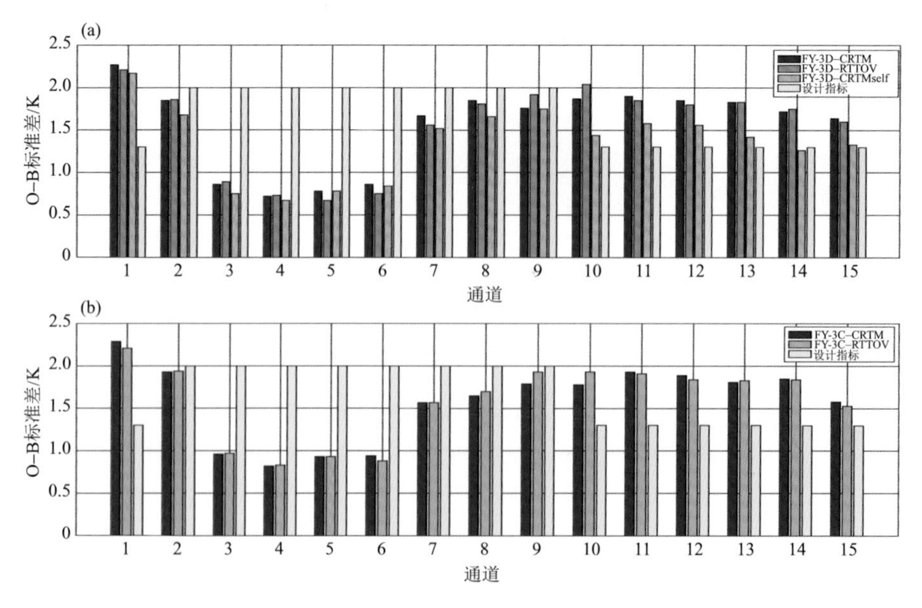

图 4.27　FY-3D(a)与 FY-3C(b)的 MWHS-Ⅱ O－B 结果

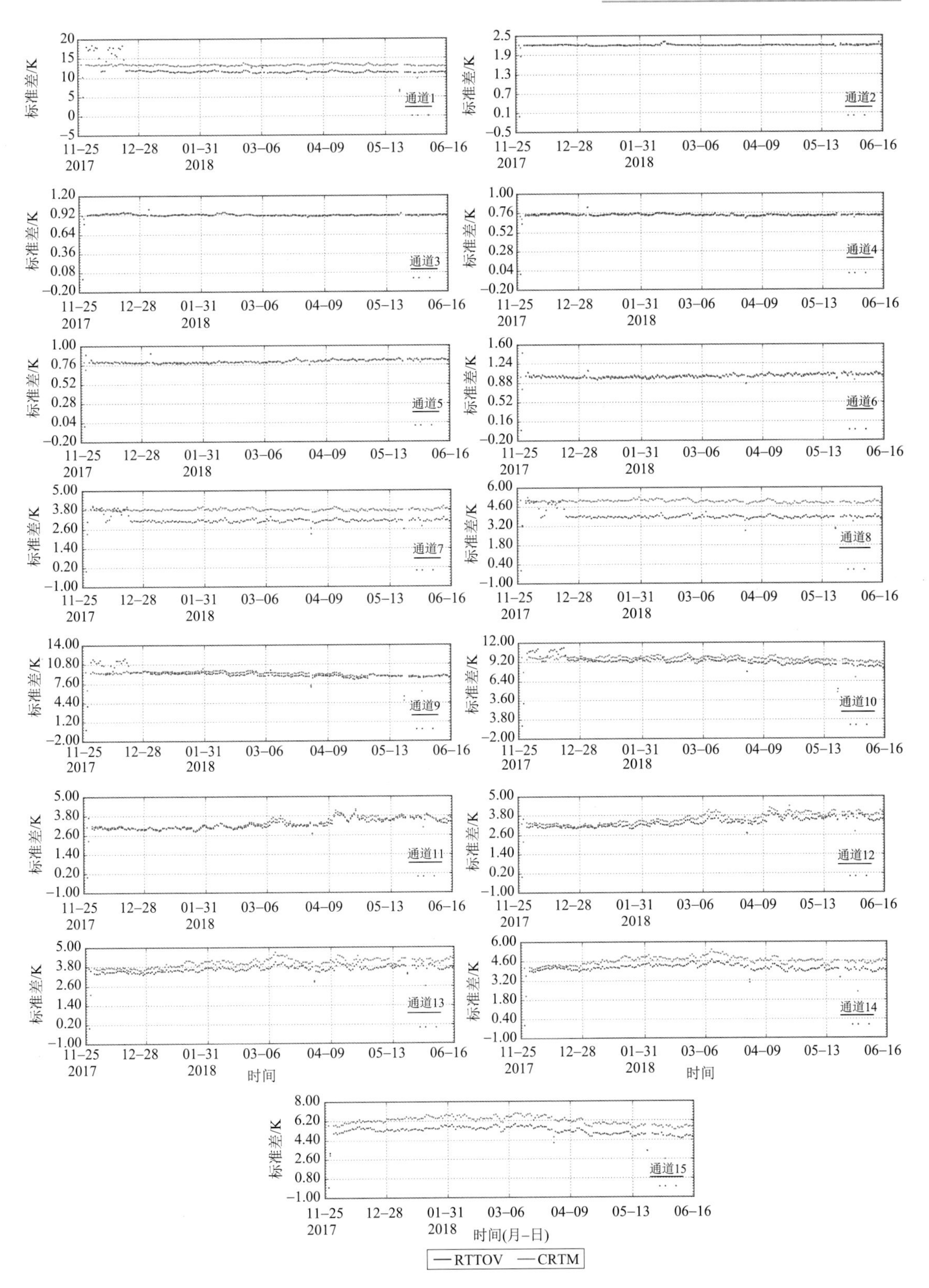

图 4.28　FY-3D MWHS-Ⅱ 15 个通道 O－B 长期稳定情况

代表用CRTM+T639模拟后的O−B标准差，浅蓝色是RTTOV+T639模拟后的O−B标准差，黄色代表指标要求。对比分析表明：FY-3C和FY-3D误差相当。总体来看，118 GHz 8个温度探测通道均满足指标要求；窗区和吸收线远翼通道受地表模型精度影响，湿度通道受背景场精度影响，O−B方法评估仅供参考。偏差分析结果表明FY-3D MWHS在轨辐射定标结果合理。

图4.28给出了MWHS-Ⅱ 15个通道O−B标准差在6个月中的长期变化情况。因为在FY-3仪器监测系统中对O−B的统计是基于全球全天候的统计，正演辐射传输模式受下垫面发射率以及降水影响，O−B标准差的值较大，但是MWHS-Ⅱ 15个通道O−B标准差长期趋势是比较稳定的。

MWHS-Ⅱ在轨定标误差由热定标源的不确定性、冷定标源的不确定性、仪器灵敏度和非线性偏差四项组成。

定标误差计算及各误差项计算方法：

$$\Delta \mathrm{BT}=\sqrt{\Delta {T_{\mathrm{H}}}^2+\Delta {T_{\mathrm{C}}}^2+\Delta \mathrm{NL}^2+\Delta \mathrm{Net}^2}$$

式中：ΔT_{H}为热定标源不确定性；ΔT_{C}为冷定标源不确定性；根据FY-3A/3B在轨定标分析；ΔNL为非线性偏差根据发射前真空试验结果确定；ΔNet为仪器灵敏度直接引用在轨测试结果。

热定标源不确定性ΔT_{H}由2项组成：热定标源温度分布不确定性和热定标源发射率不确定性(ΔE_{m})。热定标源温度分布不确定性在轨根据热源测温结果分析确定，发射率测试结果达到0.9998以上，不确定性按0.0002算，误差约为0.06 K。

ΔT_{H}的计算公式为

$$\Delta T_{\mathrm{H}}=\sqrt{\Delta {E_{\mathrm{m}}}^2+\Delta {T_{\mathrm{g}}}^2} \tag{4.10}$$

$$\Delta E_{\mathrm{m}}=\Delta e\times T_{\mathrm{H}} \tag{4.11}$$

式中：Δe为热定标黑体发射率不确定性；T_{H}为热定标黑体物理温度；ΔT_{g}为热定标黑体的温度不均匀性，根据在轨测试结果确定，参考FY-3A/3B在轨定标分析平均为0.8 K。

MWHS-Ⅱ定标误差分析结果见表4.4。

表4.4 FY-3D MWHS-Ⅱ在轨定标误差分析结果

通道	中心频率/GHz	热源不确定性/K	冷源不确定性/K	非线性偏差/K	仪器灵敏度/K	定标误差/K	定标精度指标/K
1	88.9	0.1	0.8	0.45	0.20	0.945	1.3
2	118.75 ±0.08	0.1	0.8	0.4	1.22	1.516	2.0
3	118.75 ±0.2	0.1	0.8	0.3	0.48	0.985	2.0
4	118.75 ±0.3	0.1	0.8	0.53	0.38	1.037	2.0
5	118.75 ±0.8	0.1	0.8	0.3	0.37	0.936	2.0
6	118.75 ±1.1	0.1	0.8	0.3	0.36	0.933	2.0
7	118.75 ±2.5	0.1	0.8	0.25	0.35	0.914	2.0
8	118.75 ±3.0	0.1	0.8	0.3	0.20	0.883	2.0
9	118.75 ±5.0	0.1	0.8	0.25	0.17	0.861	2.0
10	150.0	0.1	0.8	0.3	0.22	0.888	1.3

续表

通道	中心频率 /GHz	热源不确定性 /K	冷源不确定性 /K	非线性偏差 /K	仪器灵敏度 /K	定标误差 /K	定标精度指标 /K
11	183.31±1	0.1	0.8	0.2	0.39	0.918	1.3
12	183.31±1.8	0.1	0.8	0.2	0.29	0.880	1.3
13	183.31±3	0.1	0.8	0.2	0.28	0.877	1.3
14	183.31±4.5	0.1	0.8	0.5	0.27	0.986	1.3
15	183.31±7	0.1	0.8	0.4	0.25	0.934	1.3

4.4　微波成像仪天线发射率订正方法

在MWRI的O－B数据中，发现有明显的升降轨道偏差情况出现，如图4.29所示。

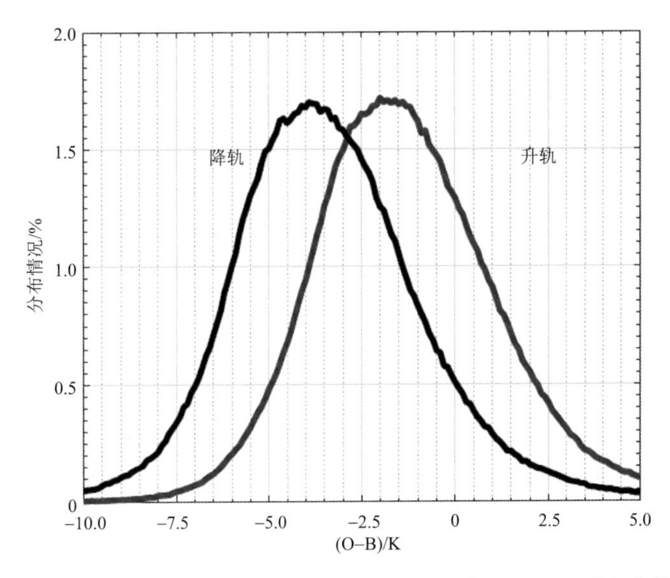

图4.29　FY-3C微波成像仪18.7 GHz V极化通道2017年5月1日升降轨偏差分布情况

微波成像仪在轨定标形式与其他在轨微波成像类仪器不同，由主天线提供冷空、热源、对地观测的全路径能量反射，因此，可将主天线溢出因子、主天线交叉极化订正因子影响消除。

在此情况下，冷空辐射亮温可简要表示为：

$$BT_C = (1-\varepsilon_C)T_{CS} + \varepsilon_C T_{CM} \tag{4.12}$$

式中，右侧两项分别为宇宙背景辐射被冷空反射镜反射部分以及冷空反射镜自身辐射部分。

热源辐射亮温可简要表示为：

$$BT_H = (1-\varepsilon_H)T_{HS} + \varepsilon_H T_{HM} + T_{BK} \tag{4.13}$$

式中，右侧三项分别为热源被热镜反射部分、热镜自身辐射部分、热镜背瓣辐射部分。

MWRI对地观测亮温模拟值可表示为：

$$BT_E^b = G(BT_H^b - BT_C) + BT_C + T_{nlin} \tag{4.14}$$

式中，右侧前两项为线性定标结果，第三项为非线性定标结果。

MWRI 对地观测亮温可表示为：

$$BT_E^B = G(BT_H^B - BT_C) + BT_C + T_{nlin} \tag{4.15}$$

O—B 结果可表示为发射率、增益、天线温度的函数：

$$BT_E^{O-B} = BT_E^O - BT_E^B = G(\varepsilon_H^O - \varepsilon_H^B)(T_{HM} - T_{HS}) + \Delta ERROR = \varepsilon_H^{O-B} G(T_{HM} - T_{HS}) + \Delta ERROR \tag{4.16}$$

式中，ε_H^B 为真实天线发射率，ε_H^O 为之前业务使用的天线发射率，ε_H^{O-B} 为两者之差。

升降轨的 O—B 偏差可以表示为：

$$\Delta T^{A-D} = BT_E^{O-B,A} - BT_E^{O-B,D} = \varepsilon_H^{O-B}[G^A(T_{HM}^A - T_{HS}^A) - G^D(T_{HM}^D - T_{HS}^D)] + \Delta ERROR \tag{4.17}$$

最后的误差项来自于由于背景模拟偏差带来的不确定性，可以用大量的全球模拟数据消除上述误差项。

因此，可以得到真实天线发射率的计算形式：

$$\varepsilon_H^B = \frac{BT_E^{O-B,A} - BT_E^{O-B,D}}{G^A(T_{HS}^A - T_{HM}^A) - G^D(T_{HS}^D - T_{HM}^D)} + \varepsilon_H^B \tag{4.18}$$

利用上述公式，结合长时间序列的全球洋面 O—B，即可获取相对稳定的真实天线发射率结果。

利用订正后的新发射率数据得到的 O—B 升降轨偏差，与订正之前的数据比较，见图 4.30。

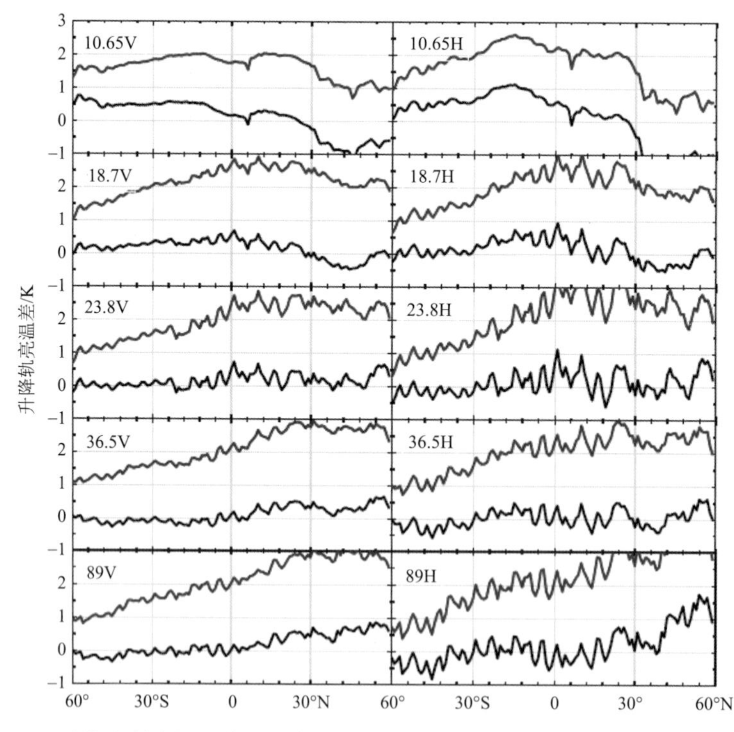

图 4.30 天线发射率订正前后升降轨偏差分布情况(蓝色为订正前，黑色为订正后)

由图 4.30 可见，天线发射率订正之后，利用 O—B 结果所获取的升降轨偏差，得到了显著的改善。

4.5　基于 SNO 的 MWRI 偏差订正方法

除基于 O－B 数据的偏差订正之外，我们还开展了时间和纬度尺度上的 SNO 分析，并在此基础上开展双差分析，并进行偏差订正。MWRI 与 GMI 的 SNO 结果示例见图 4.31。

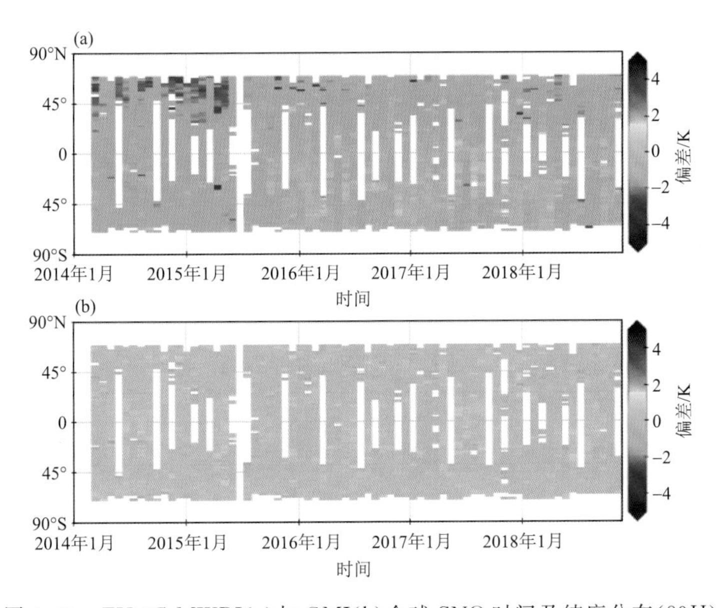

图 4.31　FY-3C MWRI(a)与 GMI(b)全球 SNO 时间及纬度分布(89H)

由图 4.31 可见，FY-3C MWRI 与 GPM 核心观测(PPR，GMI)全球 SNO 分布在时间和纬度上均比较连续，从时间轴的分布结果上，可以看出在特定时间段偏差有跳变和缓变的情况出现。

在 SNO 结果的基础上，考虑到即使进行了非常严格的时空匹配，GMI 与 MWRI 各类参数也比较一致，但每次过境的 SNO 点瞬时入射角等参数之间仍然存在偏差，因此我们在 SNO 的基础上开展了双差分析，对每一个 SNO 点，用 GMI 与 MWRI 的实际参数以及背景场数据开展模拟，进一步得到更加精确的仪器观测偏差。

针对所获取的全球双差结果，开展针对 MWRI 的定标算法改进，针对热镜背瓣、热镜发射率、热源效率、非线性订正等方面，分别利用全球不同稳定区域的双差结果，按照定标系统中不同定标系数相互影响的情况，迭代计算得到准确的定标系数，相对影响较小的定标系数先开展迭代计算，所获取的结果代入后续定标系数的迭代计算过程中，最终，针对 FY-3B/3C/3D MWRI 分别获取了上述四类定标系数的订正结果。

以下以 10 V 通道为例，展示上述订正结果。首先给出 10 V 通道定标系数更新之前的偏差分布情况。

由图 4.32 可见，在定标系数更新之前，根据全球 2323 万个交叉点的统计结果，MWRI 的 10 V 通道与 GMI 的 10 V 通道之间存在 6 K 左右的偏差，但相关性高达 0.995，典型亮温主要分布在 160 K 左右的洋面区域。定标系数更新之后的结果见图 4.33。

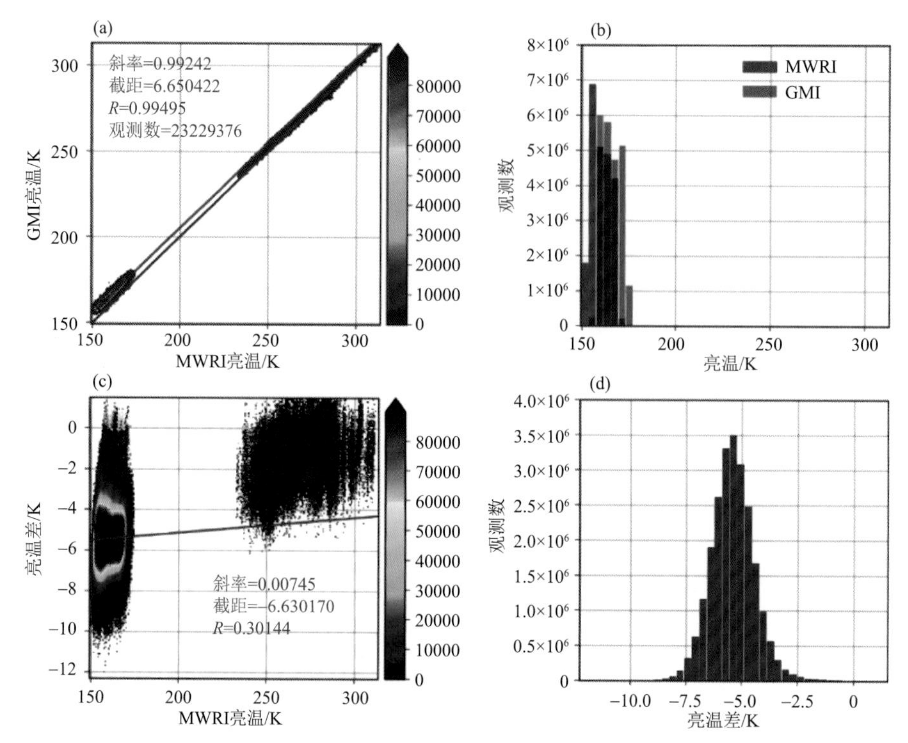

图 4.32 FY-3D MWRI 定标系数更新之前与 GMI 的偏差分布(10 V)
(a)GMI 与 MWRI 交叉区域亮温散点图,(b)GMI 与 MWRI 交叉区域亮温分布柱状图,
(c)GMI 与 MWRI 交叉区域亮温与偏差散点图,(d)GMI 与 MWRI 交叉区域亮温偏差分布柱状图

由图 4.33 可见,在定标系数更新之后,MWRI 的 10 V 通道与 GMI 的 10 V 通道,针对全球 2250 万个交叉点,两个仪器之间的观测偏差已基本消除,相关性仍高达 0.994,典型亮温主要分布在 160 K 左右的洋面区域。

4.6 HIRAS 光谱定标参数反演及订正方法

4.6.1 光谱参数反演

首先,利用目前对于各种单独仪器效应的模型研究,可以构建包含多种仪器效应的完整的红外高光谱干涉仪观测与定标仿真模型,从而建立由定标参数向量到观测定标辐射之间的函数关系。基于该仿真模型,就可以具体分析各个定标参数对定标辐射的影响特征,以及多种定标参数扰动引起的耦合定标偏差的特征。

其次,基于红外高光谱干涉仪观测与定标仿真模型,可以理论解析推导定标辐射关于各个定标参数的偏导数,即定标参数的雅克比矩阵,为之后变分分析中伴随模式的建立提供条件。此外,利用仿真模型进行敏感性分析可以得到各个参数变化所引起的观测定标辐射的变化。据此,可以得到不同定标参数对定标辐射的影响特征以及影响程度,从而总结出在三个波段主要影响定标精度的几个定标参数。

最后,利用变分法的原理,以观测定标辐射与理想(参考)定标辐射差的内积建立目标泛函,并根据定标参数雅克比矩阵的伴随获得目标泛函的梯度。在此基础上,根据在定标辐射空

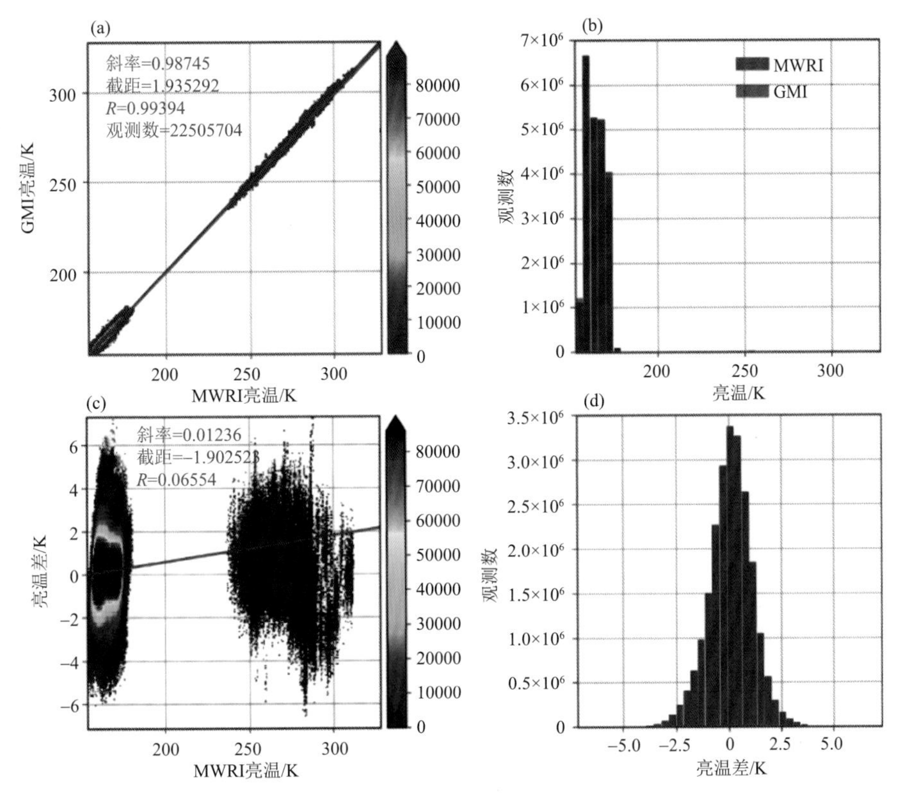

图 4.33　FY-3D MWRI 定标系数更新之后与 GMI 的偏差分布(10 V)

(a)GMI 与 MWRI 交叉区域亮温散点图,(b)GMI 与 MWRI 交叉区域亮温分布柱状图,

(c)GMI 与 MWRI 交叉区域亮温与偏差散点图,(d)GMI 与 MWRI 交叉区域亮温偏差分布柱状图

间的内积与在定标参数空间的内积相等,可以利用最优化方法迭代定标参数使得目标泛函及其梯度下降,来获得定标参数的最优估计值。

光谱定标过程通过干涉图傅里叶变换、光谱订正矩阵、重采样矩阵等实现,直接依赖采样激光波长、探元尺寸和位置参数,这些参数称为仪器光谱定标参数。仪器参数都是发射前在地面测试得到,但有测量误差,以及发射前在地面放置时间过长产生变化等,使得仪器参数与真值存在误差,需要重新进行在轨精确反演标定。光谱误差的主导因子首先与仪器设计及载荷轨道有关,单探元位于主光轴上,没有离轴探元,其离轴效应较小;对于多探元或面阵型干涉仪,对探元离轴效应的订正是光谱定标流程中最关键的部分。探元的排列方式也会影响光谱精度的验证方法,主要体现在主光轴方向上有没有安放探元。位于主光轴上的探元,离主光轴的距离最短,离轴效应也是最小的,其频率偏差可认为是由于激光波长误差导致,其他探元的观测谱与中心探元观测谱进行比较得到的光谱偏差,可以认为是来源于离轴效应,用于区分激光波长的误差和离轴效应导致的误差,对于调整激光波长还是调整定标算法中的离轴距离给出更为合理的建议。激光波长的变化和谱频率位置的变化始终是一致的,方向相反。CrIS 的 9 个探元排列为 3×3 分布,主光轴位置安放了探元,所以还可以通过相对法,以中心探元的观测谱为参考谱进行相对光谱定标精度的验证。若对于无中心探元的仪器,如 HIRAS 和 IASI 均为 2×2 分布,其频率误差归因于激光偏差还是探元位置偏差难以区分。以 FY-3D 的红外高光谱大气探测仪(HIRAS)为例,开展了基于仪器设计特征和地面测试参数,进行激光波长和探元离轴距离误差对光谱精度的影响分析,建立了探元位置参数反演模型。

光谱定标精度不仅和仪器的性能有关,还和定标手段密切相关,图 4.34 为 HIRAS 的光谱定标流程图,探元位置参数反演方法是光谱定标流程中非常关键的一步,它直接影响频率位置校准到每一个 HIRAS 通道上的精度。通常情况下,探元的尺寸(半径)不会有太大的变化,但是探元的位置会发生微小的移动,并且对于星上的探测仪器而言,探元位置的变化是无法测定的。首先开展谱对激光波长和对探元离轴距离的敏感性试验,再基于变分原理提出探元位置参数的反演方法。通过对探元位置参数的反演,更新 ILS 矩阵,得到更新后的 ILS 逆矩阵,重新订正离轴效应,使得频率位置更加精准,即优化光谱定标精度。

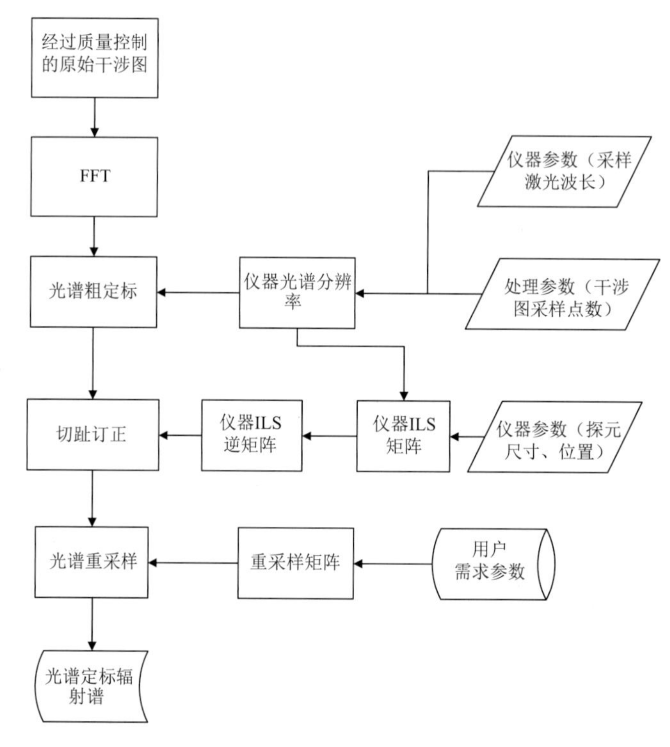

图 4.34　HIRAS 光谱定标流程图

4.6.1.1　谱对激光波长误差的敏感性试验

频域上的光谱间隔 $\Delta\sigma$、采样数 N 和采样步长 Δx 之间存在一个非常重要的约束关系:

$$\Delta\sigma=\frac{1}{N\times\Delta x} \tag{4.19}$$

其中:

$$\Delta x=\lambda \tag{4.20}$$

$$\Delta\sigma=\frac{1}{L} \tag{4.21}$$

$$\mathrm{d}\Delta\sigma=-\frac{1}{L^2}\mathrm{d}L=-\frac{\Delta\sigma}{L}N\,\mathrm{d}\lambda \tag{4.22}$$

移项后得:

$$\frac{\mathrm{d}\Delta\sigma}{\Delta\sigma}=-\frac{\mathrm{d}\lambda}{\lambda} \tag{4.23}$$

由上式可知，激光波长的变化率 $\mathrm{d}\lambda/\lambda$ 同谱的频率位置变化率 $\mathrm{d}\Delta\sigma/\Delta\sigma$ 是一致的，但方向相反。另外，本小节讨论激光波长对频率位置变化的影响，与上述理论推导的角度稍有不同，如下文所述：

当 $\mathrm{d}\lambda>0$，$\mathrm{d}\sigma<0$，有：

$$\sigma_0=\frac{1}{N\lambda} \tag{4.24}$$

$$\Delta\sigma=\sigma'-\sigma_0=-\delta=-\left[\frac{1}{N(\lambda+\Delta\lambda)}-\frac{1}{N\lambda}\right]=\frac{\Delta\lambda}{N\lambda(\lambda+\Delta\lambda)} \tag{4.25}$$

$$\frac{\Delta\sigma}{\sigma_0}=\frac{\Delta\lambda}{(\lambda+\Delta\lambda)}\approx\frac{\Delta\lambda}{\lambda} \tag{4.26}$$

本小节通过控制变量的方法，分析了激光频率的误差造成的频率漂移量，即图 4.35 所示，红点为模拟谱的频率精度，灰色的线为理论计算值，得到研究结论如下。

由理论公式推导可知，谱频率位置的变化和激光波长的变化一致，方向相反，斜率为−1；在 0.001 cm^{-1}的光谱分辨率下，加入激光波长误差，经过快速傅里叶变换后，由结论 1 可知，$\mathrm{d}\sigma$ 会改变，但仍然以 0.625 cm^{-1}的频率间隔取出光谱，激光波长的变化和谱频率位置的变化一致，方向相同，斜率约等于 1，如图 4.35 所示；理论和模拟的结果相一致；无论谱是否失真，激光波长的变化和谱频率位置的变化始终是一致的，即斜率约等于 1。

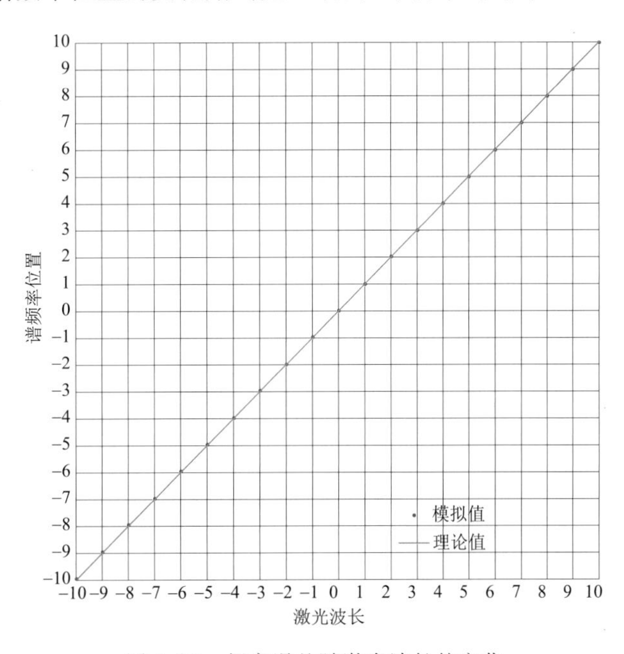

图 4.35　频率误差随激光波长的变化

4.6.1.2　谱对探元离轴距离的敏感性试验

探元中心离轴距离用 r_c表示，理论上r_c应该为一常数，但是实际中有很多因素影响r_c的大小，例如仪器制作时的测量误差，卫星发射过程中火箭的巨大推动力，以及卫星的在轨运行，使得r_c变成了一个未知的量。r_c的微小变化会造成光谱的伸展和压缩，影响光谱定标精度。为充分了解光谱对r_c的敏感性，本小节进行了理论推导和模式的模拟。

设离轴圆形探元中心到主光轴的距离为 r_c，用弧度表示。(x_c, y_c)是 XOY 坐标系中探元中心的坐标，量化了探元的几何位置，R_0为探元的半径，并且有$r_c>R_0$，f 为焦距。假设探元是点元($R_0\rightarrow 0$)，$r_c=0.022202$ rad，有：

$$r_c \rightarrow r, \theta \approx r_c(\mathrm{rad}) \tag{4.27}$$

$$\sigma=\sigma_0 \cos(r_c) \tag{4.28}$$

对式(4.28)求微分，得：

$$\mathrm{d}\sigma=-\sigma_0 \sin(r_c)\mathrm{d}r_c \approx -\sigma_0 r_c \mathrm{d}r_c \tag{4.29}$$

移项后得：

$$\frac{\mathrm{d}\sigma}{\sigma_0} \approx -r_c^2 \frac{\mathrm{d}r_c}{r_c} \tag{4.30}$$

$\mathrm{d}\sigma/\sigma_0$表示了离轴距离发生微小变化后，其频率的变化量与初始频率σ_0位置之比，称为频率σ_0的精度。这个比值与 $\mathrm{d}r_c/r_c$成正比，$\mathrm{d}r_c/r_c$越大，频率位置的变化量越大。如图 4.36 所示，灰线是式(4.30)理论计算的结果，红点是基于模拟谱的光谱偏差计算结果。模拟谱是离轴谱模拟方法，利用 LBLRTM 模拟的谱，为了便于讨论，本节称模拟离轴谱。

本小节模拟了一系列的谱，分别用S_0和S_n表示，S_0为$r_c=0.022202$ rad 的模拟谱，$S_n(n=1,2,3,\cdots,10)$为对应不同r_c的一系列模拟谱。$S_n(n=1,2,3,\cdots,10)$分别对应 $\mathrm{d}r_c/r_c$取 0.005、0.01、0.015、0.02、0.025、0.03、0.035、0.04、0.045、0.05。根据式(4.30)计算得到的理论频偏如图 4.36 中灰线所示，所述的互相关方法，计算模拟谱S_n相对于模拟谱S_0的频偏如图 4.36 中红点所示。图 4.36a、b 的横坐标分别采用线性坐标和对数坐标，从图 4.36a 可以看出，当 $\mathrm{d}r_c/r_c=0.01$ 时，会造成 $\mathrm{d}\sigma/\sigma_0=-5$ ppm，当 $\mathrm{d}r_c/r_c$较大时，模拟谱的频偏大于理论频偏。图 4.36b 中的横坐标为对数坐标，充分放大探元离轴距离的微小变化，可以发现，当 $\mathrm{d}r_c/r_c$较小时，模拟谱的频偏约等于理论频偏。当 $\mathrm{d}r_c/r_c$小于 0.02 时，可以由式(4.30)计算的频偏去代表实际可能的频偏。反之，若已知实际谱的频偏，可以推导出离轴距离的偏差，用于 ILS 订正。所以在离轴距离发生微小变化时，谱对离轴距离的敏感性可以用式(4.30)表达。

4.6.1.3 探元位置参数反演

对于圆形探元而言，r_c为探元离轴距离，用弧度表示。(x_c, y_c)称为原始位置参数，用角分来表示(一度等于 60 角分)，R_0是探元半径，对于离轴探元有$r_c>R_0$。由前文可知，假设探元是点元($R_0\rightarrow 0$)，有式(4.31)：

$$\frac{\mathrm{d}\sigma}{\sigma_0} \approx -r_c^2 \frac{\mathrm{d}r_c}{r_c} \tag{4.31}$$

式(4.31)将频率的变化和离轴距离的变化联系了起来，只要知道了频率的变化就知道了离轴距离变化了多少。这是很有意义的，因为我们无法通过直接测量的方式确定星上探测器像元的位置，频率的变化可以通过精确的光谱精度计算方法——“互相关法”来确定，即用基于样本的光谱偏差平均值来表征频率的偏差。互相关方法的光谱区域选择在长波波段、中波波段、短波波段分别为 716～766 cm^{-1}、1264～1314 cm^{-1}、2160～2210 cm^{-1}。

首先，基于一个 5 min 块的晴空样本数据，计算得到光谱偏差平均值，代入式(4.31)可得离轴距离的变化，利用弧度和度的转换关系，有：

$$r_c'=(r_c+\Delta r_c)\times 180\times 60/\pi \tag{4.32}$$

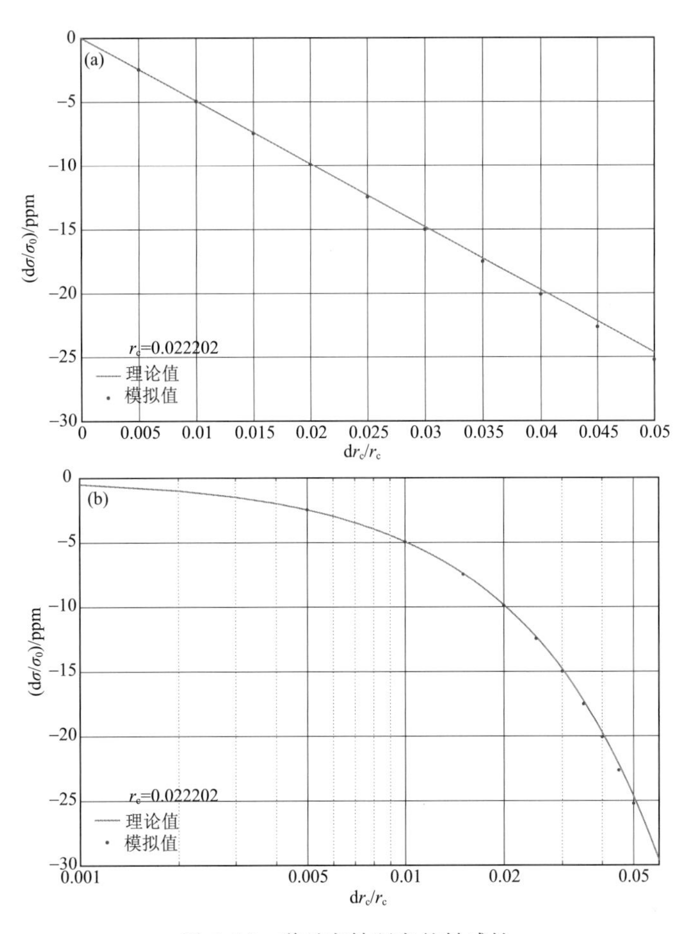

图 4.36　谱对离轴距离的敏感性

(a)线性横坐标显示,(b)对数横坐标显示

$$dr_c/r_c = \left(-\frac{1}{r_c}\right)\times\frac{d\sigma}{\sigma_0}\times 10^{-6} \tag{4.33}$$

$$r_c' = \left[r_c + \left(-\frac{1}{r_c}\right)\times\frac{d\sigma}{\sigma_0}\times 10^{-6}\right]\times 180\times 60/\pi \tag{4.34}$$

$$\alpha = \arctan\sqrt{\frac{y_c}{x_c}} \tag{4.35}$$

$$x_c' = r_c'\cos(\alpha) \tag{4.36}$$

$$y_c' = r_c'\sin(\alpha) \tag{4.37}$$

式(4.32)和式(4.33)中,Δr_c 代表离轴距离的变化量,式(4.34)中,r_c'代表探元中心位置变化以后的离轴距离,均用角分来表示。探元在 XOY 平面上,r_c 和r_c'均表示探元中心与圆心连线的距离,由式(4.34)只能推导出与圆心的连线长度,不能得到坐标(x_c',y_c')。于是有如下假定:探元原始位置参数下与 X 轴和 Y 轴的夹角不变,夹角用 α 表示,以原点为端点,每个探元分别与原点构成一条射线,探元只在沿着原始射线的方向做来回移动,即在极坐标系下,探元位置偏差用离轴距离的变化dr_c/r_c来表示。

因为 α 是不变的,离轴距离每变化一次,可以通过三角函数关系计算得到坐标(x_c',y_c'),

称为探元位置参数。(x'_c, y'_c)即为变分反演得到的在轨标定光谱定标参数。基于在轨数据进行了HIRAS探元位置参数的迭代反演，以2018年10月的光谱偏差平均值为依据，用$\Delta\sigma(r_{c0})$表示，对初始探元位置参数进行变分反演，得到在轨标定光谱定标参数，如表4.5所示。

表4.5　FY-3D HIRAS在轨标定探元位置参数

	探元1	探元2	探元3	探元4
长波x_c/′	−54.948125	52.009855	50.774619	−54.141704
长波y_c/′	55.097523	54.660284	−54.572545	−51.429664
长波$(dr_c/r_c{}^*)$/%	1.95	0.97	0.57	0.82
中波x_c/′	−54.408836	52.334144	53.877845	−54.561162
中波y_c/′	55.143509	55.219646	−55.064440	−55.760942
中波$(dr_c/r_c{}^*)$/%	0.45	0.44	0.27	0.33
短波x_c/′	−50.806187	54.329570	54.353756	−50.036602
短波y_c/′	52.980771	52.186404	−52.210776	−52.175741
短波$(dr_c/r_c{}^*)$/%	0.57	1.22	1.28	0.14

4.6.2　光谱订正验证

基于原始的探元位置参数进行光谱定标，得到光谱偏差平均值，用$\Delta\sigma(r_{c0})$表示，它对应原始位置参数。再用在轨标定光谱定标参数重新校准光谱，通过互相关方法重新计算光谱偏差，得到光谱偏差平均值，用$\Delta\sigma(r_{c1})$表示，它对应的就是反演后新的位置参数光谱定标结果。基于2018年11月24日的晴空样本光谱定标，评估了业务位置参数下11月24日的光谱偏差平均值如表4.6所示。长波波段光谱偏差平均值对四个探元分别为−9.8472、−5.140、−2.6273、−3.4697 ppm，中波波段光谱偏差在−2.2187～2.2823 ppm，短波波段探元4的精度最好，其他探元偏差在2.6712～6.0458 ppm。

表4.6　探元光谱偏差平均值$\Delta\sigma(r_{c0})$

	探元1/ppm	探元2/ppm	探元3/ppm	探元4/ppm
长波	−9.8472	−5.140	−2.6273	−3.4697
中波	−2.2187	2.2823	1.4035	−1.4632
短波	2.6712	5.9356	6.0458	0.4951

将反演后的光谱参数代入到ILS矩阵的计算中，得到新的ILS矩阵，对同时次的样本进行重新定标，定标后，其光谱偏差平均值如表4.7所列。长波波段的四探元的光谱偏差平均值的改善最大，均优于1 ppm，其中探元3的精度和初次评估的排序一样，是四探元中精度最高的；中波波段的四探元的光谱精度都有提升，探元1和探元4的负偏差在重新定标后为正偏差，并且均在1 ppm左右，其中探元4的改善最大，精度为0.5707 ppm；短波波段的四探元光谱精度也都有提升，光谱偏差平均值都有相应的减小，其中探元4的精度仍然是最好的。

表 4.7　重新定标后的探元光谱偏差平均值 $\Delta\sigma(r_{c0})$

	探元 1/ppm	探元 2/ppm	探元 3/ppm	探元 4/ppm
长波	−0.6567	0.4063	−0.3929	−0.7722
中波	0.9391	1.0327	0.9002	0.5707
短波	−0.8981	3.3455	2.4694	0.1231

位置参数的变化对定标结果的影响。通过对离轴距离的微调，即探元沿着各自固定角度的射线，有的朝着原点的方向移动，有的朝远离原点的方向移动，使得正负光谱偏差平均值均趋向于零，例如长波的探元 2，初始位置下的定标偏差为负偏差，探元位置朝着背离原点的方向进行了微调，光谱定标偏差趋向于零，无论探元的光谱偏差是正是负，都是趋向于偏差为零的方向进行调整。

对迭代次数的考虑和 ILS 订正有如下考虑：一方面，考虑到 ILS 矩阵的计算、光谱精度的计算均需要大量的时间，业务上对 ILS 矩阵不做经常更新，另一方面，通过对探元位置的微调在物理意义上也不完全朝着真实探元位置的方向，反演的位置参数的值不能代表真实意义上的探元位置变化量。本节的实验结果表明，一次反演的结果就可以使得光谱偏差满足技术指标的要求，在该光谱精度下，对辐射定标的影响已经很小了。故不需要对其做实时更新。

4.6.3　长期的频率精度监测结果分析

HIRAS 光谱定标精度的稳定性监测对光谱定标的 ILS 订正模块的更新也是至关重要的。由傅里叶变换红外光谱仪的探测特点可知，仪器的测量不是真实的光谱，存在光谱失真，例如当离轴距离为(−55′,55′)时，仪器测量光谱相对于理论光谱存在约 −279.3 ppm 的频率位置误差(该数值取决于探元的离轴距离)，需要经过光谱定标，将这一部分的偏差订正掉。所以准确的测量结果必须结合定标方法才能反映真实的光谱，达到大气探测的目的。离轴效应模块正是修正仪器测量光谱，减小误差，使得修正后的光谱位置接近真实光谱位置。在仪器的在轨测试阶段，光谱定标偏差平均值均优于 3 ppm，满足了光谱精度指标要求，对辐射定标精度的影响在可控范围内。仪器投入业务运行后，当光谱精度超过设定阈值才会重新计算 ILS 矩阵，即通过微调离轴距离的方法，使得光谱精度平均值稳定在设定阈值内。所以需要根据长期监测光谱定标精度来判断是否需要对 ILS 矩阵做更新。

长期监测所用的样本均来自夜间热带洋面视场的 HIRAS FSR 数据，样本的晴空检测方案采用与 HIRAS 同平台的 MERSI 云产品识别，具体过程如前文所述；模拟样本来自 LBL-RTM 模拟的光谱，模式的输入水汽和温度廓线为时空匹配的 ECWMF 分析场或预报场数据。

对于每日光谱精度的检测，不需要逐样本地记录光谱偏差随样本的起伏脉动变化，对所有样本求取平均值即可，用光谱偏差平均值去表征仪器的光谱精度。图 4.37、图 4.38 和图 4.39 展示了日平均的光谱定标偏差平均值的监测结果，横坐标为日期，纵坐标为光谱定标偏差平均值(ppm)。起止日期分别为 2018 年 4 月 21 日和 2018 年 9 月 30 日。考虑到长期监测采用的是经验光谱区域，在长波、中波 1、中波 2 波段分别为 704～754 cm^{-1}、1264～1314 cm^{-1}、2160～2210 cm^{-1}，并且目前只能实时获取东亚区域 60°—150°E，60°N—10°S 范围内的预报场数据，以及 LBLRTM 逐线模拟速度很慢，稳定性监测每天只挑选一个 5 min 数据块进行模拟计算，会存在某天晴空样本数量低于 50 个的情况，也没有剔除扫描角较大的样本，这使得长期监测的评估结果有小的波动。

如图 4.37 所示，长波波段的光谱定标精度均优于 10 ppm，其中探元 3 和探元 4 的趋势一致，探元 1 和探元 2 的趋势一致，探元 3 和探元 4 的光谱偏差平均值为正偏差，探元 1 和探元 2 的光谱偏差平均值为负偏差，并且随时间均向负偏差的方向变化，即长波的光谱定标精度在 4—7 月随时间有比较明显的往负频率偏差变化的趋势，变化幅度约 5 ppm，该变化趋势在 7—9 月有所变缓；中波波段和短波波段的光谱定标偏差平均值随时间的变化比较稳定（分别见 4.38 和 4.39）。

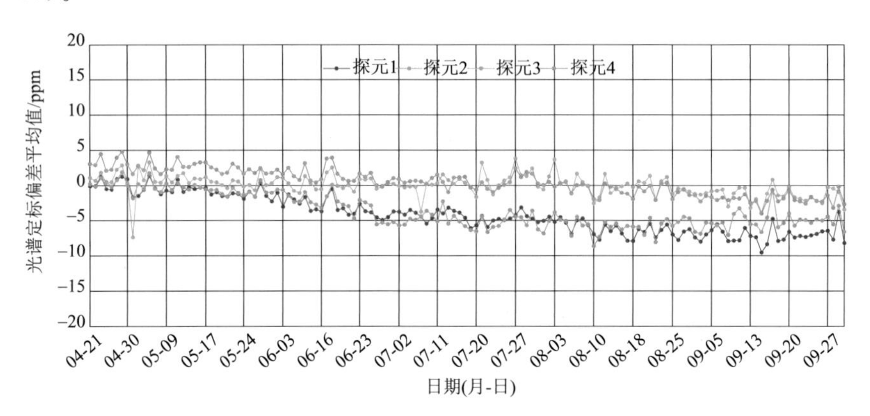

图 4.37　长波波段的光谱精度稳定性

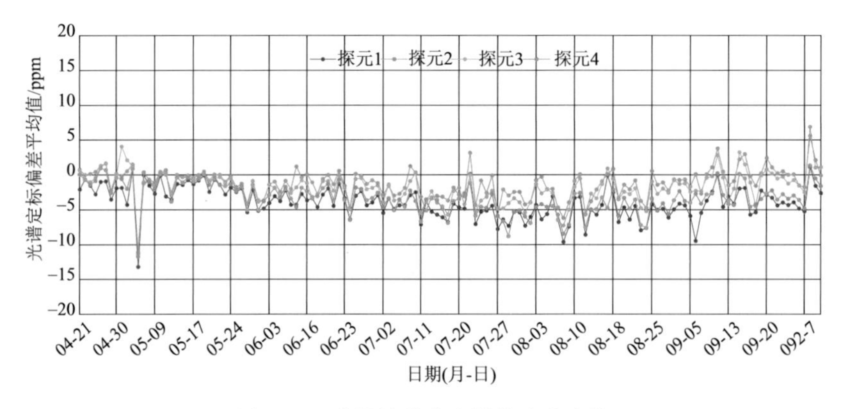

图 4.38　中波波段的光谱精度稳定性

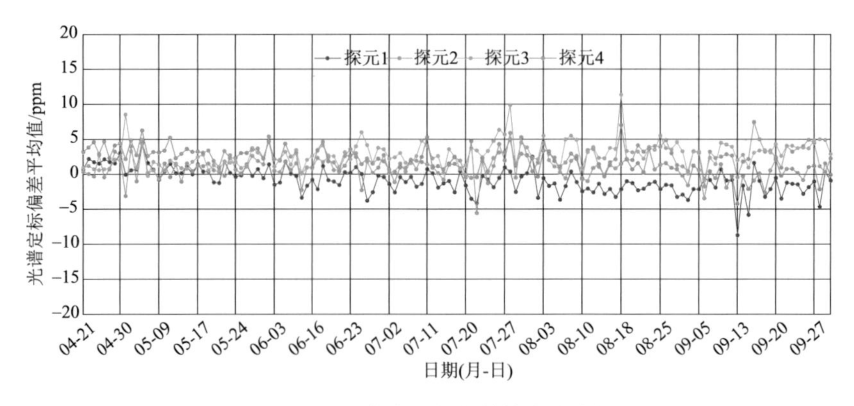

图 4.39　短波波段的光谱精度稳定性

综上所述，HIRAS 的光谱定标精度总体优于 10 ppm，满足技术指标要求，对辐射定标精度的影响在可控范围内，但是辐射定标精度取决于精确的光谱定标，优化 ILS 矩阵，提高 HIRAS 光谱定标精度，增加稳定性对于数值预报很重要，因此光谱频率精度需要进行业务监测。根据一年以上时间长度分析其变化趋势是否有季节变化，频率偏差和探元离轴距离、主光轴位置，以及激光器温度、激光器电流变化都存在相关关系，尤其是探元位置参数的误差，需要后续进行更深入的研究。

4.7　HIRAS 辐射定标参数反演及订正方法

4.7.1　辐射定标参数反演方法

变分法从耦合误差中分离出对应的定标参数偏移量的关键在于将观测定标辐射与理想定标辐射的差异与影响定标辐射的参数对应的偏移量对应。红外高光谱干涉仪定标仿真模型就构建起了定标参数与定标辐射之间的对应关系。

首先利用定标参数的参考值作为理想值，将这组理想定标参数对应的定标辐射作为理想定标辐射。以长波波段视场 1 为例，选取温度分别为 240 K、260 K、280 K、300 K 和 320 K 的模拟光谱作为仿真模型的输入，在理想定标参数下得到理想定标辐射 R^*。接着，在理想定标参数的基础上叠加偏移量（考虑内黑体温度 T_{ICT}、非线性系数 a_2 和冷空发射率 $\varepsilon_{\mathrm{DS}}$ 的偏移量，其他参数不变），此时对应的定标辐射作为观测样本，记为 R。将不同温度对应的 R 与 R^* 的差求和取平均作为定标辐射差 $\Delta R=R-R^*$。显然，定标辐射差 ΔR 是由定标参数的偏移量所决定。为了迭代定标参数使得定标辐射差最小，定义代价函数 J 如下。

$$J(T_{\mathrm{ICT}},a_2,\varepsilon_{\mathrm{DS}})=\frac{1}{2}\sum_{i=1}^{5}[R_i(T_{\mathrm{ICT}},a_2,\varepsilon_{\mathrm{DS}})-R_i^*]^2 \tag{4.38}$$

式中，i 表示通道（选取 5 个参考波数分别为 700 cm^{-1}、800 cm^{-1}、900 cm^{-1}、1000 cm^{-1} 和 1100 cm^{-1}）。从理论上推导出了定标辐射关于定标参数的偏导数，可以得到定标辐射关于定标参数的雅各比矩阵

$$\boldsymbol{A}=\begin{pmatrix}\dfrac{\partial R_1}{\partial T_{\mathrm{ICT}}} & \dfrac{\partial R_1}{\partial a_2} & \dfrac{\partial R_1}{\partial \varepsilon_{\mathrm{DS}}}\\ \dfrac{\partial R_2}{\partial T_{\mathrm{ICT}}} & \dfrac{\partial R_2}{\partial a_2} & \dfrac{\partial R_2}{\partial \varepsilon_{\mathrm{DS}}}\\ \vdots & \vdots & \vdots\\ \dfrac{\partial R_5}{\partial T_{\mathrm{ICT}}} & \dfrac{\partial R_5}{\partial a_2} & \dfrac{\partial R_5}{\partial \varepsilon_{\mathrm{DS}}}\end{pmatrix} \tag{4.39}$$

记 $\boldsymbol{X}=(T_{\mathrm{ICT}},a_2,\varepsilon_{\mathrm{DS}})^{\mathrm{T}}$ 为所要迭代的定标参数向量，根据式(4.38)得到迭代方程

$$\boldsymbol{X}^{(k+1)}=\boldsymbol{X}^{(k)}-\lambda^{(k)}[\boldsymbol{A}(\boldsymbol{X}^{(k)})^{\mathrm{T}}\boldsymbol{A}(\boldsymbol{X}^{(k)})]^{-1}\boldsymbol{A}(\boldsymbol{X}^{(k)})^{\mathrm{T}}[R(\boldsymbol{X}^{(k)})-R^*] \tag{4.40}$$

式中，k 为迭代次数，λ 为迭代步长。此时问题便化为一维搜索问题，寻找合适的步长使得迭代后定标参数对应的代价函数能快速降落到最小值。

这里采用二分法来求步长 λ，利用内黑体温度、非线性系数和冷空发射率的 3σ 不确定度来给定步长 λ 的初始范围$[\lambda_1,\lambda_2]$，取 $\lambda_3=(\lambda_1+\lambda_2)/2$，比较 λ_1、λ_2 和 λ_3 迭代后定标参数对应的代价函数的大小。如果 $J(\lambda_3)<J(\lambda_1)<J(\lambda_2)$，就将搜索范围缩小到$[\lambda_1,\lambda_3]$；如果 $J(\lambda_3)<J(\lambda_2)<J(\lambda_1)$，就将所搜范围缩小到$[\lambda_3,\lambda_2]$。每次将搜索范围的中点值作为步长来迭代，一次迭代结束后，更新定标参数 $\boldsymbol{X}$ 和梯度方向 $\mathrm{d}(\boldsymbol{X})$。如此反复迭代直到代价函数梯度的模小于

给定的阈值($|d(\boldsymbol{X})|<10^{-4}$)时终止，此时得到的定标参数认为是理想值的最优估计，定标参数最优估计值与初始值之差即为定标参数偏移量的估计。

图4.40给出了在长波波段，迭代过程中代价函数及其梯度的变化。显然，随着迭代次数的增加，代价函数的值迅速降落，代价函数的梯度迅速接近零值。说明迭代后的定标参数对应的定标辐射值快速接近理想值，每次迭代都使定标辐射偏差快速减小。代价函数梯度分量的正负和绝对值分别反映了相应定标参数相对于理想值偏移量的正负和对定标辐射影响的相对大小。由图4.40可知，代价函数关于内黑体温度的偏导数初始为正值，关于非线性系数和冷空发射率的偏导数初始为负值，表明内黑体温度相对于理想值偏高，而非线性系数和冷空发射率相对于理想值偏低。另外，代价函数关于内黑体温度、非线性系数和冷空发射率的偏导数初始绝对值量级分别为10^{-2}、10^{-3}和10^{-4}，表明内黑体温度偏移量对定标辐射的影响相对最大，非线性系数次之，冷空发射率最小。

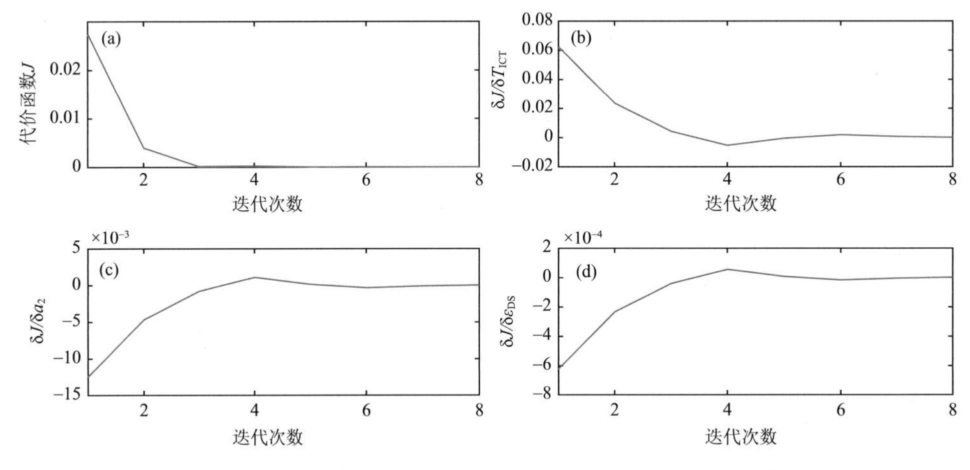

图4.40 在长波波段，迭代过程中代价函数及其梯度的变化

图4.41给出了在长波波段，迭代过程中定标参数偏移量的估计值与实际值。由图4.41可见，内黑体温度、非线性系数和冷空发射率的实际偏移量分别为0.05 K、$-0.01\ V^{-1}$和-0.0005。经过几次迭代，最终得到的定标参数的最优估计值与初始值之差分别为0.051 K、

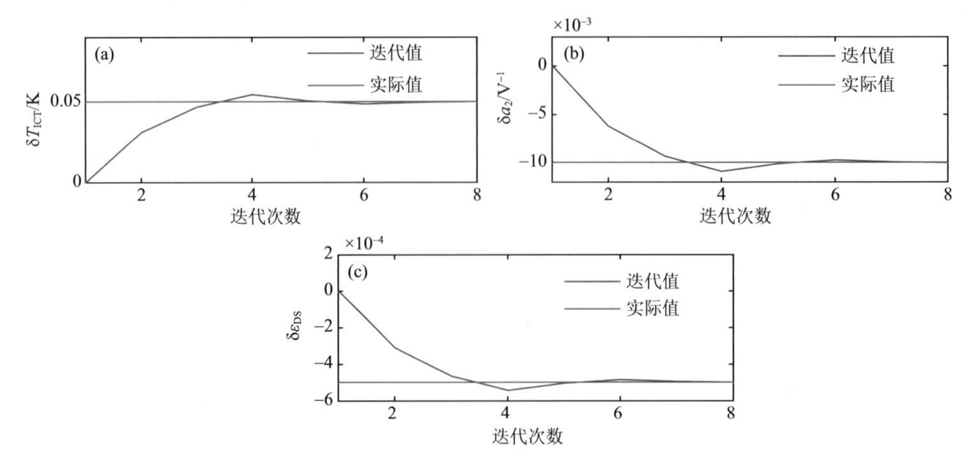

图4.41 在长波波段，迭代过程中定标参数偏移量的估计值与实际值

$-0.01\ V^{-1}$和-0.0005，与实际偏移量基本一致。因此，由内黑体温度、非线性系数和冷空发射率三种定标参数的偏移所引起的耦合定标辐射偏差可以通过变分迭代的方法，从这种耦合定标辐射偏差中同时定量地分离出这三种定标参数的偏移量。根据定标参数的偏移量对初始相对于理想值具有偏移的定标参数进行订正，可以得到定标参数的优化值。

类似地，可以对中波和短波波段的定标参数进行迭代得到定标参数的优化值。在各个波段，对于内黑体温度、非线性系数和冷空发射率的理想值、初始值、优化值以及估计误差量级如表 4.8 所示。可见，不论定标参数初始值与理想值之间的差异如何变化，最终通过变分迭代得到的优化值与理想值非常接近，对于内黑体温度和非线性系数估计误差量级在 10^{-4}，而对于冷空发射率估计误差量级则小于 10^{-5}。

表 4.8　定标参数理想值、初始值、优化值及估计误差量级

定标参数		理想值	初始值	优化值	估计误差量级
T_{ICT}/K	长波	282	282.05	282.0003	10^{-4}
	中波		282.06	281.9999	
	短波		281.94	281.9997	
a_2/V^{-1}	长波	0.1244	0.1144	0.1245	10^{-4}
	中波	0.3534	0.3100	0.3532	
ε_{DS}	长波	0.9995	0.9990	0.9995	$<10^{-5}$
	中波		0.9986	0.9995	
	短波		1	0.9995	

对于相对理想值具有偏移量的定标参数初始值以及利用变分法迭代得到的定标参数优化值，其对于独立样本（温度为 290 K 的模拟光谱）对应的定标精度。实验结果表明，在长波波段，定标参数优化值比初始值对应的定标精度提高了 0.1 K 左右；在中波波段，定标参数优化值比初始值对应的定标精度提高了 0.27 K；在短波波段，定标参数优化值对应的定标精度在 10^{-4}量级，几乎完全还原了入射辐射光谱的信息。之所以在长波和中波波段定标参数优化后与理想的亮温值仍存在一定的差异，是因为非线性效应对不同温度场景目标的影响不同，利用小波数段估计的非线性系数对原始光谱进行订正无法将非线性效应完全去除。而短波波段不受非线性系数的影响，故不存在这种差异。总的来说，在三个波段，通过变分迭代估计的定标参数优化值重新对原始光谱进行定标，可以大大减小由于多种定标参数偏移而产生的耦合定标亮温误差，提高定标精度。

4.7.2　HIRAS 地面真空实验数据验证

在轨前仪器需要在地面进行真空试验测试，测试使用的核心输入信号源是一组升温或降温（温度已知）的黑体。利用地面真空试验测试的结果，可以获得 HIRAS 实际仪器定标参数的参考值。真空试验对内黑体温度、发射率和环境温度进行了监测和测试，内黑体温度为 297.4 K 左右，内黑体发射率为 0.993～0.998，环境温度约为 282 K，冷目标（氦屏）的参数未测试，理论温度约为 17 K。非线性系数在长波、中波的参考值分别为 0.1 和 0.54 左右。

由于测试黑体目标的温度已知，因此，其对应的普朗克函数可以作为理想辐射。取一组初始定标参数对观测的原始光谱进行定标可以获得定标辐射。此时定标辐射与理想辐射之间必然存在差异，利用变分法就可以从这种辐射差异中分离出定标参数的偏差，从而优化定标参数。为了对比利用变分法得到的定标参数估计值和地面真空试验给出的定标参数参考值，可以再取一组独立观测样本，分别对其进行定标，比较在两组定标参数下的定标精度。

选取温度为 260.15～325.15 K 的一组测试黑体作为观测目标，利用初始给定的定标参数对其进行定标，此时得到的各个温度的定标辐射与实际黑体温度的普朗克函数存在差异。在长波、中波和短波分别选取 10 个参考波数，将所有温度下的辐射差异求和取平均，并将对应参考波数下的定标辐射差异作为样本。利用变分通过在参考波数下定标辐射差异来迭代定标参数。迭代的定标参数包括内黑体温度、内黑体发射率、内黑体环境温度、非线性系数、冷空温度、冷空发射率和冷空环境温度。显然，由于高光谱干涉仪的波数通道足够多，而定标参数的个数有限，因此可以提供大量的样本对有限的参数进行优化估计。于是可以将真空试验未测试的冷空参数也考虑进来。图 4.42 显示了在长波波段，迭代过程中代价函数及其梯度的变化。其中代价函数关于冷空温度的偏导数的值非常小，在迭代过程中冷空温度不发生变化，且代价函数关于冷空环境温度偏导数与代价函数关于内黑体环境温度的偏导数相近，所以代价函数关于这两个参数的偏导数未在图中给出。代价函数的快速降落表明经过几次迭代定标辐射与理想辐射之间的差异迅速减小。而由代价函数关于各个定标参数的偏导数可知，内黑体温度、内黑体发射率、内黑体环境温度、非线性系数的初始值与理想值的偏移量为负值，而冷空发射率的初始值与理想值的偏移量为正值。初始值相对于理想值的偏移量较大的是内黑体温度、内黑体环境温度与非线性系数。但经过几次迭代后，代价函数梯度的各个分量最终均趋近于零，表明在迭代终止对应的定标参数下代价函数达到了极小值。

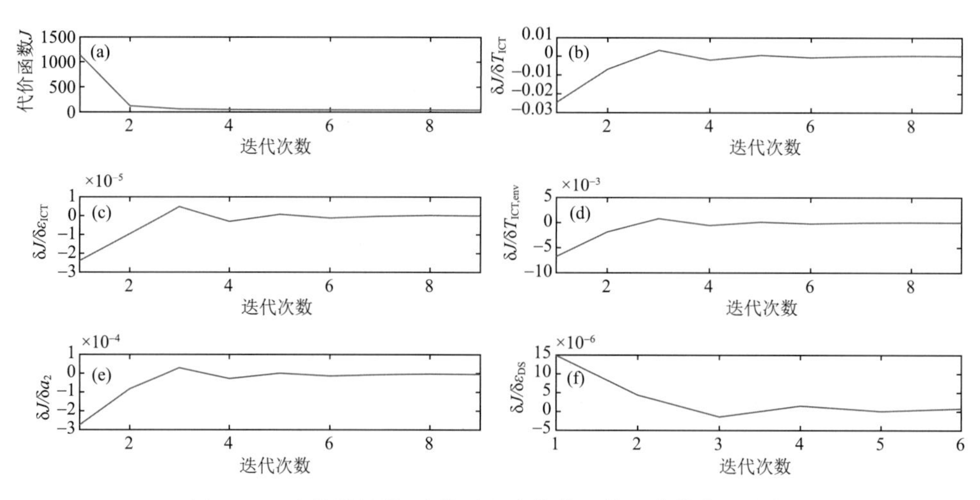

图 4.42 在长波波段，迭代过程中代价函数及其梯度的变化

将定标参数迭代初始值与真空试验测试的参考值之间的差异作为定标参数的参考偏移量，将定标参数迭代初始值与利用变分法得到的定标参数优化值之间的差异作为定标参数偏移量的估计值。图 4.43 显示了在长波波波段，迭代过程中定标参数偏移量的参考值和估计值。内黑体温度、内黑体发射率、内黑体环境温度、非线性系数、冷空发射率和冷空环境温度的参考偏移量分别为−7.4 K、−0.0095、−2 K、−0.05 V^{-1}、0 和−2 K。经过多次迭代后，定标参数偏移量的估计值逐渐接近参考值，表明变分法迭代得到的定标参数的最优估计接近地面

真空试验的测试结果。虽然真空试验没有测试冷空参数，但是利用变分迭代的方法也能得到冷空参数的估计值。根据定标参数偏移量的估计值，可以对初始定标参数进行订正得到定标参数的优化值。

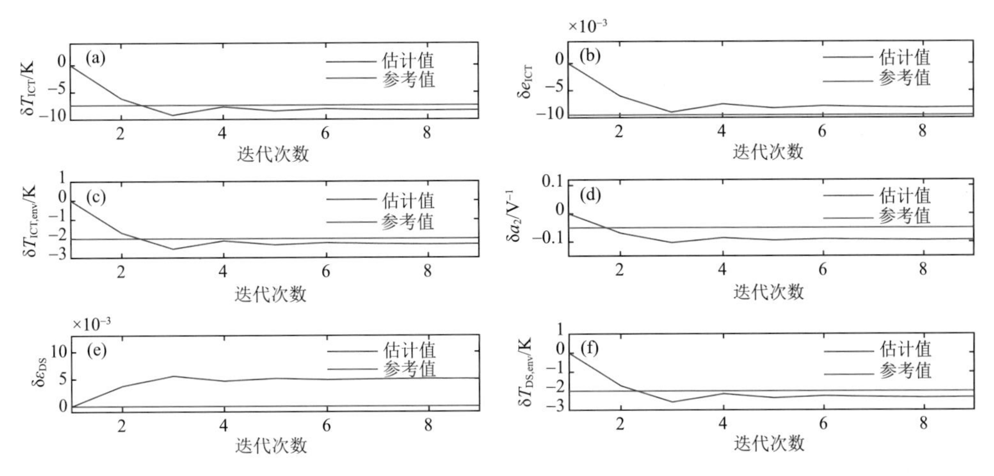

图 4.43　在长波波段，迭代过程中定标参数偏移量的参考值和估计值

根据图 4.43 可以看出，定标参数偏移量的估计值与参考值还是存在一定的差异，一种原因是定标参数本身可能存在一定的扰动，变分迭代得到的定标参数偏移量的估计反映出了这种扰动；另一种原因是受到了定标模型中未包含的其他物理过程的影响，这种影响表现为定标辐射与理想辐射的差异。在变分迭代的过程中，定标参数优化值相对于参考值的差异刚好弥补了由其他物理过程引起的定标辐射与理想辐射的差异。因此，无论是何种原因，利用变分迭代得到的定标参数的优化值，可以减小定标辐射与理想辐射之间的差异，提高定标精度。

类似地，可以针对中波和短波波段的定标参数进行变分迭代。表 4.9 给出了真空试验测试的定标参数的参考值、变分迭代前后定标参数的初始值和优化值以及估计误差。由表 4.9 可知，即使真空试验未给出冷空参数的参考值，但是由于定标辐射关于冷空参数的偏导数已知，利用变分法也能将其与其他定标参数同时迭代得到优化估计值。经过变分迭代得到的定标参数的优化值与真空试验测试的参考值相接近，对于内黑体温度、内黑体环境温度和冷空环境温度的估计误差量级为 10^{-1}左右，对于内黑体发射率和冷空发射率的估计误差量级为 10^{-3}左右，对于非线性系数的估计误差量级为 10^{-2}左右。另外，通过对比发现，定标参数的优化值与参考值略有差异，于是选取一组独立样本对迭代得到的定标参数优化值进行检验。在三个谱段，定标参数优化值对应的定标精度优于参考值对应的定标精度。平均而言，在长波、中波和短波，定标参数优化后相比于参考值定标精度分别提高了 1.06 K、0.9 K 和 0.99 K。因此，利用变分法得到的定标参数优化值有实际意义，可以有效地提高定标精度。另外值得注意的是，由于在实际观测试验中的不确定因素很多，使得收集到的观测光谱可能存在一些未知因素的影响，使得观测样本质量下降，这种情况下利用变分法估计得到的定标参数将与参考值会存在一定的偏离。这种偏离反映了未知因素对定标辐射的影响通过其他定标参数的改变而弥补，使得定标辐射更接近理想辐射值。因此，对于一些定标过程中未考虑的其他因素对实际观测光谱的影响，必须在估计定标参数前去除，此时得到定标参数的估计值才具有实际的物理意义。

表 4.9　真空试验测试的定标参数的参考值、变分迭代前后定标参数的初始值和优化值以及估计误差

定标参数		参考值	初始值	优化值	估计误差
T_{ICT}/K		297.4	290	298.3122	10^{-1}
ε_{ICT}	长波	0.9945	0.985	0.9931	10^{-3}
	中波	0.9965	0.980	0.9881	
	短波	0.9980	1	0.9989	
$T_{ICT,env}$/K		282	280	282.2904	10^{-1}
a_2/V^{-1}	长波	0.1	0.05	0.1428	10^{-2}
	中波	0.5	0.30	0.5811	
T_{DS}/K		未知(17)	17	17	—
ε_{DS}	长波	未知(1)	1	0.9949	10^{-3}
	中波		0.98	0.9904	
	短波		1	0.9986	
$T_{DS,env}$/K		未知(282)	280	282.3252	10^{-1}

4.7.3　HIRAS 在轨数据验证

对于 HIRAS 在轨数据的验证，由于观测目标的温度未知，采用观测类似目标 CrIS 的定标辐射作为参考。作为参考的 CrIS 的定标辐射，其定标精度较高，可以作为基准对比数据(Wu et al.,2020)，本文选用 Wu 等(2020)使用的 2018 年 4 月 26 日至 2018 年 5 月 10 日 FY-3D HIRAS 与 NPP/CrIS 近重合轨道匹配的在轨观测数据开展研究，总共 6297 个样本。将这些样本随机平均分为两组，其中一组用于参数迭代优化，另一组用于验证。在应用于参数迭代优化时，将 HIRAS 的在轨观测的定标辐射与 CrIS 对应相同目标的定标辐射做对比，利用变分法迭代定标参数，使得两者的定标辐射偏差最小。以在轨前真空试验对实际仪器定标参数测试的结果作为迭代的初始值，如果仪器在轨后定标参数产生偏移，那么利用变分法能够得到定标参数的偏移量。以长波波段视场 1 的在轨观测数据为例进行变分分析，迭代得到的定标参数优化值相对于在轨前真空试验给出的定标参数参考值的偏移量由表 4.10 给出。由迭代结果可知，变分法得到的定标参数优化值基本在参考值的附近，内黑体温度、内黑体发射率、内黑体环境温度、非线性系数和冷空环境温度的偏移量均在其对应的 3σ 不确定度范围内。由于真空试验未测试冷空发射率，而初始给定的冷空发射率初始值为 1，因此，其偏移量在 10^{-3} 量级也是可以接受的。所以，根据变分迭代得到的定标参数偏移量来看，可以认为这一时段的在轨仪器定标参数未产生明显的偏移。

为了验证变分迭代所得到的定标参数优化值的可靠性，选取 HIRAS 在轨观测另一组独立样本进行检验。将样本原始光谱分别在定标参数优化值与参考值下分别进行定标，将定标结果与 CrIS 相同目标的定标结果进行对比，以 CrIS 的定标辐射作为理想值，则定标参数参考值与优化值对应的定标精度如图 4.44 所示。由图可见，定标参数优化值与在轨前真空试验给出的参考值对应的定标精度差异不大。因此，对于在轨观测数据，只要能够提供观测目标理想亮温或辐射的参考，比如其他定标精度较高的高光谱干涉仪观测相同目标的定标结果，那么就可以利用变分法对定标参数进行估计，获得一组定标参数的优化值。同时，如果仪器在轨后定

表 4.10　定标参数的参考值、优化值与偏移量

定标参数		参考值	优化值	偏移量
T_{ICT}/K		282	281.7952	0.2048
ε_{ICT}	长波	0.9945	0.9949	−0.0004
	中波	0.9965	0.9950	0.0015
	短波	0.9980	0.9978	0.0002
$T_{ICT,env}$/K		282	281.9108	0.0892
a_2/V^{-1}	长波	0.1	0.1197	−0.0197
	中波	0.5	0.5431	−0.0431
T_{DS}/K		未知(17)	17	—
ε_{DS}	长波	未知(1)	0.9948	0.0052
	中波		0.9956	0.0044
	短波		0.9935	0.0065
$T_{DS,env}$/K		未知(282)	281.8966	0.1034

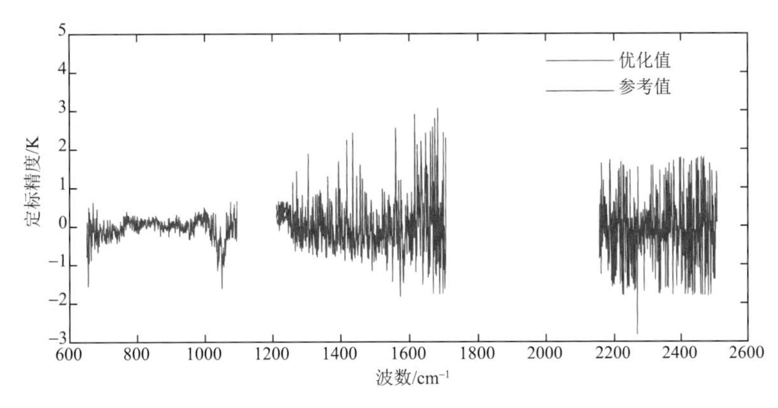

图 4.44　定标参数参考值与优化值对应的定标精度

标参数发生扰动，针对不同时段的在轨观测数据进行定标参数估计，就能将定标参数的扰动估计出来。从而在之后的在轨观测数据定标中能够将定标参数的扰动订正，提高定标精度。

4.8　国际同类仪器的偏差订正算法

对风云卫星微波载荷采用耿氏管技术体制存在问题的重大发现，使我们不禁疑问，欧美微波仪器是否也存在类似问题。我们利用 SIPOn-Opt 模型对自 1978 年以来所有欧美卫星的微波探测装置(MSU)和先进微波探测装置(AMSU-A)模拟分析，如图 4.45 所示，不同颜色代表不同卫星 NOAA-6～14 的 MSU 仪器，诊断出早期采用耿氏管技术的仪器同样普遍存在较大偏差，随着工艺技术改进，频点偏差变小，但始终存在，订正后的蓝色模拟偏差的标准差被稳定改进。而后期采用锁相环技术的 AMSU-A 仪器则没有那么大偏差(图 4.46)。既然如此，气候科学家们利用这类采用耿氏管技术的仪器观测结果所得出的有关平流层气候变化结论就可能被修改，甚至是改写。这引起国际关注，由此促成了欧美科学家针对 NOAA 卫星 MSU 数十年历史资料的再分析工作。

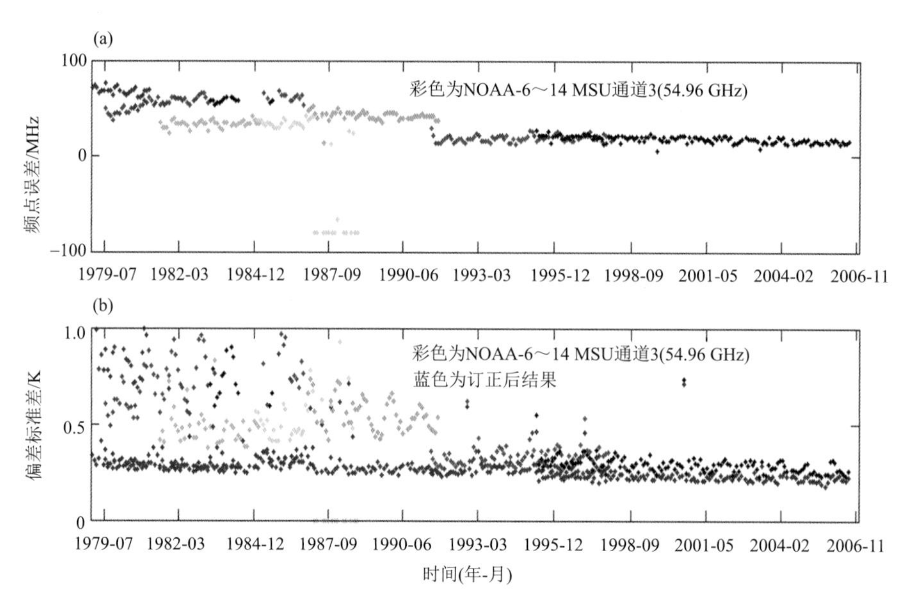

图 4.45　所有欧美卫星的微波探测装置(MSU)通道 3 模拟分析
(彩色为 NOAA-6～14 MSU 通道 3(54.96 GHz),蓝色为订正后结果)

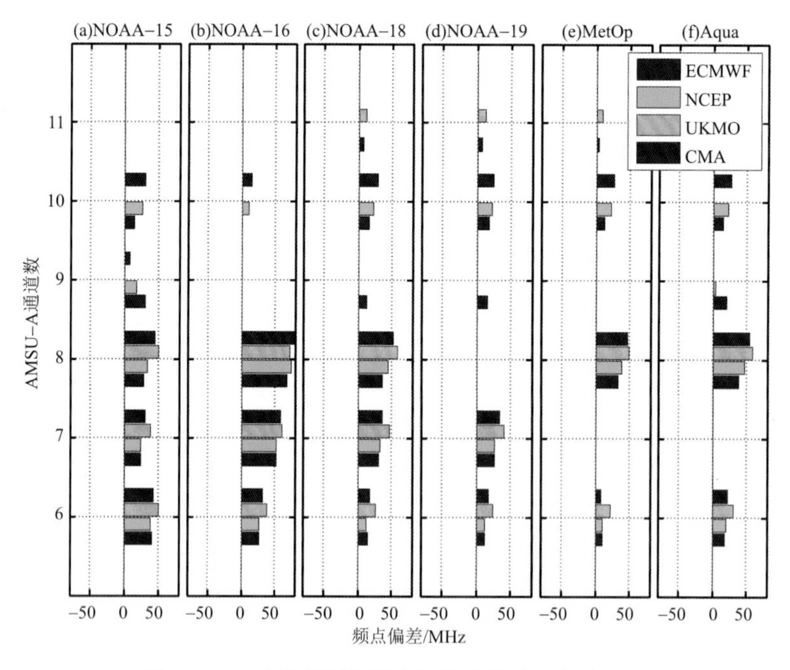

图 4.46　4 个数值预报模式计算出的中心频点偏差

采用 4 种数值预报中的数据对所有 AMSU-A 计算表明,他们都得到一致的中心频点偏差,并对模拟偏差有所改进,见图 4.46 和图 4.47。该方法也被应用于验证 ATMS 的频点偏差。

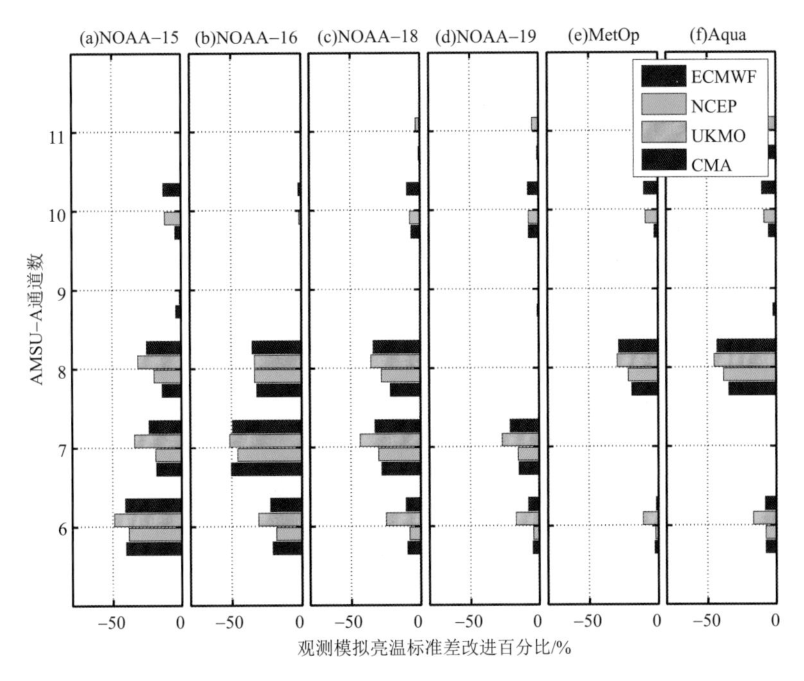

图 4.47　4 个数值预报模式计算出的中心频点偏差订正后的模拟改进

第5章　仪器数据质量标识体系

卫星观测数据的质量是直接影响同化效果和预报精度的根本问题。卫星正常观测模式下数据通过偏差订正可以对其质量进行有效提升，而某些时候由于仪器状态变化（如可提前预知的在轨维护操作、不可预知的空间粒子撞击、星上环境变化等导致定位、定标受影响等）造成某些数据失效或精度下降，无法通过正常的偏差订正算法进行数据修复，后端用户也无法甄别数据质量。因此，基于对卫星和仪器状态、仪器性能参数监测结果对仪器观测数据进行质量控制和标识体系建设是数据应用之前非常重要的环节，同时也是对数据应用的重要支撑能力的体现。

从应用需求出发，考虑到应用的接口一致性和简单、实用的原则，统一设计了仪器质量标识体系和方案，对数值预报模式中应用的风云气象卫星大气探测仪器均建立了仪器状态监测和质量标识体系，可为用户提供标准的质量标识数据集。

5.1　IRAS 监测与质量标识体系

5.1.1　IRAS 监测与质量控制方案设计

在确保卫星模拟观测正确的基础上，逐项整理了 IRAS 仪器监测参数的完整性、合理性，并根据 O－B 偏差特性分析和评价质量控制参数的方案设计，使其满足合理性以及阈值设计的适用性。IRAS 质量控制参数以及对其方案的物理意义如表 5.1 所示，质控参数主要包括从内黑体温度、滤光轮温度、调制盘温度、仪器部件温度、灵敏度、在轨定标系数等方面进行质量控制。而在实际监测过程中发现有少部分参数存在随着时间推移阈值不再适用的情况，需进行定期的更新和完善。

表 5.1　FY-3 红外分光计 IRAS 质量控制参数

参数编号	质量控制参数	物理意义
1	BBT	黑体温度
2	FWT	滤光轮温度
3	MDT	调制盘温度
4	CMT	仪器部件温度
5	CDT	一级和二级冷块温度
6	NED	灵敏度
7	CEF	在轨定标系数
8	BCN	黑体观测计数值
9	CCN	冷空观测计数值

续表

参数编号	质量控制参数	物理意义
10	PCV	微机电源电压
11	SPV	二次电源电压
12	TCV	二级温控电压
13	TRV	转动部件电压

图 5.1 和图 5.2 分别给出了遥测参数质控前后，黑体温度监测结果的时间序列图。由年和生命周期时间序列图的对比可见，质控之前，由于温度异常的存在导致长时间序列上存在一些异常点，以致不能反映仪器正常的特征，而经质控以后，这些异常点得到有效标识，黑体温度值表现出很好的稳定性。

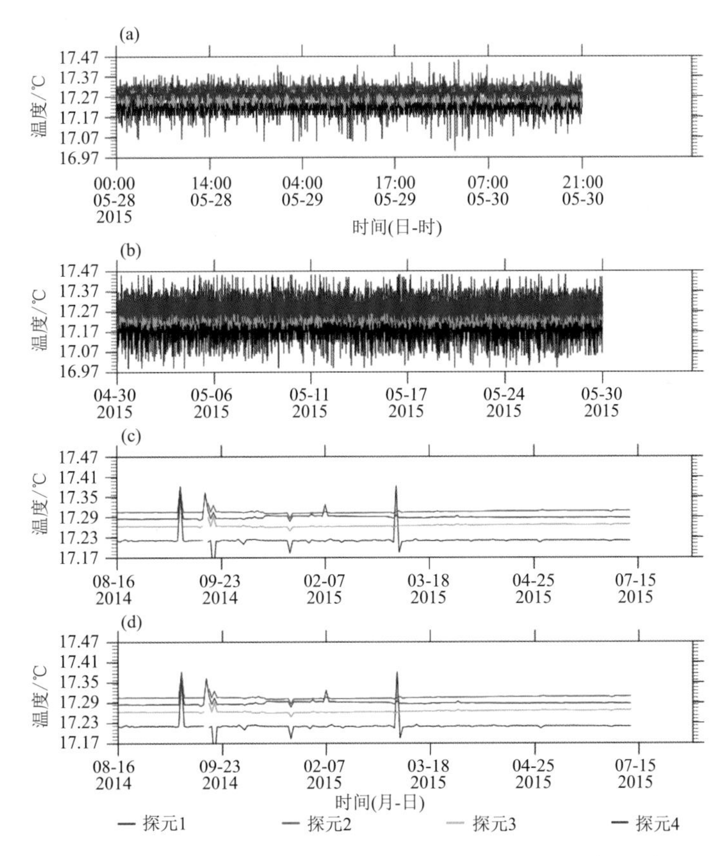

图 5.1　遥测参数质控前黑体温度监测结果的时间序列图
(a)日变化，(b)月变化，(c)年变化，(d)全生命周期

首先评估了预处理过程中不做任何质量控制、做预处理质量控制(标识填充值、定位定标失败等)，以及做云污染滤除后一个月数据的辐射观测与模拟偏差变化情况，如图 5.3 所示，可见预处理质量控制对误差减小效果显著，大部分通道能减小误差 3～4 K 以上，云污染像元滤除后对偏差标准差的减小效果随通道探测峰值高度降低而增大，如图 5.3d 通道 8 为近地面探

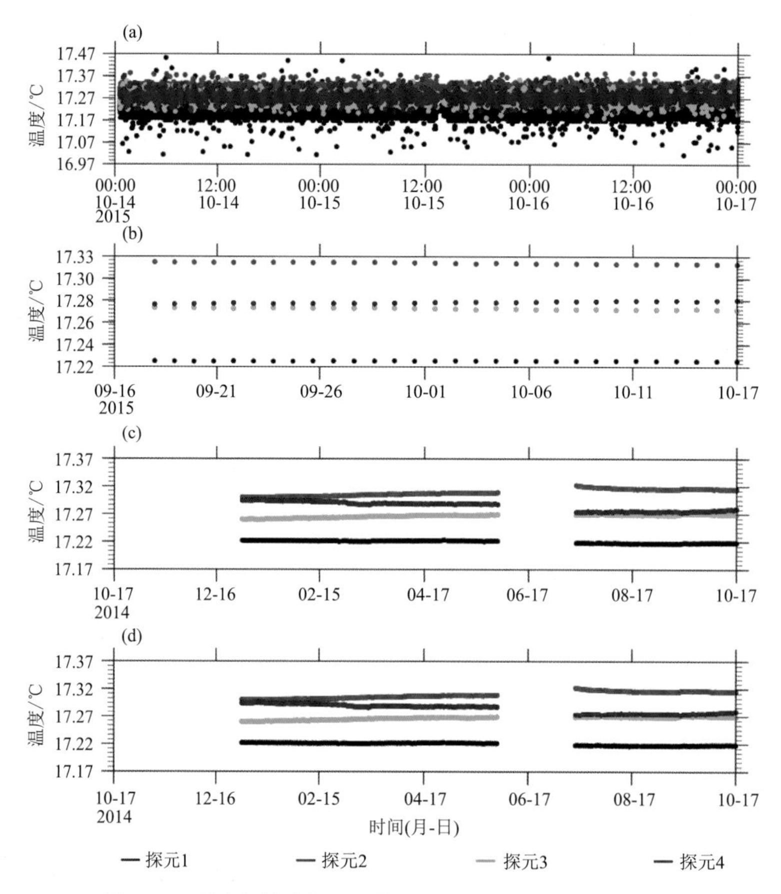

图 5.2 遥测参数质控后黑体温度监测结果的时间序列图

(a)日变化,(b)月变化,(c)年变化,(d)全生命周期

测通道,云检测后误差减小 10 K 左右,而高层通道 2、3、4 的误差减小幅度在 1~2 K。

在进行质量码合理性检查和 L1 质控之后,分析了一个月数据的误差随时间的变化,主要分析误差较大离异点的原因,并进行云检测像元滤除。IRAS 要进行质量码精细分析和评估在基于对所有像元进行了云检测基础上进行,即对全球观测目标剔除云污染像元,且观测目标限定在南北纬 60°之内的海洋表面上,做 L1 质量控制、偏差系数质量控制、云检测质量控制、云检测加纬度和海洋限制的误差如图 5.4 所示(横轴为一个月数据的轨道数)。由图可见,几个误差较大的离异点主要是由于定标系数错误导致的,云污染像元滤除后各通道标准差均变小,在控制了纬度和海洋目标后,误差特征趋于更平稳和变小状态。

基于长时间监测数据,全面诊断 IRAS 仪器参数对质量控制的影响,持续优化仪器质量控制参数的确定和设计,并且随着卫星运行时间和实际在轨状况不断完善其具体质控方案的设计。在检查辐射传输模拟系统输出的正演观测和实际卫星观测的正确性之后,进行了质控参数与偏差特性敏感性分析,逐项整理了监测参数的完整性、合理性,并根据 O—B 偏差特性分析和评价仪器参数对质量控制的影响。亮温偏差特征与质量评分的敏感性分析如图 5.5 所示,由图可见首先各个通道之间质控参数的敏感性不一样,如对同样的质控参数内黑体温度 BBT,通道 13 的敏感性要比其他通道都强,而对同一个通道而言,各个质控参数的敏感性也有

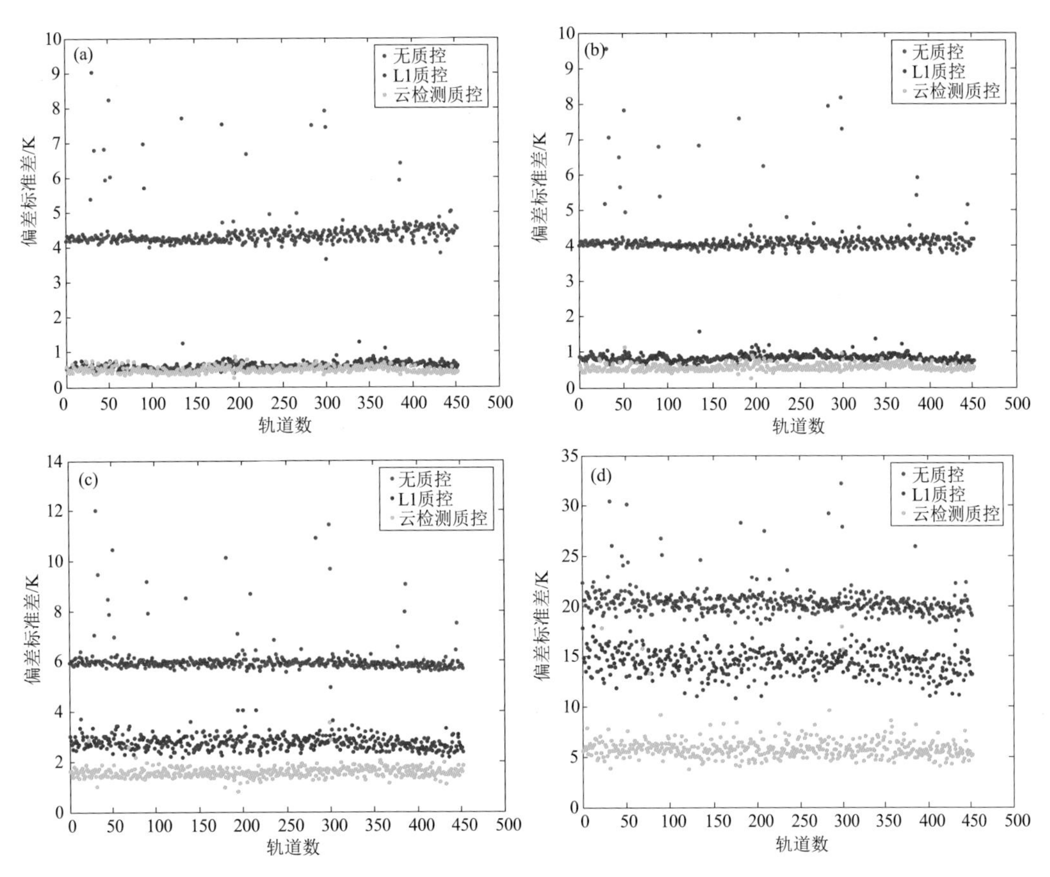

图5.3　不同质控条件下，4个特征通道逐轨平均观测模拟亮温偏差标准差的时间序列图
(a)通道2，(b)通道3，(c)通道4，(d)通道8

区别，但差异较小，这些都将作为综合质量标识码确定值的参考依据。

将IRAS单个质量控制参数并入FY-3探测仪器统一的质量标识体系，并生成统一的综合质量标识码QA_Flag，综合质量标识码QA_Flag集合了所有单个质量控制参数的质量信息为一个三维的质量字（扫描行、像元、通道维）。参与综合质量码的遥测参数主要包括内黑体温度、滤光轮温度、调制盘温度、部件温度、定标系数等，详见表5.2。综合质量码为64 bit无符号整型的三维数据集，维数为通道、像素、扫描线。每个比特位代表一个遥测参数，0为该遥测参数在正常值范围，1表示该遥测参数超出正常值范围。综合质量码是计算质量评分的基础数据源。

为了给用户提供能直接体现数据质量的数据集，设计了质量评分体系。质量评分为8 bit无符号整型数据集，分值范围为0～100分，其计算方法和评价准则如表5.2所示，分数越高，代表数据质量越好。图5.6为FY-3C IRAS仪器质量评分与数据质量对比，由图可见质量评分低的数据对应了观测偏差大的数据，高分数对应了高质量的数据，可以方便卫星数据用户使用高质量的观测数据，低分数对应了质量较差的数据，可供卫星产品开发责任人对数据集的低分数数据进行分析，对精度低的数据进行准确归因，并反馈给预处理系统和质量监控系统做相应的参考和完善。

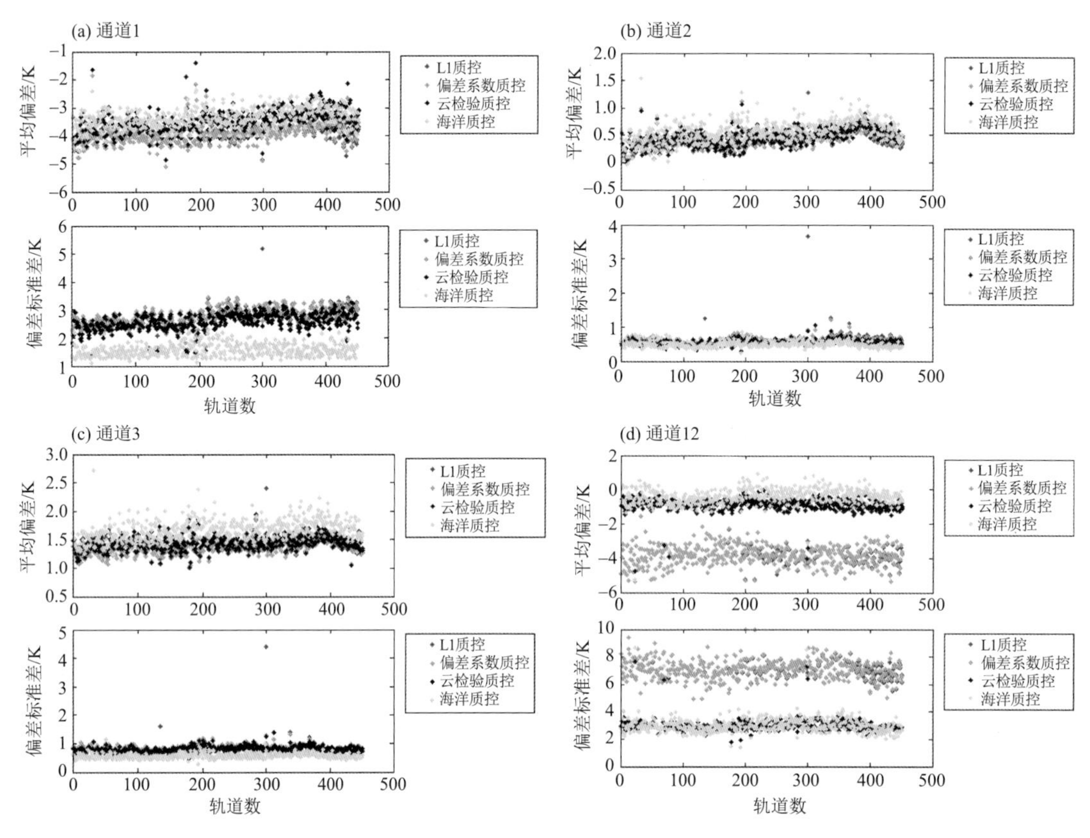

图 5.4　2015 年 10 月通道误差特征
（横轴为一个月的轨道数，按一轨道的观测亮温统计一个样本值）

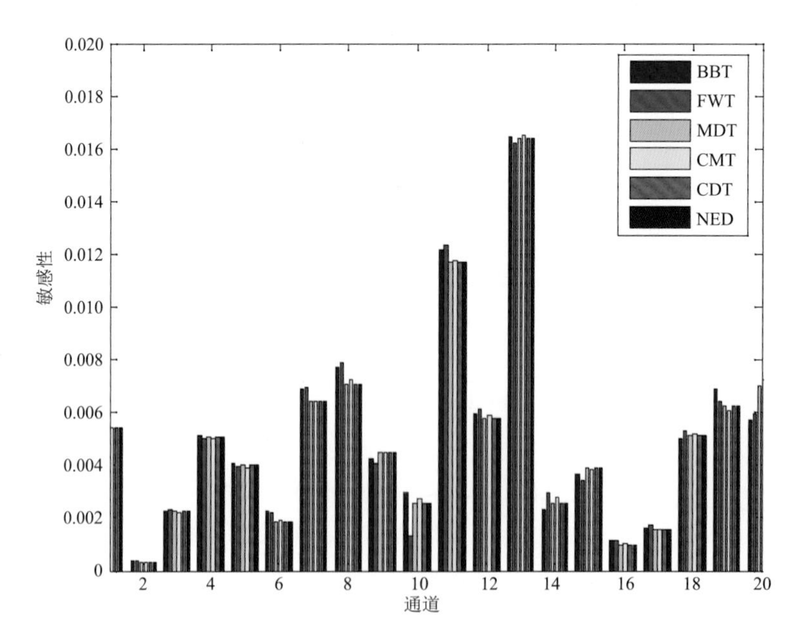

图 5.5　单个质量评分进行亮温偏差特征与质量评分的敏感性分析

表 5.2　FY-3 红外分光计质量标识评价准则

编号	质控参数 $Q_c(i)$ 为单个质控码值	质控权重 $W(i)$/%	综合质量标识码值(QA_Score)
1	BBT(黑体温度)	10	QA_Score = $100-Q_c(i)\times W(i)$
2	FWT(滤光轮温度)	10	
3	MDT(调制盘温度)	10	
4	CMT(部件温度)	10	
5	CDT(一级和二级冷块温度)	10	
6	Coef(定标系数)	50	
7	L0RawData(原始数据)	100	
8	CalStatus(定标状态)	100	
9	GeoStatus(定位状态)	100	
10	ChannelQC(通道质量)	100	

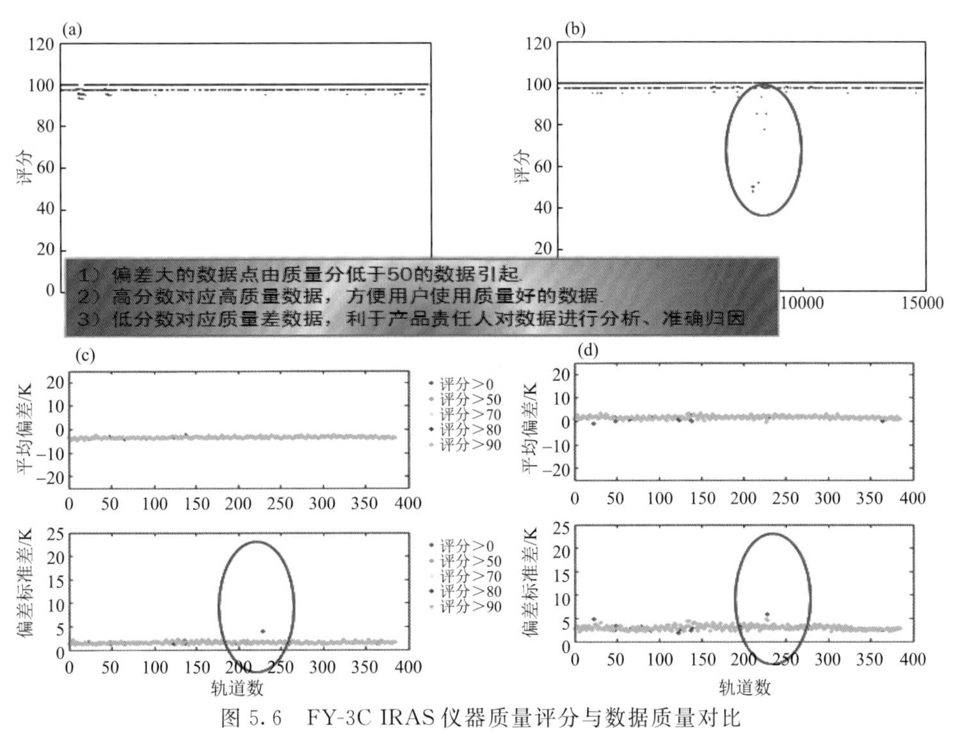

图 5.6　FY-3C IRAS 仪器质量评分与数据质量对比

(a)2015 年 10 月 1 日质量评分日监测，(b)2015 年 10 月 21 日质量评分日监测，

(c)通道 1 O−B 偏差监测评分，(d)通道 13 O−B 偏差监测评分

5.1.2　质量标识评价体系设计

数据质量码标识业务化是建立在前期这些大量的研究工作基础之上，通过了对比分析和准业务化运行之后提出的。主要包含两个内容，其一是依据遥测参数计算和监测结果生成综合质量码(QA_Flag)，写入 L1 OBC 文件中；其二是基于遥测参数与数据观测质量的敏感性分析结果对不同遥测参数赋予不同的分值权重，生成质量评分(QA_Score)，写入 L1 文件中。

质控方案产出在 FY-3C 业务预处理中的更新思路是将仪器状态监测系统中得出的监测参数质量标识，与扫描线质量标识、通道数据完整性质量标识进行综合，将其单独作为一个科学数据集写入到L1文件中(总体思路);确保目前FY-3C业务系统不受L1文件中质量标识增加的影响,保证业务连续(设计原则);增加备份手段(技术途径);及时捕获问题,随时恢复业务(保障措施)。综合质量标识码数据集和综合质量评分数据集说明分别见表5.3和表5.4。

表5.3 红外分光计OBCXX文件中数据综合质量标识码数据集说明

编号	名称	说明	值
1	数据集名称	QA_Flag	无
2	数据类型	64-bit unsigned integer	无
3	数据范围	$0\sim2^{64}-1$	无
4	数据集维数	通道*扫描行	无
5	数据集大小	约0.151 MB	无
6	数据集属性	long_name	Integrated Quality Flag
		band_name	Channel 1 to 20
		Slpoe	1.0
		Intercept	0.0
		FillValue	$2^{64}-1$
		Valid_range	$0\sim2^{35}-1$
		Description	bit0:Geolocation Validity bit1:Calibration Validity bit2:L0 Raw Data Validity bit3:Channel BT in normal range bit4～7:Black Body Temperature PRT1－4 in normal range bit8:Level1 Colder Temperature in normal range bit9:Level2 Colder Temperature in normal range bit10:Calibration intercept in normal range bit11:Calibration slope in normal range bit12:Component Temperature,Scan Mirror Temperturein normal range bit13:Component Temperature,Medium Optics Temperturein normal range bit14:Component Temperature,Processor Temperturein normal range bit15:Component Temperature,Main Optics Temperturein normal range bit16:Component Temperature,Base plate Temperturein normal range bit17～20:Filter wheel Temperature PRT1－4 in normal range bit21～24: Modulator Temperature PRT1－4 in normal range bit25:PC Power Voltage,Main pc－1 Voltage in normal range bit26:PC Power Voltage,Backup pc－1 Voltage in normal range bit27:PC Power Voltage,Main pc－2 Voltage in normal range bit28:PC Power Voltage,Backup pc－2 Voltage in normal range bit29:Second Power Voltage,＋6.3 V in normal range bit30:Second Power Voltage,－6.3 V in normal range bit31:Second Power Voltage,＋5 V in normal range bit32: Level2 Colder Temperature Control Voltagein normal range bit33:Filter wheel Turn Voltagein normal range bit34:Modulator Turn Voltagein normal range bit 35:Scan Mirror Turn Voltagein normal range bit36～64:Fill0

表 5.4　红外分光计 L1 文件中数据综合质量评分数据集说明

编号	名称	说明	值
1	数据集名称	QA_Score	Integrated Quality Score
2	数据类型	8-bit unsigned character	
3	数据范围	0～100	
4	数据集维数	通道 * 扫描行	
5	数据集大小	约 0.019MB	
6	数据集属性	long_name	
		band_name	Channel 1 to 20
		Slpoe	1.0
		Intercept	0.0
		FillValue	255
		Valid_range	0～100
		Description	Data quality score QA_Score = 100－QC(i) * W(i) Black Body Temperature:10 Filter Wheel Temperature:10 Modulator Temperature:10 Component Temperature:10 Level1 and Level2 Colder Temperature:10 Calibration Coefficients:50 L0 Raw Data Validity:100 Calibration Validity:100 Geolocation Validity:100 Channel BT in normal range:100

5.2　MWHS 监测与质量标识评价体系

5.2.1　监测参数质量控制方案设计

基于 MWHS 观测特征和定标原理，提取了包括黑体温度、仪器温度、黑体观测计数值、冷空观测计数值和扫描周期在内的 14 个质量标志码，具体的质量标识参数及意义如表 5.5 所示。利用仪器生命周期中质控参数的有效范围设置阈值(部分参数还需进行 3 倍标准差的检验)，从而确定其质量标识。通过检验的质量标识码为 0，异常为 1。质量标识方案中阈值的设置将随着仪器状态的变化而进行进一步的更新和完善。

表 5.5　MWHS 质量标识参数

序号	参数	物理意义	质量标识方案
1	BBT	黑体温度	阈值＋3×标准差
2	RXT	仪器温度	阈值＋3×标准差
3	BCN	黑体观测计数值	阈值＋3×标准差
4	CCN	冷空观测计数值	阈值＋3×标准差

续表

序号	参数	物理意义	质量标识方案
5	PRD	扫描周期	阈值
6	BVA	黑体观测角	阈值
7	CVA	冷空观测角	阈值
8	EVA	对地观测起始角和终止角	阈值
9	CCT	电源单元温度	阈值
10	DCT	数控单元温度	阈值
11	FET	射频前端温度	阈值
12	MAT	天线罩温度	阈值
13	MTT	马达温度	阈值
14	AGC	自动增益调整	阈值

5.2.2 质量标识评价体系设计

利用快速辐射传输模式CRTM和RTTOV对MWHS在2015年8月进行正演辐射传输模拟，计算出的背景场亮温和MWHS实测亮温进行O－B偏差分析及标准差分析。对于影响定标精度的关键参数如黑体温度、黑体观测计数值和冷空观测计数值等已经在MWHS定标过程中进行了质控，因此，业务L1级数据观测亮温中的已经包含了质控信息，图5.7给出窗

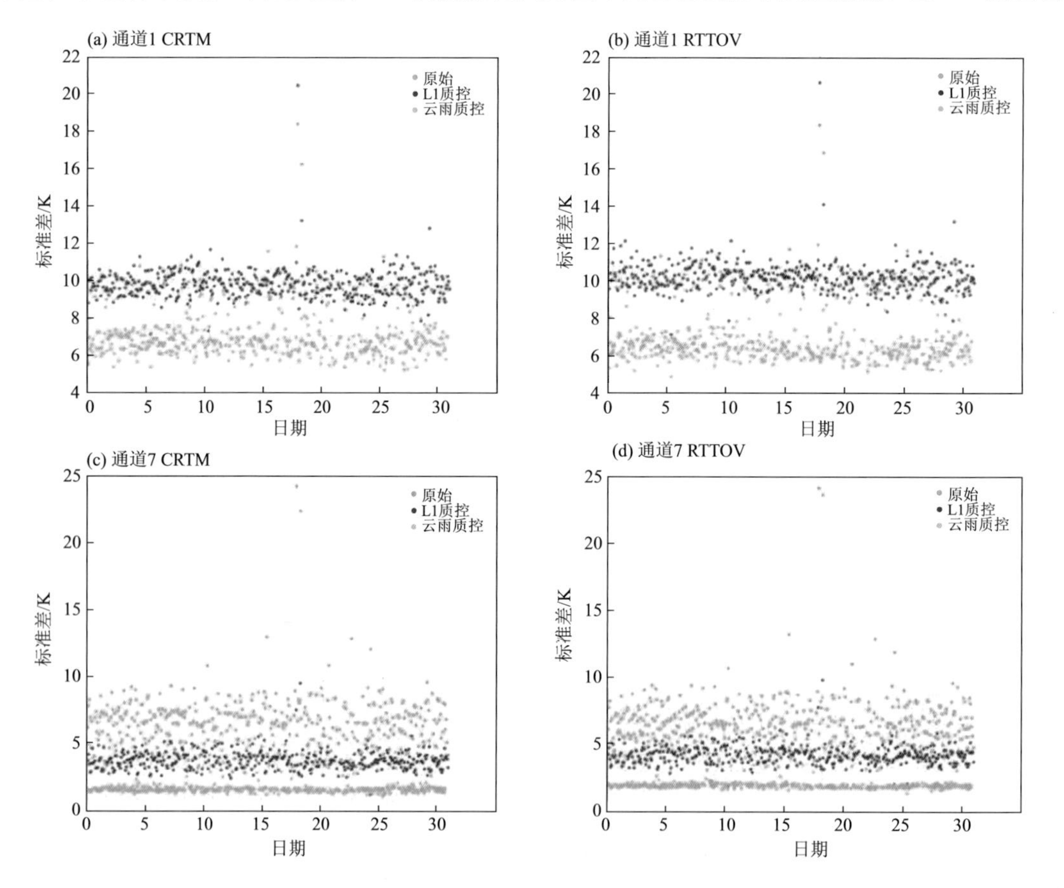

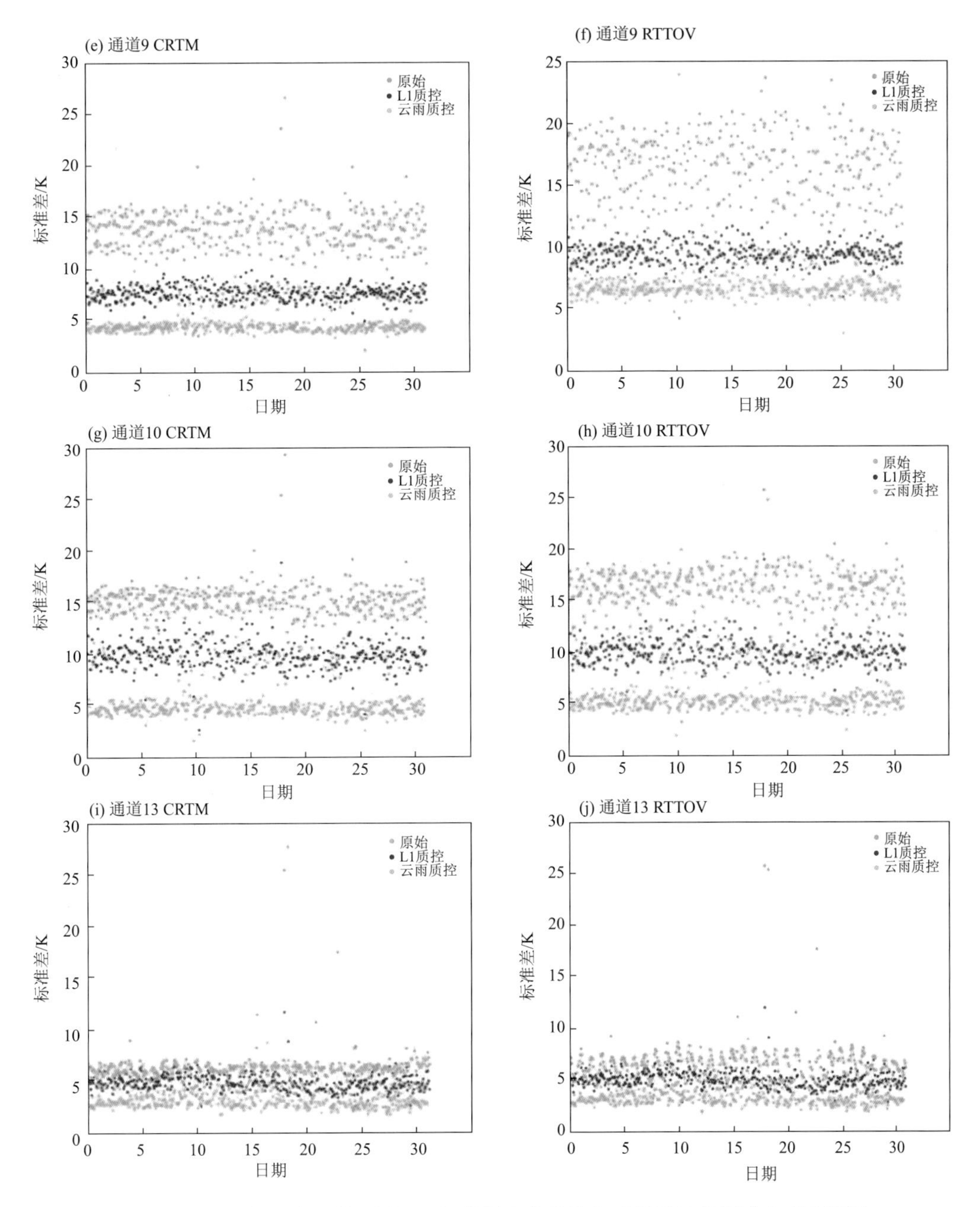

图 5.7　2015 年 8 月原始观测、L1 级数据自身质控和云雨质控的标准差变化特征

区通道(通道 1 和 10),温度探测通道(通道 7 和 9)和湿度探测通道(通道 13)的原始观测(绿色),L1 级数据中的质控(红色)和云雨质控(蓝色)与背景场的偏差标准差。可以看出,L1 级数据自身的质控能够有效地减小原始 O－B 标准差,对于窗区通道,云雨质控进一步使得标准差显著减小。

在云雨质控的基础上,利用上一节中的质量标识码,对 MWHS 观测数据做进一步的质量控制,结果如图 5.8 所示。图中绿色的点代表 L1 级数据自身质控的 O－B 标准差分布,红色的点代表经过云雨质控滤除的 O－B 标准差分布，浅蓝色的点代表经过云雨滤除和遥测数据质量标识质控后的 O－B 标准差分布。从图中可以看出，在窗区（通道 1 和通道 10），氧气吸收通道远翼（通道 7～9）和水汽吸收通道远翼（通道 14 和 15）（通道 8、9、14 图省略），云雨滤除使得标准差显著降低。在云雨滤除的基础上，利用遥测数据的质量标识进一步对 O－B 结果进行质控，能够有效降低通道的 O－B 标准差。这三种方法使得 O－B 数据量的变化情况如图 5.9 所示。

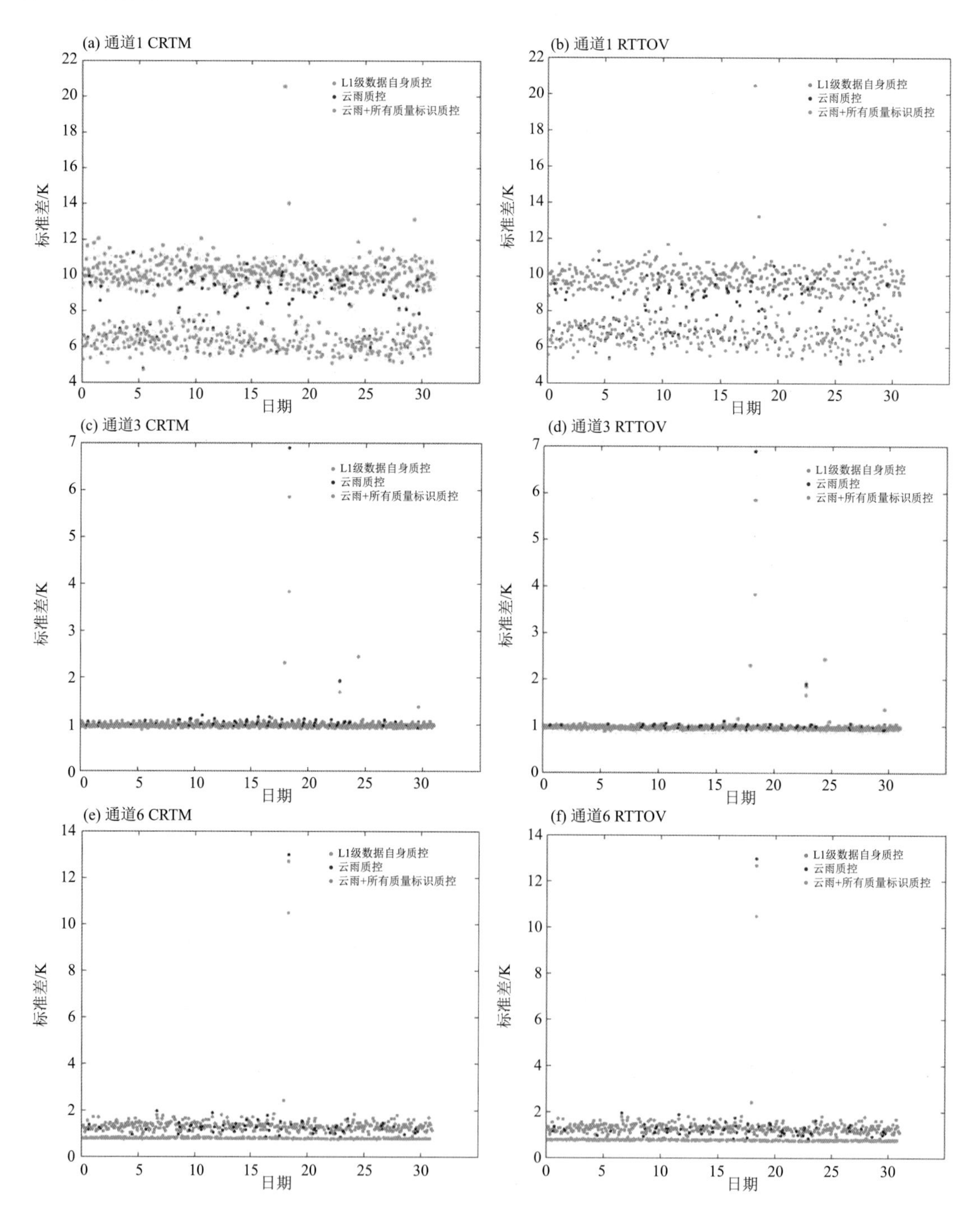

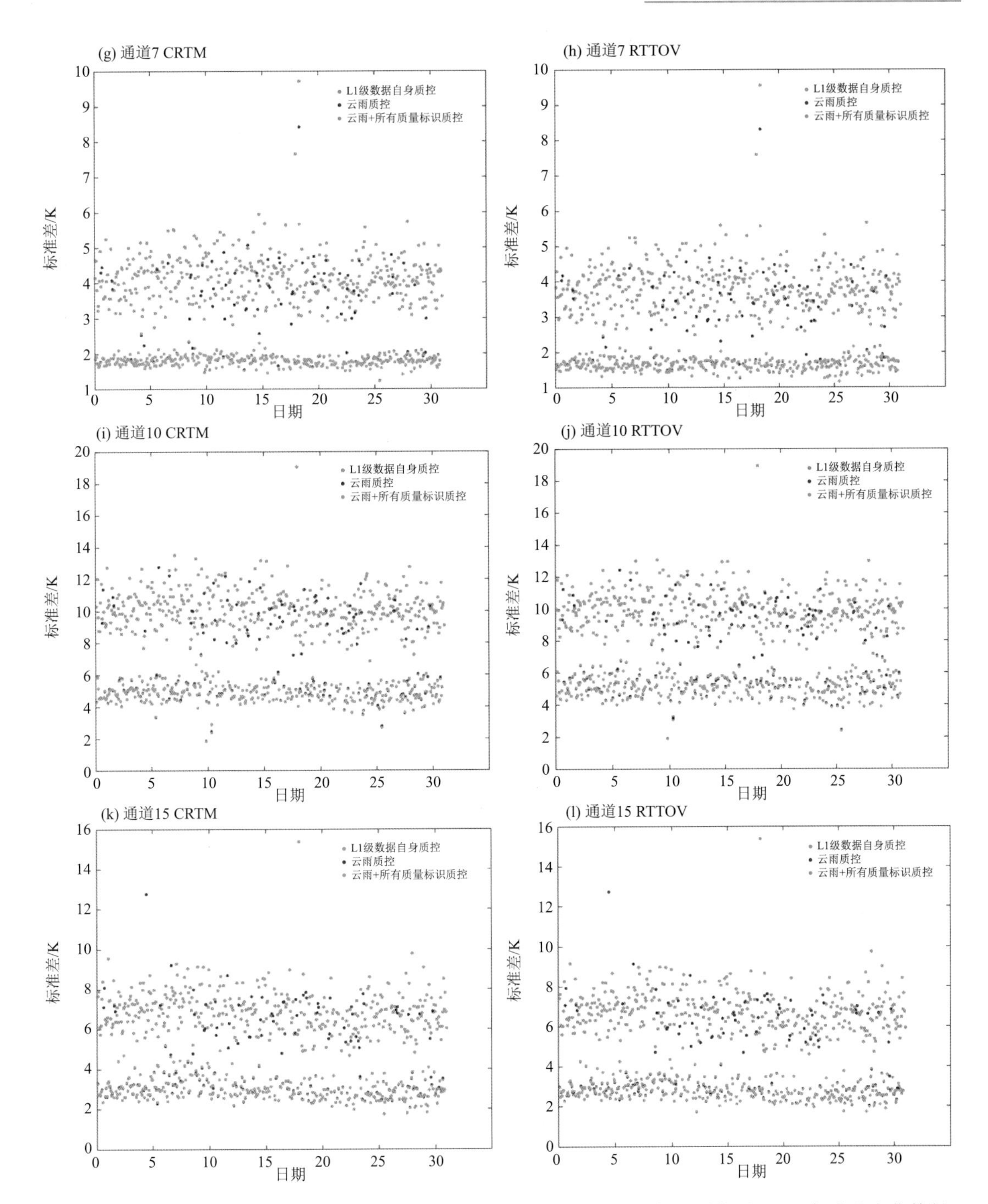

图5.8　2015年8月L1级数据自身质控、云雨质控和云雨＋所有质量标识质控后O－B标准差变化特征

为了进一步探讨质量标识参数对数据质量控制的有效性，针对影响观测亮温的5个关键参数开展了敏感性分析。分析结果如图5.10所示，图中BBT表示没有考虑黑体温度质量标识的情况，RXT表示没有考虑仪器温度质量标识的情况，PRD表示没有考虑仪器扫描周期质量标识的情况，BCN表示没有考虑黑体计数值质量标识的情况，CCN表示没有考虑冷空计数值质量标识的情况。计算忽略这5种质量标识码后，对标准差的影响情况。总的来看，扫描周期质量标识

码最敏感，黑体温度次之。具体的质量标识评价准则如表 5.6 所示。

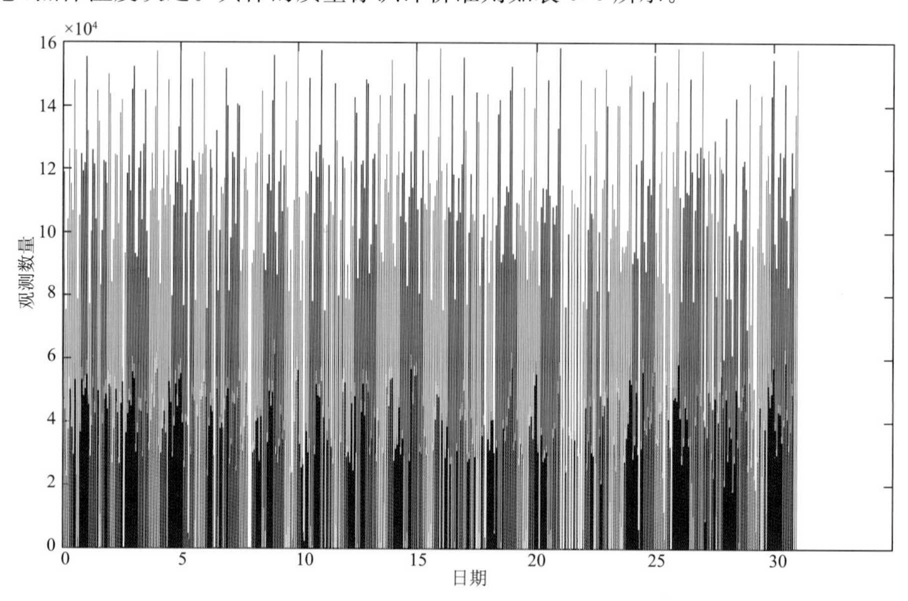

图 5.9　2015 年 8 月多种质控方案条件下保留数据量大小统计

（蓝色：L1 级数据自身质控的数据量；绿色：云雨滤除后的数据量；红色：云雨滤除和所有质控码质控后的数据量与全部质控的差值）

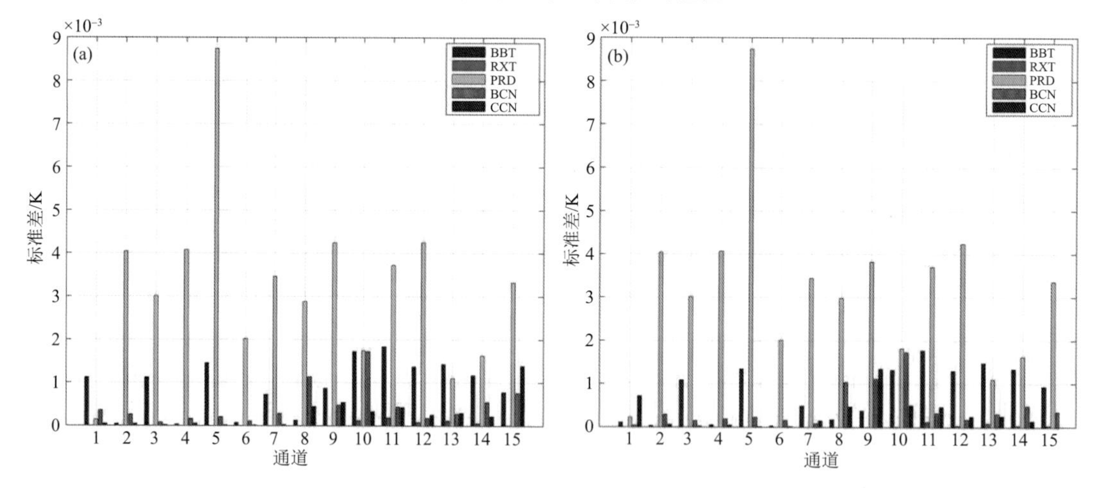

图 5.10　5 种质量标识对 O—B 偏差的敏感性分析

(a)CRTM，(b)RTTOV

表 5.6　质量标识评价准则

编号	质控参数	误差敏感度	物理含义	质量标识值
1	BBT	0.00183	黑体温度（高温端）	0;100
2	RXT	0.00018	仪器温度	0;100
3	PRD	0.00873	扫描周期	0;100
4	BCN	0.00172	定标基准点电压（高温端）	0;100
5	CCN	0.00203	定标基准点电压（低温端）	0;100

5.3　MWTS 监测与质量标识评价体系

5.3.1　监测参数质量控制方案设计

针对 MWTS，对仪器温度、黑体温度、黑体观测计数值、冷空观测计数值、黑体观测角、冷空观测角、对地观测角、扫描周期、灵敏度、增益、自动增益调整、定标系数(目前为定值)等多个遥测参数进行计算和分析，得到每个遥测参数的合理取值范围，并以此为依据对其进行质量控制，然后对质控后的数据进行统计分析和监测。具体的质控方案如表 5.7 所示。

表 5.7　MWTS 遥测参数的质控方案

编号	缩写	物理意义	通道或子集	质控方案
1	AGC	自动增益调整	A 子集	无
2			B 子集	无
3	BBT	黑体温度	A 子集	在阈值 292.62～293.1 范围内，3 倍标准差滤除(单位:K)
4			B 子集	在阈值 292.62～293.1 范围内，3 倍标准差滤除(单位:K)
5			C 子集	在阈值 292.62～293.09 范围内，3 倍标准差滤除(单位:K)
6			D 子集	在阈值 292.61～293.09 范围内，3 倍标准差滤除(单位:K)
7			E 子集	在阈值 292.61～293.08 范围内，3 倍标准差滤除(单位:K)
8	BCN	黑体观测计数值	通道 01	在阈值 44088～44513 范围内，3 倍标准差滤除
9			通道 02	在阈值 44515～45010 范围内，3 倍标准差滤除
10			通道 03	在阈值 44098～44510 范围内，3 倍标准差滤除
11			通道 04	在阈值 45715～46338 范围内，3 倍标准差滤除
12			通道 05	在阈值 43367～44048 范围内，3 倍标准差滤除
13			通道 06	在阈值 44487～45090 范围内，3 倍标准差滤除
14			通道 07	在阈值 44630～45134 范围内，3 倍标准差滤除
15			通道 08	在阈值 49067～49914 范围内，3 倍标准差滤除
16			通道 09	在阈值 52092～52236 范围内，3 倍标准差滤除
17			通道 10	在阈值 43581～44320 范围内，3 倍标准差滤除
18			通道 11	在阈值 51136～51833 范围内，3 倍标准差滤除
19			通道 12	在阈值 43164～43936 范围内，3 倍标准差滤除
20			通道 13	在阈值 45051～45913 范围内，3 倍标准差滤除
21	CCN	冷空观测计数值	通道 01	在阈值 34469～34800 范围内，3 倍标准差滤除
22			通道 02	在阈值 33992～34318 范围内，3 倍标准差滤除
23			通道 03	在阈值 34282～34604 范围内，3 倍标准差滤除
24			通道 04	在阈值 31740～32056 范围内，3 倍标准差滤除
25			通道 05	在阈值 28485～28828 范围内，3 倍标准差滤除
26			通道 06	在阈值 32040～32344 范围内，3 倍标准差滤除
27			通道 07	在阈值 33660～33973 范围内，3 倍标准差滤除
28			通道 08	在阈值 39544～40225 范围内，3 倍标准差滤除
29			通道 09	在阈值 46569～46762 范围内，3 倍标准差滤除
30			通道 10	在阈值 31624～31964 范围内，3 倍标准差滤除
31			通道 11	在阈值 40936～41282 范围内，3 倍标准差滤除
32			通道 12	在阈值 33140～33573 范围内，3 倍标准差滤除
33			通道 13	在阈值 40458～41172 范围内，3 倍标准差滤除

续表

编号	缩写	物理意义	通道或子集	质控方案
34	BVA	黑体观测角	A 子集	[265.5°,265.7°]
35			B 子集	[274.3°,274.5°]
36	CVA	冷空观测角	A 子集	[155.9°,156.2°]
37			B 子集	[164.6°,164.9°]
38	EVA	对地观测角起始角和终止角	A 子集	[40.3°,40.6°]
39			B 子集	[139.5°,139.8°]
40	GAI	增益		无
41	NED	灵敏度	通道 01	无
42			通道 02	无
43			通道 03	无
44			通道 04	无
45			通道 05	无
46			通道 06	无
47			通道 07	无
48			通道 08	无
49			通道 09	无
50			通道 10	无
51			通道 11	无
52			通道 12	无
53			通道 13	无
54	PRD	扫描周期		无
55	RXT	仪器温度		在阈值 286.0～286.14 范围内，3 倍标准差滤除(单位:K)

注:3 倍标准差滤除，即每 50 条线求一个平均值和一个标准差，第一条线的值和均值相减，如果大于 3 倍标准差则标识该点为异常值。然后滑动取 50 条线。即 1～50，2～51，3～52。

经过质控以后，各遥测参数的异常点显著减少。图 5.11 给出了质控前后黑体计数值的时间序列图。由图可见，质控以后数据的聚合度显著增强。

5.3.2 质量标识评价体系设计

对遥测参数进行质控的目的是通过这些指标剔除观测中的异常数据，提高可用观测资料的数据质量。如何评价质控的效果，最终形成单一的、清晰表征数据可用性的质量标识是数据应用的现实要求。为此，通过比较发现，计算质控前后观测模拟偏差的标准差是衡量质控效果的有效手段。图 5.12 给出了 FY-3C MWTS 通道 5 2014 年 11 月至 2015 年 1 月不同质控条件下逐日观测模拟标准偏差的时间序列，其中黑色、红色、蓝色、绿色和黄色实线分别为未考虑质控方案(ORIX)、L1C 质控方案(LICX)、L1C 质控加对地观测质控方案(LIEC)、OBC 遥测参数质控方案(OBCX)、OBC 遥测参数加对地观测质控方案(OBCE)的结果。从图中可以看到，如果不对原始数据进行任何质量控制，观测数据中存在大量的异常点，导致某些天内观测模拟偏差的标准差异常增大，如 2014 年 12 月 8 日以及 2015 年 1 月 17 日。L1C 数据中基于

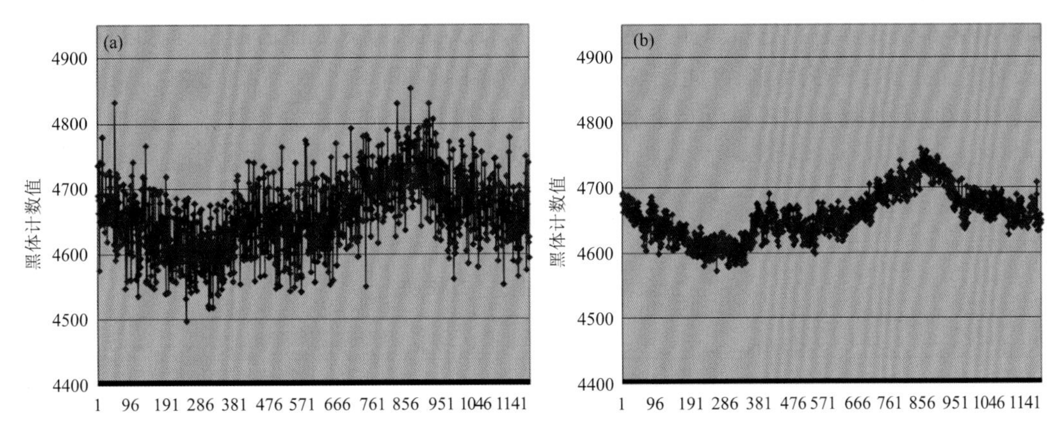

图 5.11　质控前后黑体计数值的时间序列

(a)质控前的结果，(b)质控后的结果

定标直接相关参数的质控方案以及基于所有遥测参数的方案能在一定程度上剔除异常点，但在个别时刻仍存在标准偏差的大值。为此，我们同时为对地观测的计数值进行比较宽松的质控，具体为以 10 倍逐日计数值标准偏差为阈值对计数值进行质控，并将其与 L1C 的质控方案以及 OBC 遥测参数的质控方案相结合对亮温进行控制，结果如图中蓝色和黄色实线所示。由图可见，在增加对地计数值的质控以后，标准偏差的时间序列十分稳定，图中基本维持在 0.4 左右。同样，其他高层通道的结果也显示，进行遥测参数和对地观测参数联合质控的效果较之单独使用遥测参数的结果要好，其中图 5.13 为通道 7 的结果。

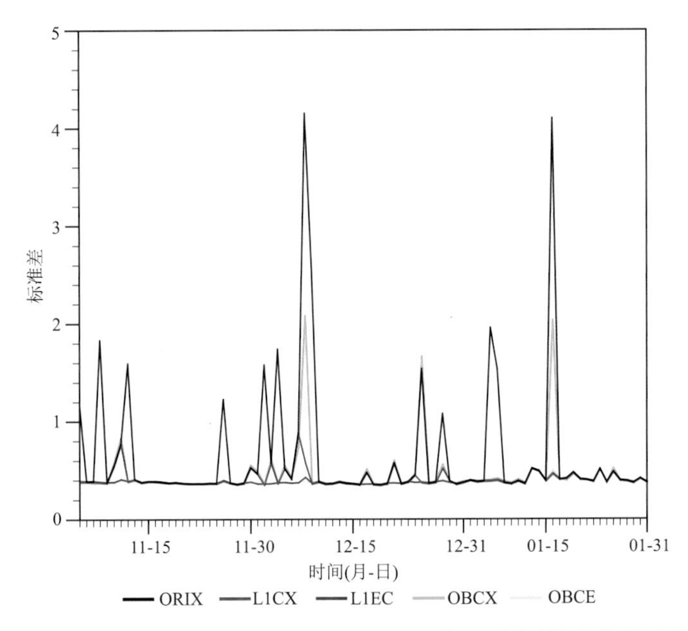

图 5.12　2014 年 11 月至 2015 年 1 月 FY-3C MWTS 通道 5 不同质控条件下逐日观测模拟标准偏差的时间序列(缺测日期数据未放入图中，下同)

另外，L1C 的质控方案与 OBC 遥测参数质控方案的差别在于，前者只考虑与定标过程直接相关的内黑体温度、黑体计数值以及冷空计数值，而基于 OBC 的质控方案在 L1C 方案的基础上增加了对仪器温度、扫描角度等其他遥测参数的控制。通过仔细对比可见，OBC 遥测参数质控方案条件下，观测模拟亮温偏差的标准差要略微优于基于 L1C 方案的结果。但是，从质控后的数据量来看，OBC 遥测参数质控方案条件的可用数据量要远小于 L1C 的方案，如图 5.14 所示。

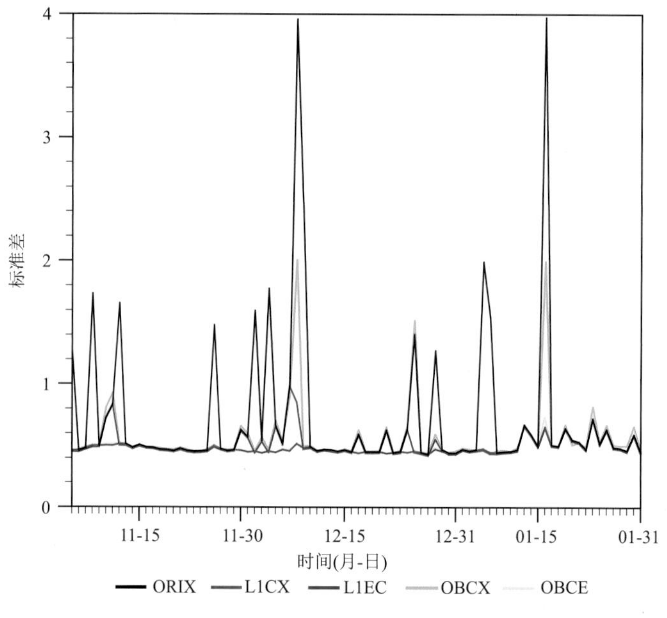

图 5.13　同图 5.12，但为通道 7 的结果

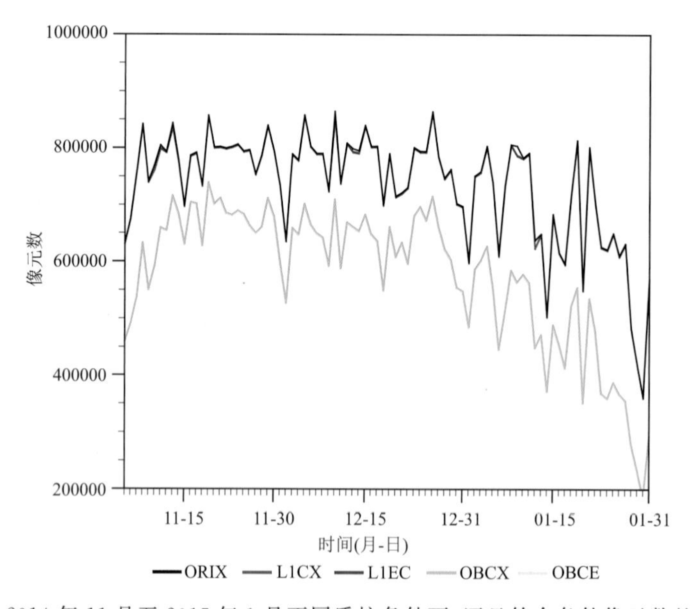

图 5.14　2014 年 11 月至 2015 年 1 月不同质控条件下，逐日符合条件像元数的时间序列

除了使用观测模拟亮温偏差的标准差作为质控方案效果的指标外，还尝试使用质控前后偏差最大值、偏差超过 10 K 的像元个数等指标，图 5.15 即为选用偏差大于 10 K 作为判据的

结果。由图可见，质控之后虽波动有所改善，但是仍不能较为全面地展示质控前后的差异。所以，最终选定标准偏差作为衡量质控效果的判据。同时，基于前面的分析，初步给出了质量标识评价原则，结果如表 5.8 质量标识初步评价准则所示。

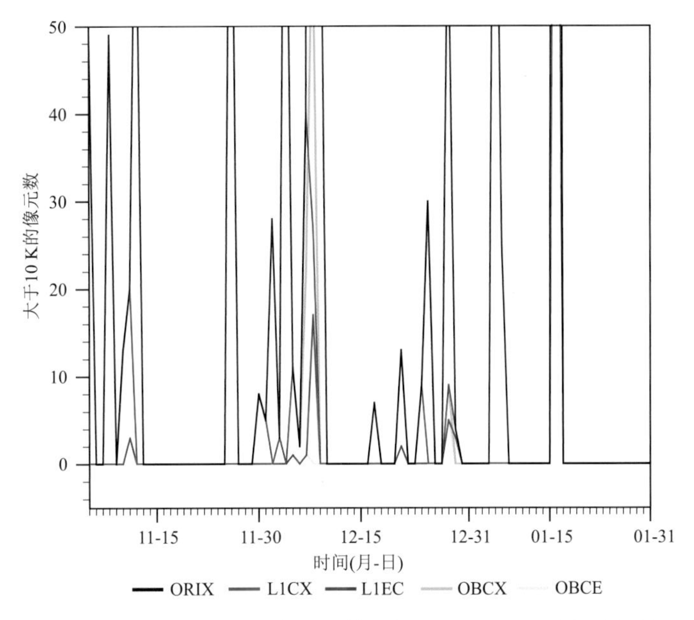

图 5.15　同图 5.12，但为观测模拟偏差大于 10 K 的像元个数

表 5.8　质量标识初步评价准则

编号	缩写	物理意义	通道或子集	取值	物理意义
1	BBT	黑体温度	A 子集	−30	直接参与定标
2			B 子集	−30	同上
3			C 子集	−30	同上
4			D 子集	−30	同上
5			E 子集	−30	同上
6	BCN	黑体观测计数值	通道 01	−30	直接参与定标
7			通道 02	−30	同上
8			通道 03	−30	同上
9			通道 04	−30	同上
10			通道 05	−30	同上
11			通道 06	−30	同上
12			通道 07	−30	同上
13			通道 08	−30	同上
14			通道 09	−30	同上
15			通道 10	−30	同上
16			通道 11	−30	同上
17			通道 12	−30	同上
18			通道 13	−30	同上

续表

编号	缩写	物理意义	通道或子集	取值	物理意义
19	CCN	冷空观测计数值	通道 01	−30	直接参与定标
20			通道 02	−30	同上
21			通道 03	−30	同上
22			通道 04	−30	同上
23			通道 05	−30	同上
24			通道 06	−30	同上
25			通道 07	−30	同上
26			通道 08	−30	同上
27			通道 09	−30	同上
28			通道 10	−30	同上
29			通道 11	−30	同上
30			通道 12	−30	同上
31			通道 13	−30	同上
32	ECN	对地观测	通道 01	−100	与亮温直接相关
33			通道 02	−100	同上
34			通道 03	−100	同上
35			通道 04	−100	同上
36			通道 05	−100	同上
37			通道 06	−100	同上
38			通道 07	−100	同上
39			通道 08	−100	同上
40			通道 09	−100	同上
41			通道 10	−100	同上
42			通道 11	−100	同上
43			通道 12	−100	同上
44			通道 13	−100	同上

5.4 MWRI 监测与质量标识评价体系

5.4.1 监测参数质量控制方案的设计

针对 MWRI，自动增益调整电压、黑体温度、热源电压、冷空电压、定标系数、冷空反射镜 AB 面温度、地面观测点电压和斜率、馈源温度、热反射镜 AB 面温度、主天线 AB 面温度、灵敏度、扫描周期、仪器温度等多个遥测参数进行计算和分析，得到每个遥测参数的合理取值范围，并以此为依据对其进行质量控制，然后对质控后的数据进行统计分析和监测。表 5.9 给出了所监测 MWRI 遥测参数的质控方案。

表 5.9　MWRI 遥测参数的质控方案

编号	缩写	物理意义	质控方案
1	AGC	自动增益调整	3×标准差
2	BBT	黑体温度	(295,301)K
3	BCN	热源电压	3×标准差
4	CCN	冷空电压	3×标准差
5	CEF	在轨定标系数	5×标准差
6	CRT	冷空反射镜 AB 面温度	(200,360)K
7	HET	地面观测点电压和斜率	3×标准差
8	HOT	馈源温度	(280,310)K
9	HRT	热反射镜 AB 面温度	(200,400)K
10	MAT	主天线 AB 面温度	(200,360)K
11	NED	灵敏度	(0,1)K
12	PRD	扫描周期	(1.799,1.801)s
13	RXT	仪器温度	(285,310)K

备注：动态范围的算法，滤除所有数据中最小 3%的数据和最大 3%的数据；计算以上数据的中位数和标准差；质控范围为(中位数$-n\times$标准差，中位数$+n\times$标准差)；对所有数据进行以上范围的质控。

图 5.16 和图 5.17 分别给出了遥测参数质控前后，馈源温度监测结果的时间序列图。由年和生命周期时间序列图的对比可见，质控之前，由于异常点的存在导致长时间序列上存在一

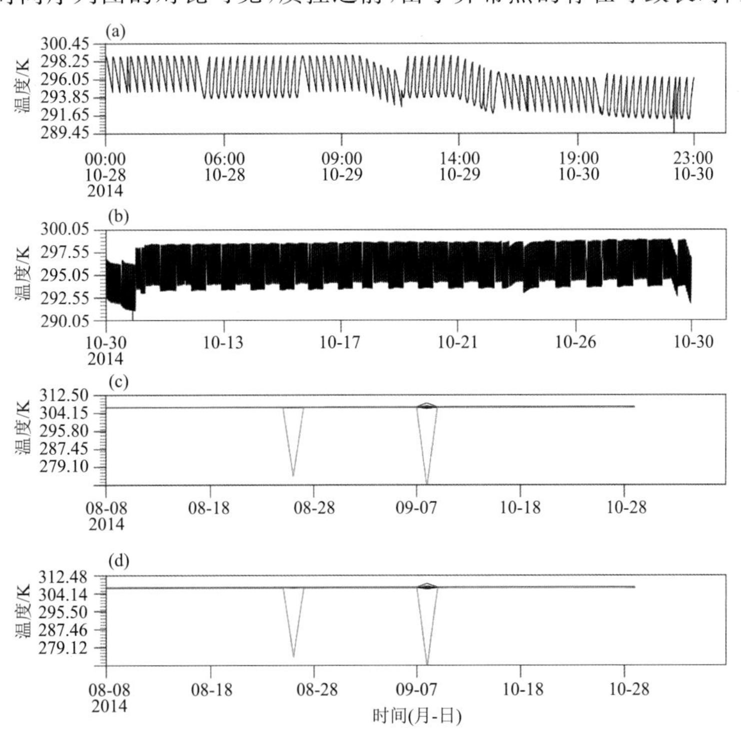

图 5.16　遥测参数质控前馈源时间温度监测结果的时间序列图

(a)日变化，(b)月变化，(c)年变化，(d)全生命周期

些异常点，以致不能反映仪器正常的特征，而经质控以后，这些异常点得到有效消除，馈源温度值体现出很好的稳定性。

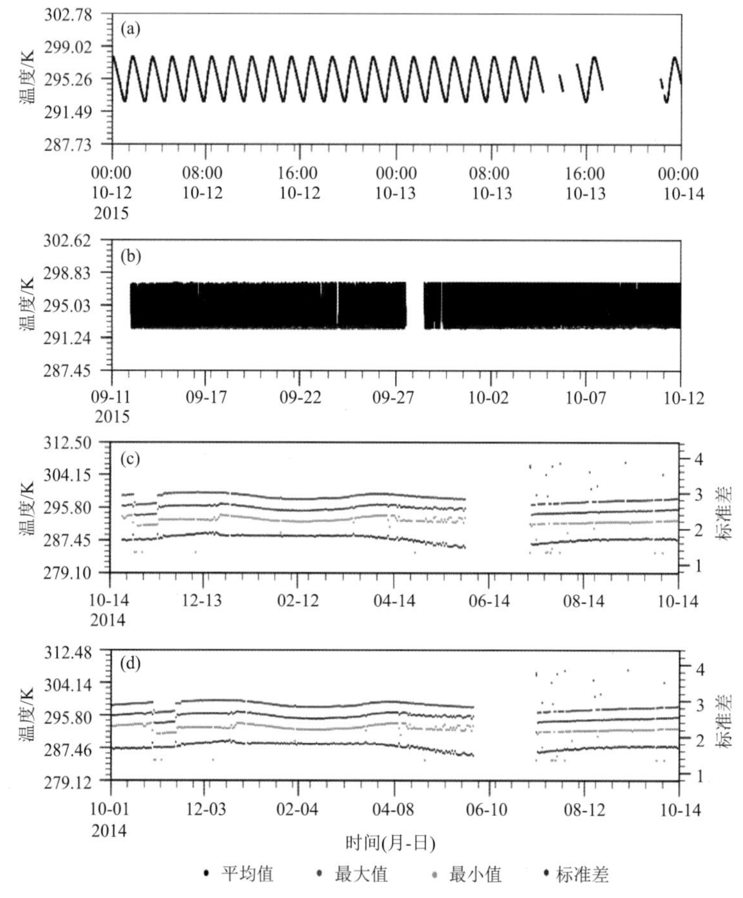

图 5.17　遥测参数质控后馈源温度监测结果的时间序列图

(a)日变化，(b)月变化，(c)年变化，(d)全生命周期

5.4.2　质量标识评价体系设计

图 5.18 和图 5.19 给出了 MWRI 10 个通道 O−B 的平均偏差和标准差。选择 CRTM 为背景场的情况下，仪器不存在误差的样本集(Good Cases，GC)在 10 个通道均存在正平均偏差，观测亮温与背景场亮温相比较大，而误差较大样本集(Bad Cases，BC)存在负平均偏差，观测亮温相对较小。根据 TPW 和 CLW 分别进行云雨样本剔除后，平均偏差显著减小，联合 TPW 和 CLW 共同进行晴空样本筛选后，大部分通道平均偏差均小于 5 K，但通道 10(89H)存在超过 10 K 的负偏差。选择 RTTOV 为背景场存在类似的偏差分布特征，通道 2(10.65H)偏差相对 CRTM 偏大，通道 5、7、10 偏差减小。

从图 5.19 可见，无论对晴空区还是云雨区，GC 子集的标准差均小于 BC 子集，这表明 MWRI 的质量标识码能够对数据质量控制起到一定的作用。10 个通道相比，做晴空检测之前通道 2 的标准偏差最大，晴空检测后，通道间标准偏差相差不大。两种极化方式相比，V 极化的标准差明显小于 H 极化。利用 TPW 和 CLW 进行晴空区筛选后，10 个通道的标准偏差控制在 5 K 以内，通道 1、2、4 GC 优于 BC 子集，其他通道不明显。与 CRTM 模拟结果相比，使用 RTTOV 作为背景场 GC 子集的优势更明显。

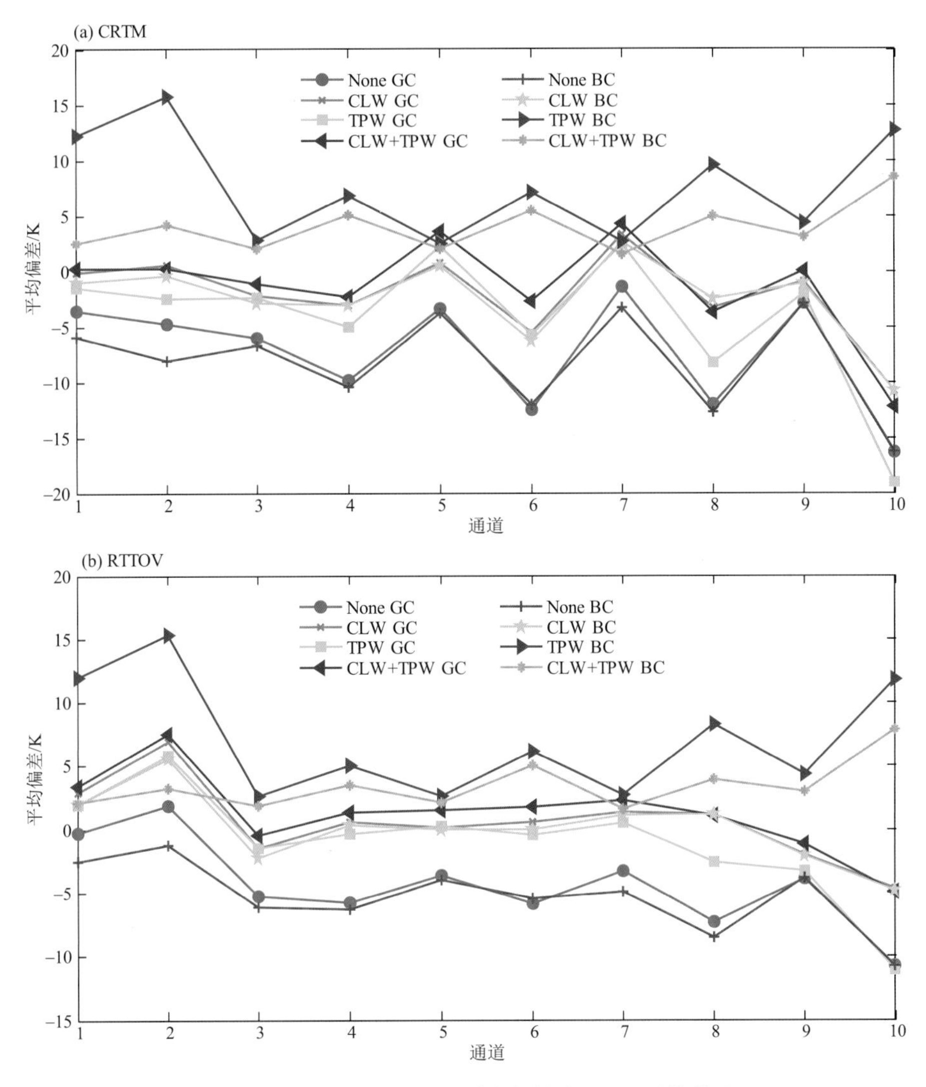

图 5.18　FY-3C MWRI 通道全部样本 O－B 平均偏差
(None 表示未经过云雨区剔除处理的样本，CLW 表示剔除云中液态水的样本，TPW 表示大气可降水的样本，CLW＋TPW 表示晴空区样本，下同)

图 5.20 给出了 TPW 晴空检测后，BC(仪器存在误差)样本数占总样本数的比例随时间的变化趋势，通过分析 BC 样本比例，可以分析一段时间仪器性能的变化，BC 所占的比例越低，仪器性能越好。另外，BC 样本数对 BC 子集误差的统计结果也有一定影响，样本数越大，误差统计结果更可信。

图 5.21 和图 5.22 给出了以 RTTOV 模拟亮温为背景场的情况下，分别使用 CLW 产品和 TPW 产品做晴空检测，以及两者联合进行晴空检测前后，O－B 平均偏差和标准差随时间的变化趋势，可见 BC 样本的平均偏差和标准差均出现了某个时间段的跳变，而使用质量标识码进行质量控制后，不再出现误差跳变的现象，晴空检测前，GC 样本存在负的系统偏差，晴空

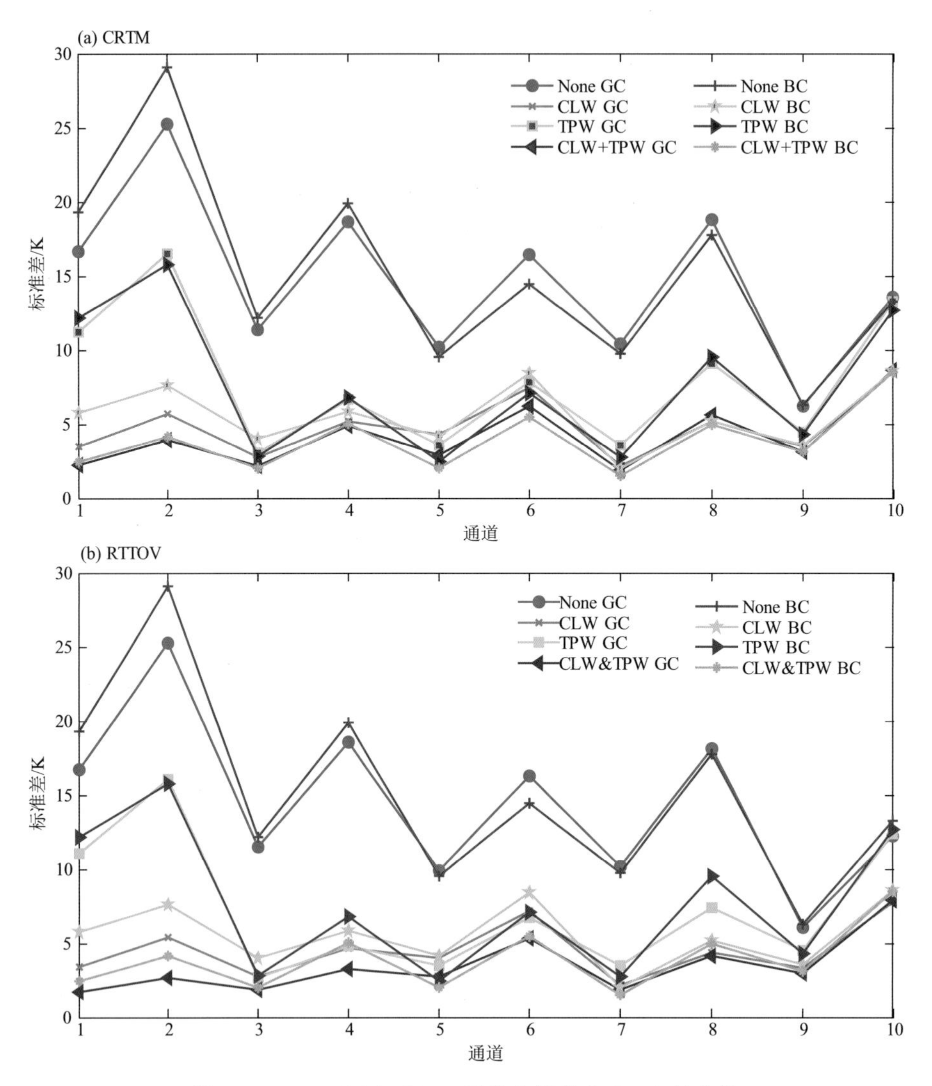

图 5.19　FY-3C MWRI 10 通道全部样本 O－B 标准差

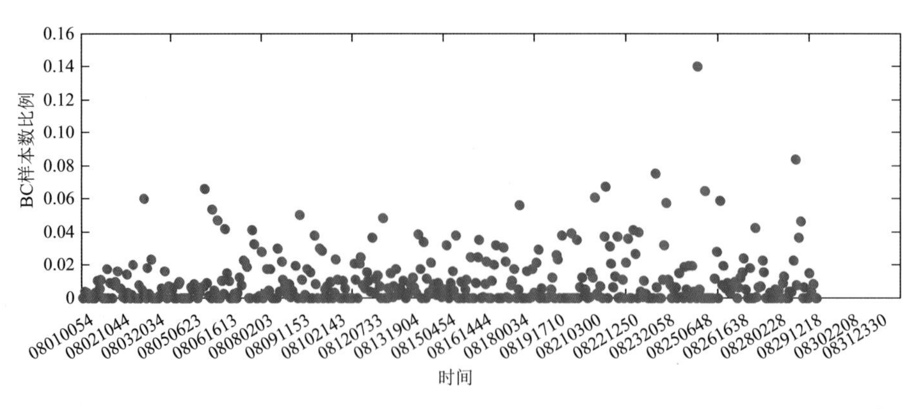

图 5.20　BC 样本数所占比例随时间变化

检测后，平均偏差控制在 2 K 以内，标准差大部分在 2 K 以内，在个别时间段存在标准偏差较大的现象。

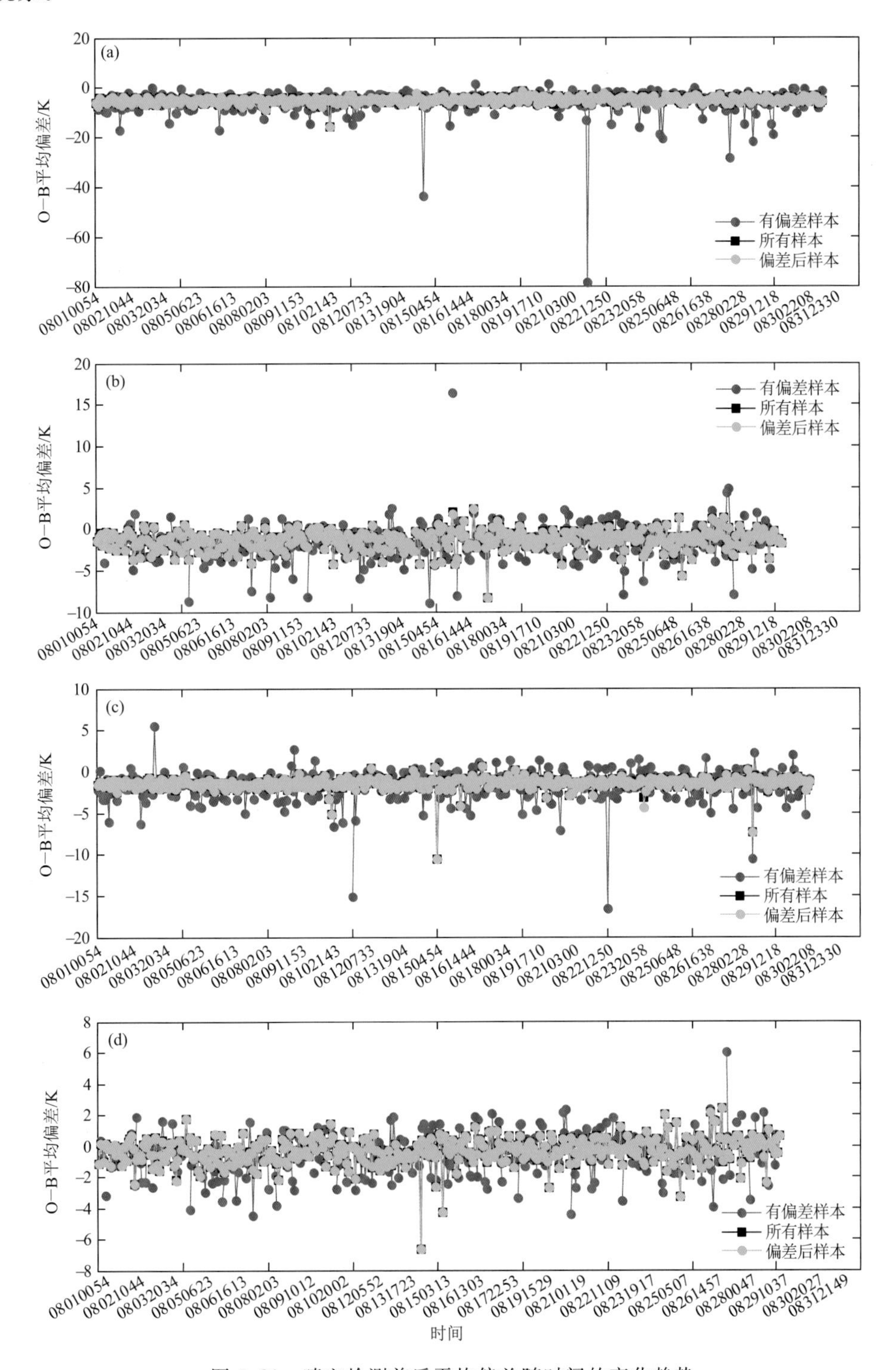

图 5.21　晴空检测前后平均偏差随时间的变化趋势

(a)无检测，(b)CLW 产品晴空检测，(c)TPW 产品晴空检测，(d)CLW 和 TPN 联合的晴空检测

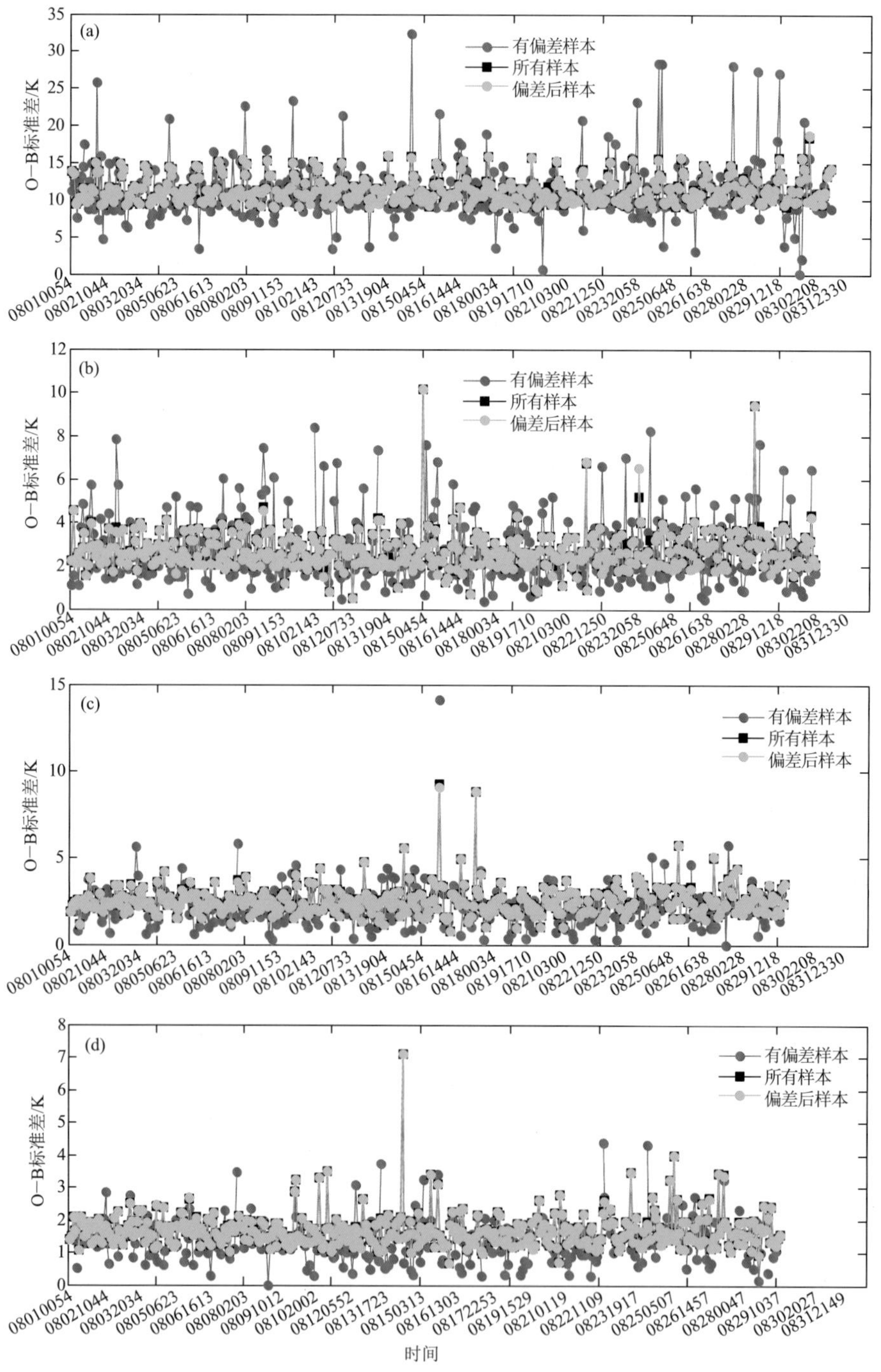

图 5.22 晴空检测前后标准差随时间的变化趋势

((a),(b),(c),(d)同图 5.21)

5.5 HIRAS 监测与质量标识评价体系

HIRAS 为 FY-3D 搭载的全新高光谱仪器,也是我国极轨气象卫星上搭载的首个红外高光谱仪器,在数值预报同化及大气成分反演应用领域有极高的关注度和应用前景。依托 FY-

3D红外高光谱探测仪的监测功能，分析监测参数的完整性、合理性，并根据O－B偏差特性分析和评价质量控制参数的方案设计合理性。

5.5.1 遥测参数监测方案设计

HIRAS是我国极轨气象卫星上首次搭载的红外高光谱仪器，仪器光机系统设计复杂，观测精度和指标要求极高，下发的数据种类包括辅助数据包、探测数据包、干涉仪监测包三种，涉及上百个仪器部件温度、电压、干涉图数据、电流及干涉仪各种工作状态数据，根据监测系统开发和应用需求，选择了与后端数据应用密切相关的遥测参数进行监测。首先，基于HIRAS L1 OBC数据开发数据读取接口，按照温度类、电压电流类、信息状态类三种分类进行所有遥测参数正确性检查，其次，按照FY-3大气探测监控系统要求进行参数长期监测开发。表5.10为FY-3D HIRAS的监测参数列表，主要包括仪器部件温度和电压、激光器电流等信息。根据监测系统规范完善图标、说明、文件名等相关信息，按3天、1个月、1年、全生命周期4个时间尺度绘制长时间序列遥测参数和干涉图及相位监测图，建立规范的FY-3D HIRAS遥测参数监控系统，为后续的综合质量码体系和质量评分体系建立奠定良好的数据源和先验知识基础。以主光学系统监测和黑体温度监测两个参数为例，其3天、1个月、1年、全生命周期4个时间尺度的变化情况见图5.23。

表5.10 HIRAS监测系统遥测参数列表

编号	SDS名称	英文名称	中文名称	阈值
1	TempIntfComp	Interferometer Components Temperature	干涉仪组件温度	(0,25)℃
2	TempScanMotr	Scan Motor Temperature	扫描电机温度	(8,30)℃
3	TempScanBoard	Scan Motor Board Temperature	扫描电机驱动基板温度	(0,25)℃
4	TempHeadBoard	Detecting Head Temperature	探测头部基板温度	(0,25)℃
5	TempMainOptk	Main Optics Temperature	主光学温度	(5,20)℃
6	TempColdOptk	Cold Optics Temperature	冷光学温度	(200,250)K
7	TempFPGA	Main and Backup FPGA Temperature	数传主/备FPGA温度	(20,45)℃
8	TempLSERShell	Laser Shell Temperature	干涉仪激光器外壳温度	(20,45)℃
9	TempheadColdr	Head Cooling Temperature	探测头部散热面温度	(−6,15)℃
10	TempLSERBoard	Head Laser Board Temperature	探测头部激光器基板温度	(5,25)℃
11	TempCirkBoard	Head Circuit Board Temperature	探测头部电路基板温度	(15,35)℃
12	TempBlakBody	Blackbody Temperature	黑体温度	—
13	TempInftCntlx	Interferometer Controller Temperature	干涉仪控制器温度	—
14	TempInfoPrcr	Information Processor Temperature	信息处理器温度	(5,13)℃
15	TempColder	Radiation Cooler Temperature	辐射冷却一级、二级温度	(120,320)K (70,130)K
16	TempHeadHcnl	Head Hot Controller Temperature	头部热控温度	(5,20)℃
17	TempLserPipe	Laser Tube Core Temperature	激光器管芯温度	(30,45)℃
18	TempLserHeads	Laser Head Housing Temperature	激光器光学头部壳体温度	(30,45)℃
19	TempFrntLserx	Laser Front Temperature	激光前放温度	—

续表

编号	SDS 名称	英文名称	中文名称	阈值
20	TempIntfCirkx	Interferometer Controlling Circuit Temperature	干涉仪控制电路温度	—
21	TempFMIRMotov	Fixed Mirror Motor Temperature	定镜俯仰/水平电机温度	—
22	CurrLserxxxxx	Laser Current	激光器电流	—
23	VoltDetkStabx	Frequency Stabilization Signal/Reference Detector Signal Voltage	稳频信号/参考探测器信号电压	(−5,15)℃
24	VoltLserChckx	Laser Power Detecting Voltage	激光器功率检测电压	(−5,15)℃
25	VoltIntf	Interferometer Voltage	干涉仪电压	(−17,25)℃

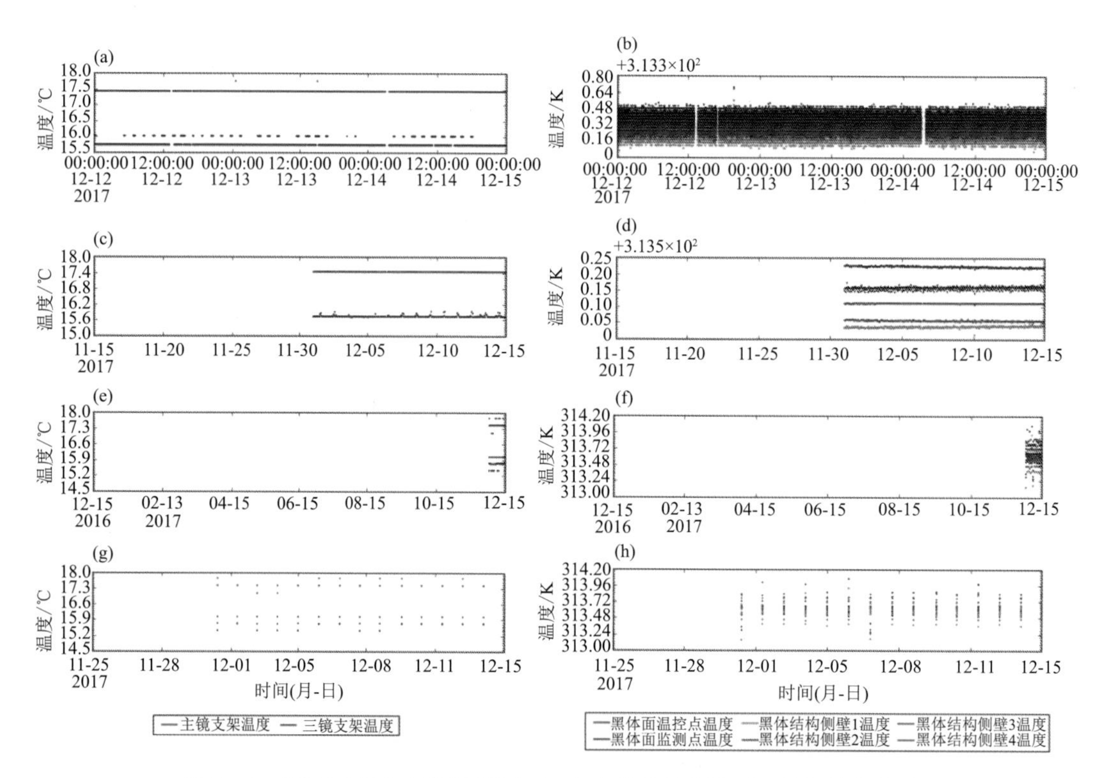

图 5.23 HIRAS 遥测参数监测图(左:主光学系统监测,右:黑体温度监测)

(a、b)日变化,(c、d)月变化,(e、f)年变化,(g、h)全生命周期

5.5.2 偏差分析监测方案设计

基于目前常用的快速辐射传输模式(RTTOV),计算了快速辐射传输算子及快速系数,结合 HIRAS 晴空像元检测结果建立了针对红外高光谱仪器的辐射传输模拟系统,实现晴空大气观测偏差的全球评估,用于分析偏差空间分布特征及长期稳定性监测。目前辐射传输模拟的背景场为 T639 预报场,基于快速辐射传输模式和数值预报数据,对 HIRAS 进行观测模拟仿真,基于晴空海洋视场,提取对应时空匹配的观测光谱。由于 HIRAS L1 产品未做切趾处理,包括比较明显的旁瓣效应,而辐射模拟过程若计算透过率系数基于的是经过切趾处理的光谱,在误差分析之前需要对观测光谱进行切趾处理。图 5.24 至图 5.27 为 2018 年 4 月 29—30

日 2 天的全球观测和模拟数据在晴空、海洋的误差偏差和标准差统计结果。辐射传输模拟结果与交叉比对结果大体一致，MW2 在白天和夜间有明显不同的误差分布特征是由于短波红外白天受反射太阳辐射影响，此外，辐射传输模拟在 2200～2400 cm^{-1}模拟精度较差也由该光谱区域受高层非局地热力平衡大气模拟较困难的原因导致。图 5.24 所示为分探元的统计误差结果，长波红外 650～667 cm^{-1}以及中波 2 的 2200～2400 cm^{-1}区域探元 3 有较明显的不一致误差特征，这也与交叉比对发现的现象比较一致。图 5.27 为 O—B 误差特征随扫描角度分布，可见平均偏差随扫描角度比较一致，标准差分布有略微的变化特征，后续需要进行深入的分析。

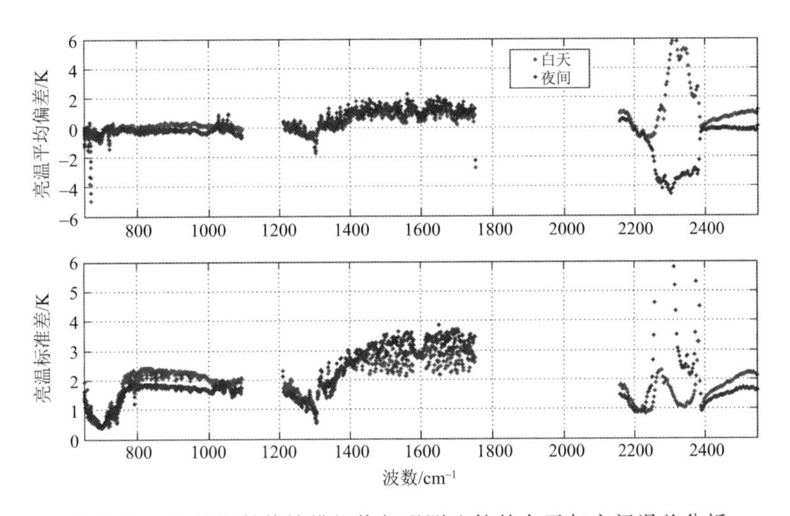

图 5.24　基于辐射传输模拟值与观测比较的白天与夜间误差分析

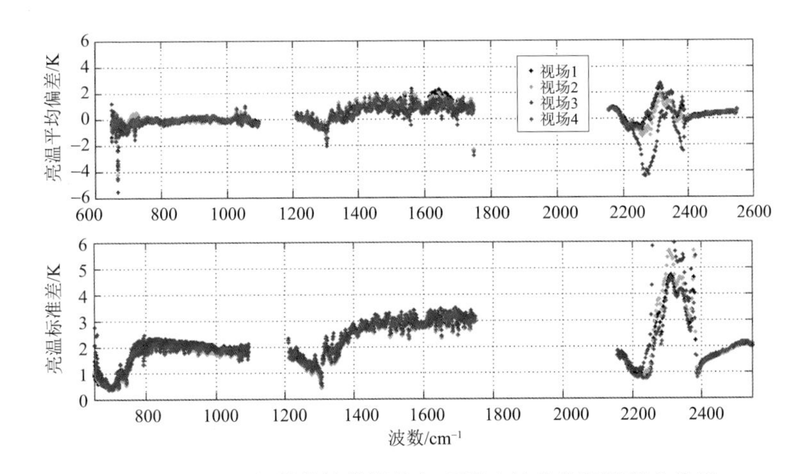

图 5.25　基于辐射传输模拟值与观测比较的分探元误差分析

利用辐射传输模拟 O—B 比对方法也是进行辐射定标精度长期监测的重要手段，可以监测较大动态范围内的样本误差统计结果。基于 RTTOV 模式模拟监测的典型通道长期辐射偏差如图 5.28 所示。长波典型通道辐射精度随时间有较明显的波动，中波 1 和中波 2 波段的典型通道精度随时间变化较平稳。

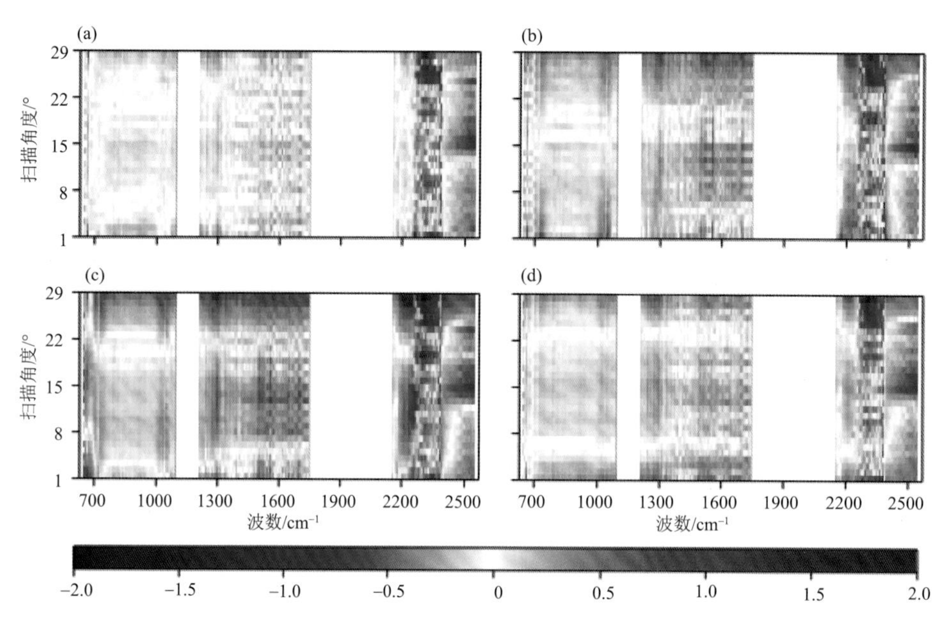

图 5.26　基于辐射传输模拟值与观测比较的各波数随分扫描角度误差分析

(a)视场 1,(b)视场 2,(c)视场 3,(d)视场 4

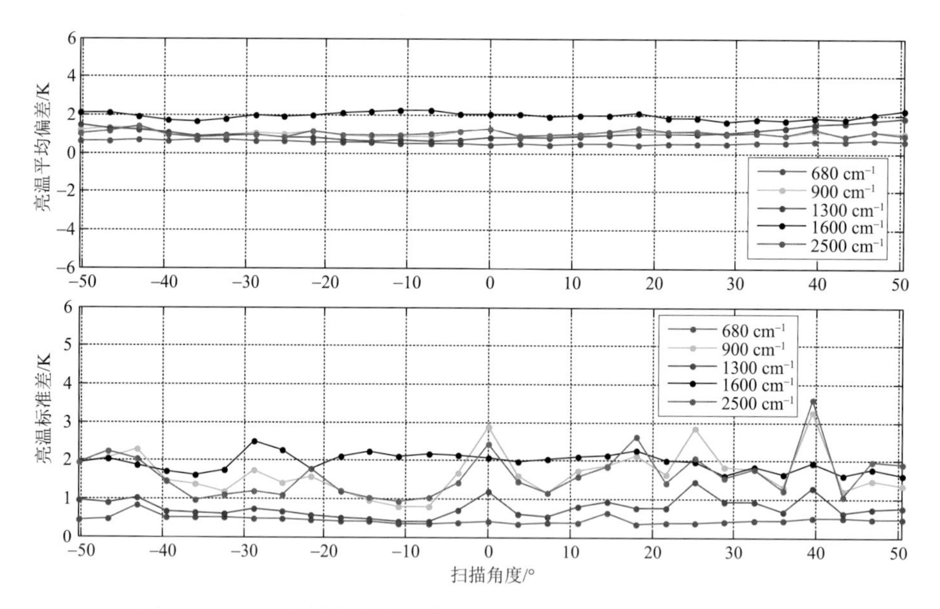

图 5.27　基于辐射传输模拟值与观测比较的分扫描角度误差分析

5.5.3　光谱精度监测方案设计

逐线积分模式模拟是国际公认计算热红外辐射率比较精确的方法,其优势是光谱分辨率很高且可以自行灵活设置,是国际最常用来检验光谱和辐射精度的手段。为了保证模式模拟精度,用逐线模式模拟卫星红外观测的前提是输入晴空、海洋的大气状态廓线,天底卫星观测作为光谱频率定标验证的样本数据。使用 MERSI 云检测产品匹配到 HIRAS 像元的云量产

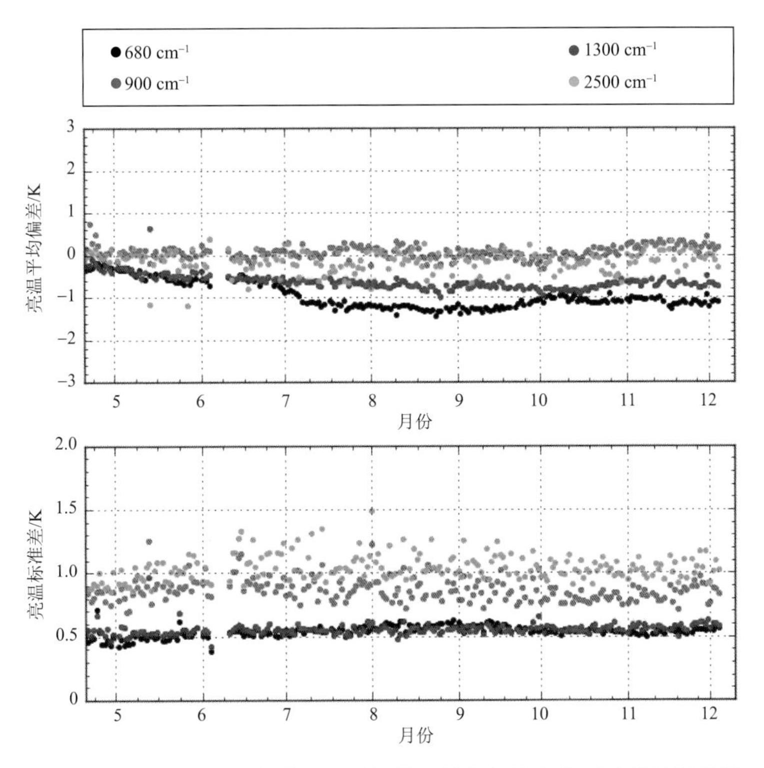

图 5.28　HIRAS 与辐射模拟比对评估辐射定标精度典型通道长期监测

品，配合 MERSI 高分辨率图像进行结合使用，挑选云量为零的完全晴空像元作为光谱评估样本。基于 HIRAS 晴空样本数据提取对应的预报场大气温度、湿度、表面温度数据；基于大气廓线首先进行高光谱分辨率(0.001 cm^{-1})逐线辐射传输模拟计算，保证辐射光谱模拟精度。其次以傅里叶插值的方法降低光谱分辨率得到和 HIRAS 一致的 0.625 cm^{-1} 光谱分辨率观测；对 LBL 光谱和 HIRAS 光谱均进行傅立叶插值获取 0.0001 cm^{-1} 的高采样分辨率光谱；以 LBL 光谱为基准，对观测光谱和 LBL 光谱进行交叉相关系数计算或综合偏差累积计算并作为评价函数，以 0.0001 cm^{-1} 的光谱间隔为步长进行迭代计算，分析评价函数与步长的相关性，采用"最大相关法"或"最小标准差法"，即用最大相关系数或最小标准差去估计频率的最佳偏移量，如式(5.1)和式(5.2)，式中，n 为通道数，$\overline{S}$和 D 分别为光谱 S 的均值和标准差。以评价函数收敛处对应的迭代步长计算频率定标精度，如式(5.3)，其中 $\Delta\upsilon_L$ 为迭代停止的光谱移动量，υ_R 为激光采样频率。

$$r_{S_1S_2}=\frac{\sum_{i=1}^{n}(S_{1,i}-\overline{S_1})(S_{2,i}-\overline{S_2})}{(n-1)D_{S_1}D_{S_2}}=\frac{\sum_{i=1}^{n}(S_{1,i}-\overline{S_1})(S_{2,i}-\overline{S_2})}{\sqrt{\sum_{i=1}^{n}(S_{1,i}-\overline{S_1})^2\,(S_{2,i}-\overline{S_2})^2}} \tag{5.1}$$

$$D_{S_1S_2}=\sqrt{\frac{\sum_{i=1}^{n}\left[(S_{1,i}-\overline{S_1})-(S_{2,i}-\overline{S_2})\right]^2}{n-1}} \tag{5.2}$$

$$\Delta\upsilon_L(\mathrm{ppm})=\frac{\Delta\upsilon\times 10^6}{\upsilon_R} \tag{5.3}$$

基于逐线辐射传输模拟 LBL 结果与 HIRAS 观测光谱进行频率比对，日平均的长时间光谱精度监测。结果如图 5.29 所示：(1)长波有向负偏差漂移趋势，漂移量 5～10 ppm，但对亮温影响不大，0.05～0.1 K，正在研究原因；(2)中波 1 和 2 频率偏差较稳定。HIRAS 在 2018 年 12 月 20 日启动在轨维护，进行了仪器冷光学烘烤，烘烤后的数据评估的光谱定标结果如表 5.11 所示，长波频率偏差有所恢复，更多结果待后续监测。

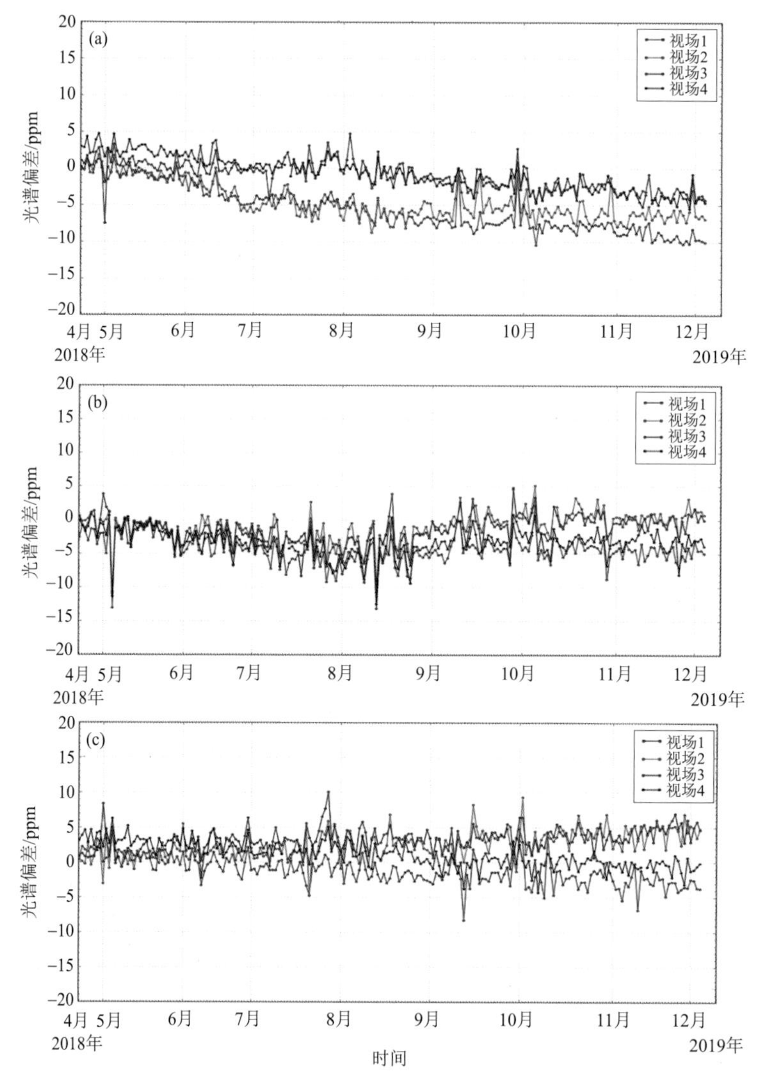

图 5.29　HIRAS 基于 LBL 模拟光谱评估的光谱定标精度

(a)长波，(b)中波 1，(c)中波 2

表 5.11　HIRAS 在轨维护之后(2018 年 12 月 26 日)评估的光谱精度

ppm

光谱偏差	视场 1	视场 2	视场 3	视场 4
长波	−0.03	0.01	0.24	1.43
中波 1	−1.71	−0.53	−1.53	−1.75
中波 2	0.19	−0.04	0.44	3.13

5.5.4　质量码标识体系设计

L1 产品质量码包含三个数据集，分别为扫描线质量码，处理过程质量码以及质量评分。

扫描线质量码数据集名称为 QA_flag_Scnline，维数为 30×29，每条扫描线上每个驻留视场均有一个扫描线质量码，扫描线质量码意义如表 5.12 所示。处理过程质量码数据集名称为QA_flag_Process，维数为 30×29×12，每条扫描线上每个波段上 4 个像素视场均有一个质量码，处理过程质量码意义如表 5.13 所示。质量评分数据集名称为 QA_Score，维数为 30×29×12，每条扫描线上每个波段上 4 个像素视场均有一个质量评分。质量评分是综合扫描线及处理过程的质量标记进行打分，评分码为 0 代表不可用数据，评分码为 100 代表满足质量要求数据。用户可选择质量评分为 100 分的数据使用。

表 5.12　扫描线质量码描述

bit0	=1，时间码有跳变且已订正；=0，时间码正确
bit1	=1，仪器状态异常（评分=0）；=0，仪器状态正常
bit2	=1，黑体温度异常；=0，黑体温度正常；黑体均值为（273～323 K）正常

表 5.13　处理过程质量码描述

bit0	=1，无效干涉图（评分=0）；=0，干涉图正常
bit1	=1，虚部异常（评分=0）；=0，虚部正常
bit2	=1，无效黑体温度（正常黑体温度数量<15，评分=0）；=0，有效黑体温度
bit3	=1，干涉图有尖刺（数目>3，评分=0）；=0，正常
bit4～5	00：定位成功，GPS 定位处理 01：定位成功，IOE 定位处理 10：表示时间码错误导致定位失败（评分=0） 11：其他因素导致定位失败（评分=0）
bit21	=1，月亮污染；=0，没有月亮污染
bit22～26	参与黑体光谱平均的扫描线数（0～30）<15，评分=0
bit27～31	参与冷空光谱平均的扫描线数（0～30）<15，评分=0

图 5.30 为 HIRAS 定位结果质量标识日监测和正常性统计，该系列监测图为日统计和监测图，每日更新一次。图 5.31 至图 5.33 分别为 HIRAS 定标结果虚部质量标识、尖峰噪

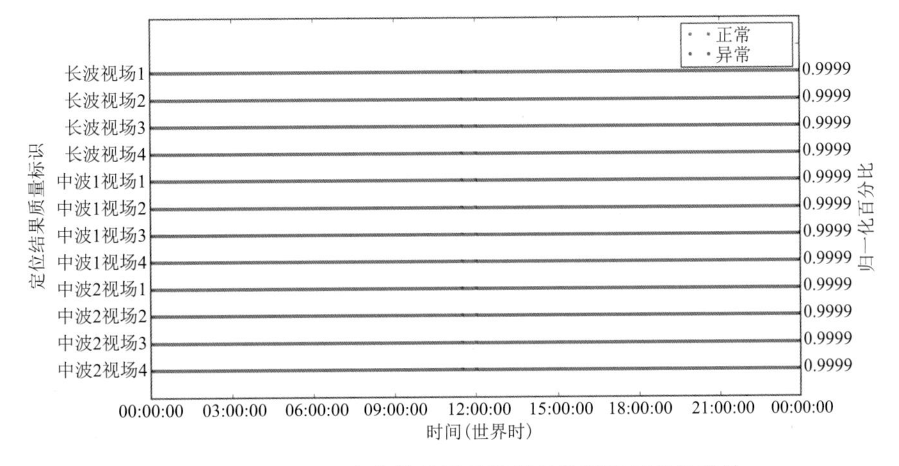

图 5.30　HIRAS 定位结果质量标识日监测和正常性统计

声质量标识，以及最终的质量评分日监测和正常性统计，由图可见，最终 L1 数据质量降低很大部分是由于虚部超出质量控制阈值以及检测出尖峰噪声引起。

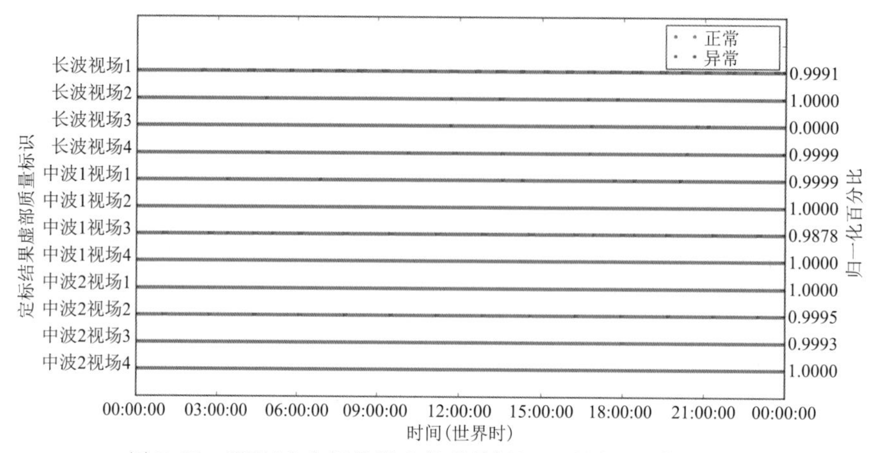

图 5.31 HIRAS 定标结果虚部质量标识日监测和正常性统计

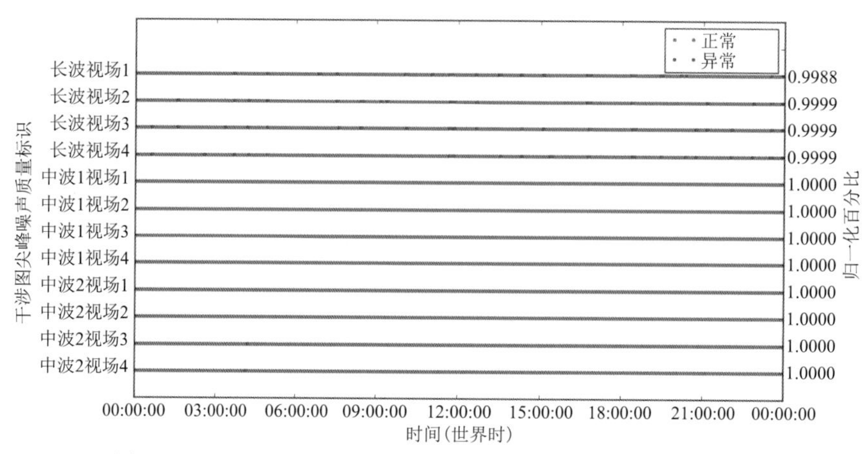

图 5.32 HIRAS 干涉图尖峰噪声质量标识日监测和正常性统计

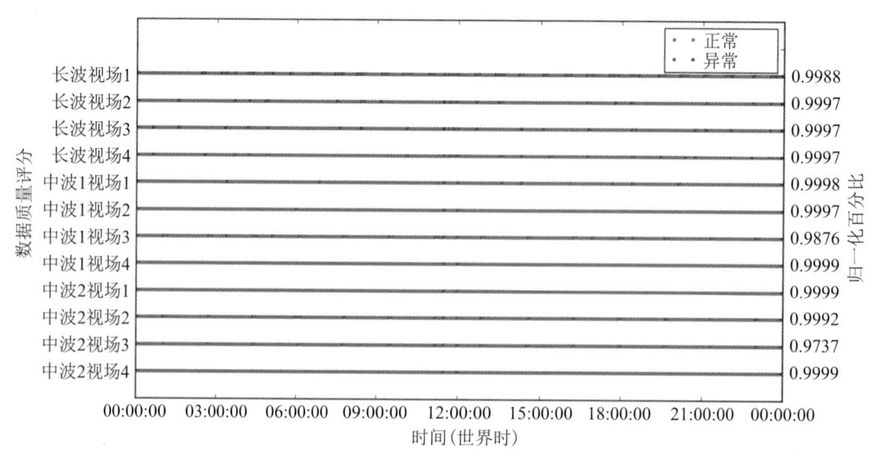

图 5.33 HIRAS 数据质量评分日监测和正常性统计

第 6 章　仪器在轨性能监测系统建设

为了实现风云卫星仪器质量的实时和长期稳定监测，为仪器负责人和相关研究人员提供发现数据偏差和偏差订正的工具，构建了风云卫星质量监测系统（简称：监测系统）。图 6.1 显示了监测系统的功能和结构图。

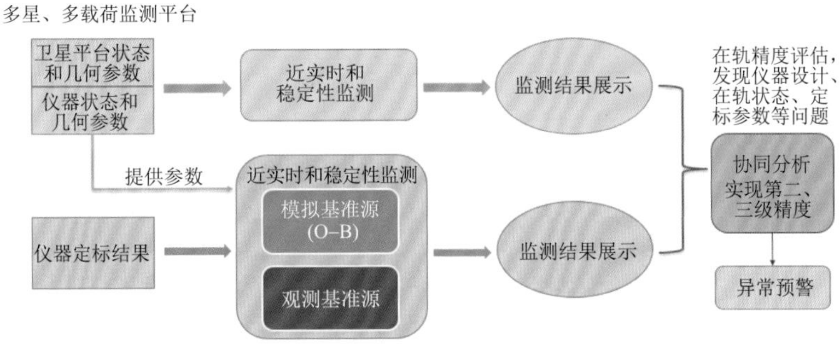

图 6.1　风云卫星数据质量监测系统功能和结构

监测系统的功能包括卫星平台状态参数监测，各仪器状态参数监测，以及利用模拟基准源（辐射传输模拟作为参考源）和观测基准源（国内外同类仪器数据）两种方式评估仪器定标精度。系统还包括监测图绘制和展示。基于展示的监测结果开展分析，以实现在轨精度评估发现仪器设计、在轨状态、定标模型和参数等问题。在对仪器的全面监测和诊断经验的积累下，正在设计预警方案。到目前，如表 6.1 所示，该系统已实现了对 FY-3A 至 FY-3D，以及 FY-4A 仪器的监测，监测结果通过对外网站平台和对内评估分析界面两种形式发布。下面将具体介绍监测系统每个功能的内容。

表 6.1　监测系统监测的仪器

卫星	仪器	仪器参数个数	是否实现 OMB 监测	质量控制方案
FY-3A/3B	MWTS	12	√	L1QC+云雨检验
	MWHS	18	√	L1QC+云雨检验
	MWRI	13	√	L1QC+云雨检验
	IRAS	13	√	L1QC+云检验
FY-3C	MWTS-Ⅱ	12	√	L1QC+云雨检验
	MWHS-Ⅱ	18	√	L1QC+云雨检验
	MWRI	13	√	L1QC+云雨检验
	IRAS	13	√	L1QC+云检验

续表

卫星	仪器	仪器参数个数	是否实现 OMB 监测	质量控制方案
FY-3D	MWTS-Ⅱ	12	√	L1QC+云雨检验
	MWHS-Ⅱ	18	√	L1QC+云雨检验
	MWRI	13	√	L1QC+云雨检验
	HIRAS	17	√	L1QC+云检验
	GAS	25		
	GNOS	10		
	MERSI-Ⅱ	28	√	L1QC+云检验
	SEM	24		
	WAI	53		
	IPM	12		
FY-4A	AGRI	14	√	L1QC+云检验
	GIIRS	12	√	L1QC+云检验

6.1 卫星平台参数监测

卫星平台的状态监测，对于仪器状态的理解很有益处。本系统开展了平台参数的梳理，目前已完成 GPS、IOE、GNOS-GPS、GNOS-BD、GPS-IOE 和光敏 AOS 的时间参数、轨道参数和姿态参数的提取，生成文件，并将文件接入监测平台，进行监测。如，GPS、IOE 和 GNOS-GPS 的位置参数长时间序列监测结果见图 6.2。同时，也应该考虑将平台热参数等其他参数纳入到监测范围内。

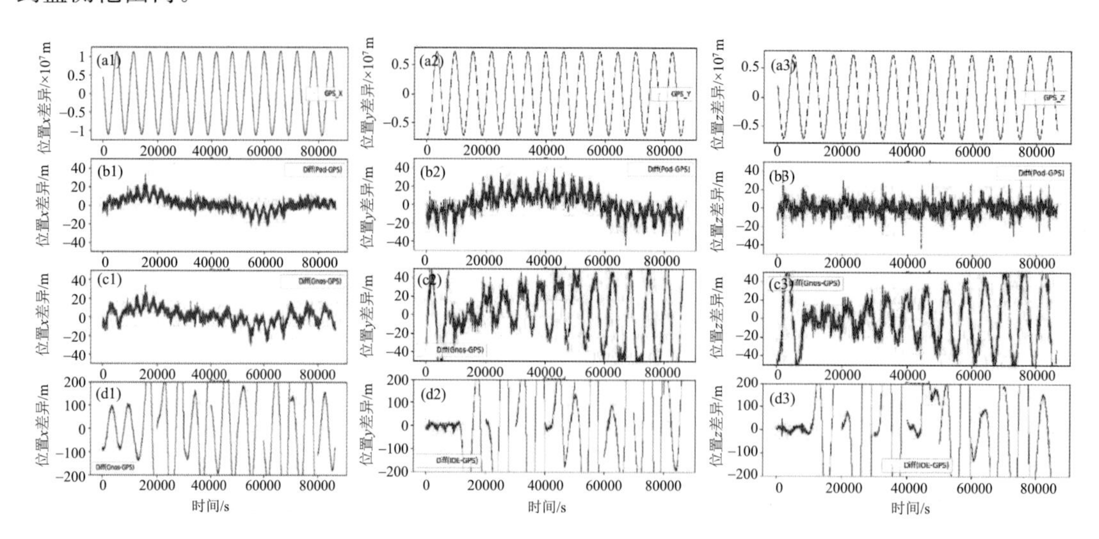

图 6.2 GPS(a1～3)、IOE(b1～3)、GNOS-GPS(c1～3)、IOE-GPS(d1～3)位置参数(x,y,z)监测结果图

6.2 仪器在轨状态参数监测

仪器在轨状态是随卫星运行环境以及运行时间发生变化的。对于影响后期定量应用的关

键参数，须有定量反算这些参数的能力，才能在应用中正确使用仪器的观测信息。监测系统已实现了从 FY-3A 到 FY-3D 以及 FY-4A 的仪器状态监测，监测的仪器从 FY-3A 到 FY-3C 的 4 个数值同化关注仪器（微波温度计（MWTS）、微波湿度计（MWHS）、微波成像仪（MWRI），红外分光计（IRAS）），扩展到 FY-3D 的所有 10 个仪器，且涵盖了 FY-4A 的多通道扫描成像辐射计（AGRI）和干涉式大气垂直探测仪（GIIRS）两个仪器。每个仪器都有不同状态参数的监测方案，但大体分为三类：第一类是标识卫星及仪器环境状态的参数，如仪器温度，自动增益控制等；第二类包括几何观测信息，如扫描角和扫描周期等；第三类包含定标参数，如定标系数，冷空、黑体计数值等。表 6.2 至表 6.4 给出了 GAS，GNOS 和 MERSI 三个仪器选择的监测参数方案示例。

表 6.2　GAS 监测参数

编号	参数名称	编号	参数名称
1	沿轨角误差标识	14	计量激光器电流
2	AT 轴角度	15	计量激光器温度
3	沿轨误差角	16	视场与月亮之间的角距离
4	跨轨角误差标识	17	月亮位置
5	CT 轴角度	18	扫描周期
6	跨轨误差角	19	谱段 2 焦面温度
7	漫反射板状态	20	谱段 3 焦面温度
8	增益状态	21	谱段 4 焦面温度
9	干涉仪零偏注入	22	卫星位置
10	计量激光器备份电流	23	太阳卫星距离
11	计量激光器备份温度	24	太阳位置
12	定标激光器电流	25	工作状态
13	定标激光器温度		

表 6.3　GNOS 监测参数

编号	参数名称	编号	参数名称
1	BDS 值	6	GNOS 位置
2	BDS 位置	7	GNOS 速度
3	掩星天线 L1 后向载噪比	8	GPS 编号
4	掩星天线 L1 前向载噪比	9	GPS 位置
5	定位天线 L1 最大载噪比	10	扫描周期

表 6.4　MERSI 监测参数

编号	参数名称	编号	参数名称
1	黑体计数值均值	4	白天晚上标识
2	黑体计数值标准差	5	增益状态标志
3	辐冷温度	6	K 镜电机温度

续表

编号	参数名称	编号	参数名称
7	黑体温度计数值	11	VOC 计数值均值
8	光学支架温度	12	VOC 计数值标准差
9	冷空计数值均值	13	定标器信号
10	冷空计数值标准差		

系统已实现对仪器各参数在日、月、年和仪器整个生命周期尺度的数值监测，如图 6.3 所示。在基于单个质量控制参数基础上，建立有效载荷统一的质量标识体系，并生成统一的综合质量标识码。结合仪器参数和质量评估结果图，可以探索分析偏差出现的原因。

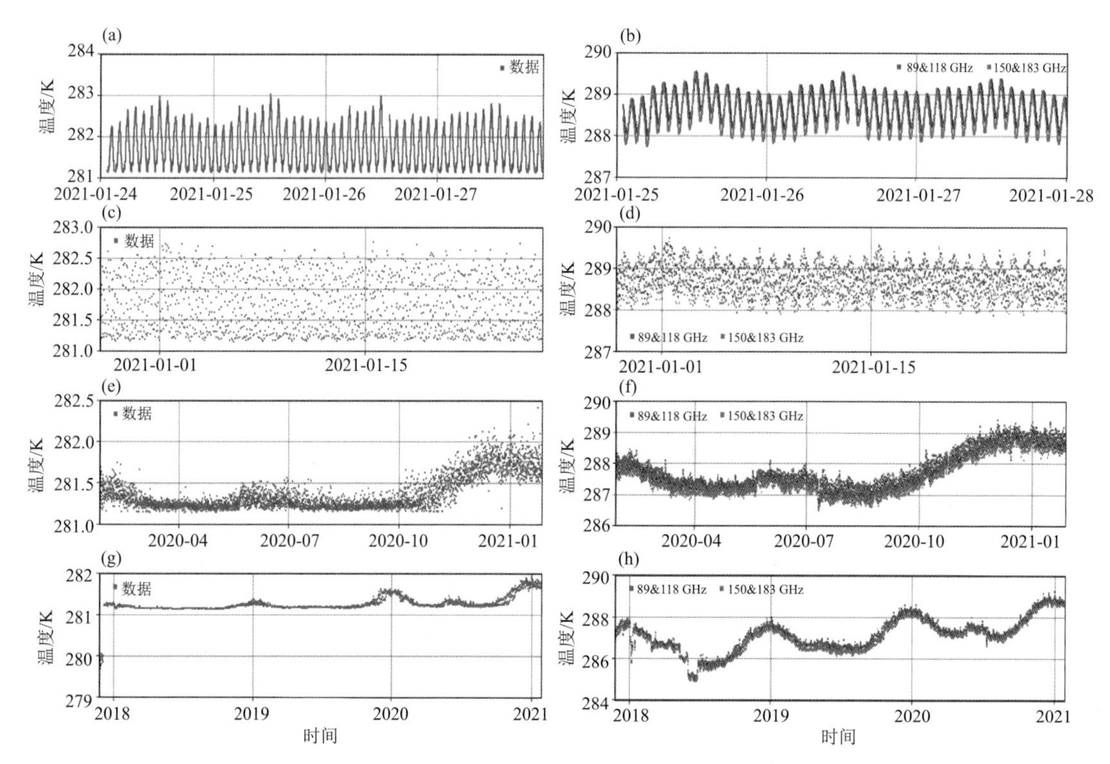

图 6.3 FY-3D MWTS(左)和 MWHS(右)监测参数(接收机温度)成果图

(a、b)日变化，(c、d)月变化，(e、f)年变化，(g、h)全生命周期

6.3 模拟参考源监测

监测系统主要基于辐射传输模拟亮温作为参考源，评估卫星仪器定标质量。系统主要选择 T639 作为辐射传输模拟的输入场，2019 年 1 月更替为 CMA-GFS，辐射传输模式主要使用的是 RTTOV，具有 CRTM 对照使用的能力。目前已实现红外和微波通道的模拟功能，包括 MWTS、MWHS、IRAS、HIRAS、GIIRS、MERSI 和 AGRI 红外通道的质量监测。此外，对于 HIRAS 的光谱监测，使用了 LBLRTM 模式。此部分功能一直在扩展，还实现了对别的数值预报模式，如 NCEP、ERA-5、ECMWF 等数据的使用接口，可将结果互相对比。辐射传输模式

上，正在扩展对主动微波仪器、太阳反射波段辐射传输模式的开发集成能力。具备 FY-3E 上风场雷达的模拟计算能力。

该模块的软件结构如图 6.4 所示：

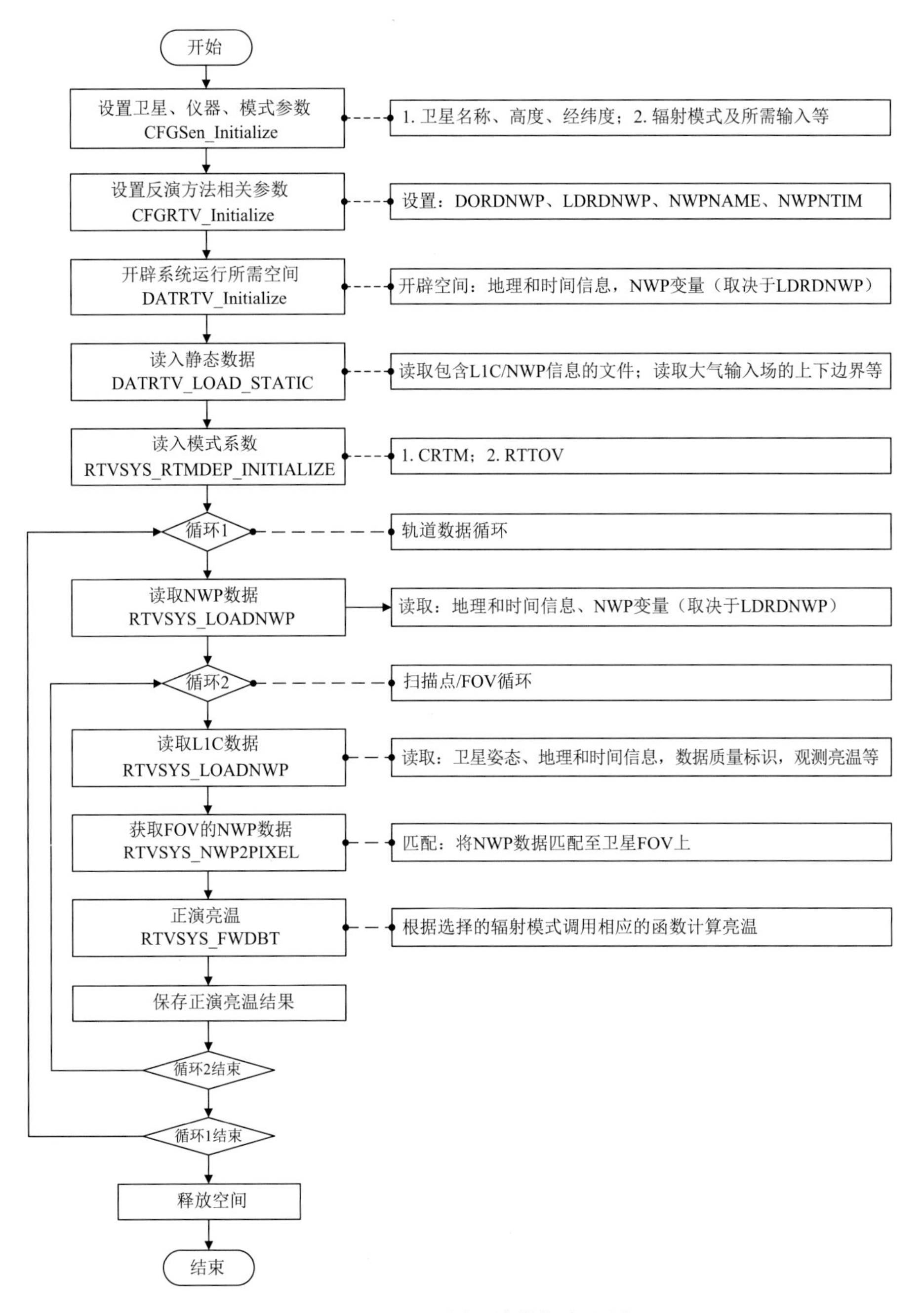

图 6.4　卫星观测正演模拟流程图

使用模拟亮温作为定标源，通过计算观测模拟亮温差（O－B）来评估定标质量前，须做好样本的质量控制。质量控制方案主要包括基于仪器状态参数的质量控制（L1QC）以及云和降水检测。基于仪器状态监测结果，结合分析得到了仪器状态参数对观测质量影响的重要度，对观测样本进行了标识,在定标质量评估中,只选择正常像元。在目前背景条件中缺乏足够的云参数,而且现在的快速辐射传输模式还不能精确刻画云/降水等物质与辐射的相互作用,在没有详尽考虑云雨粒子散射效应的情况下,云雨区卫星辐射亮温模拟和实际观测还有相当大偏差。为了更为合理地检测仪器性能和识别晴空观测,需要尽可能地去除云和降水等对卫星观测的污染,另外,不同谱段的辐射与物质相互作用的性质存在显著差异,而且仪器本身的特征也会影响云/降水检测的效果,所以系统结合仪器特征开发了多种云和降水检测方案,并做了对比实验后选择了每个仪器适合的方案。统计经过质控后像元观测模拟亮温差的平均值和标准差,分析其在各个维度的偏差分布特征,为仪器偏差的分析和订正提供依据。

图 6.5a、b 展示了对风场雷达的模拟结果,图 6.5c、d 给出了 FY-3D MWTS 通道 5 基于模拟参考源的评估结果图。

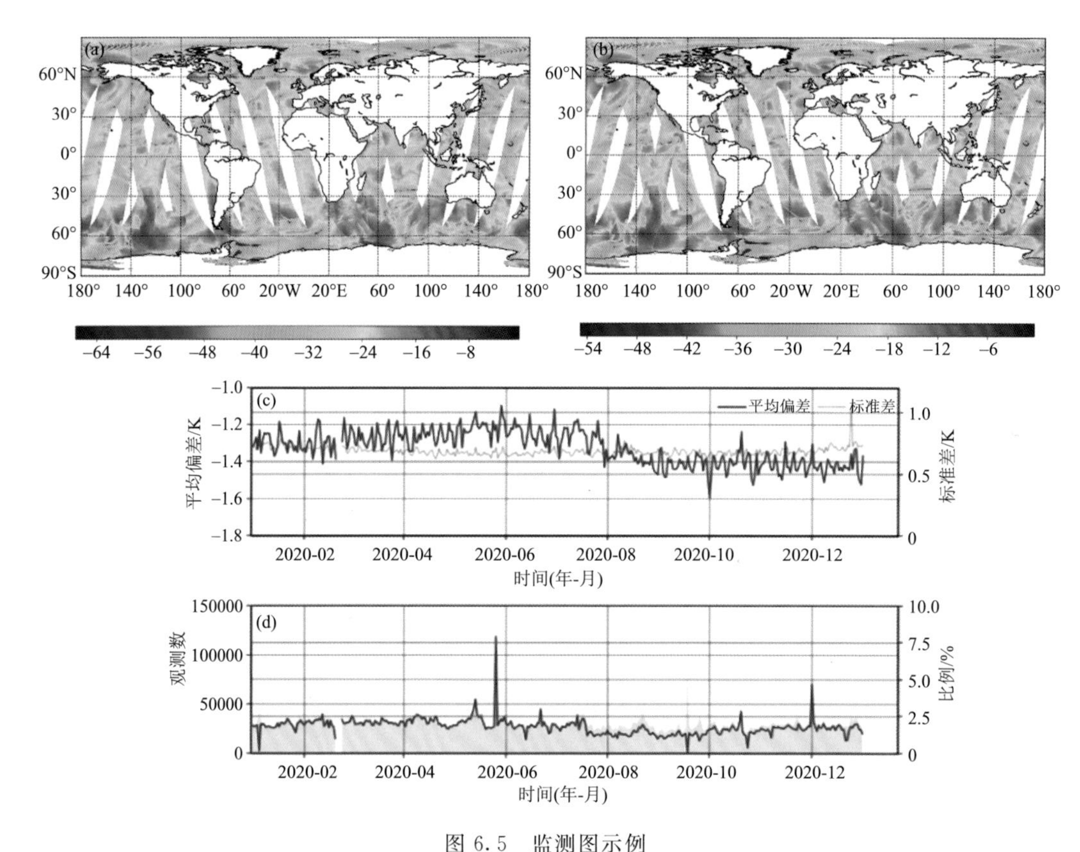

图 6.5 监测图示例

(a)FY-3E 风场雷达 Ku HH 极化和(b)Ku VV 极化亮温分布模拟图,

(c)FY-3D MWTS 通道 5 观测模拟亮温差监测图和(d)观测计算

6.4 观测参考源监测

观测参考源是监测系统使用的另一个用于辐射定标精度评估的参考源,现已支持对光学和微波仪器与同类仪器之间的交叉对比功能。此功能模块包括获取目标仪器和同类仪器的卫星轨道参数,计算交叉观测点,如图 6.6 和图 6.7 的左图所示。根据各仪器的观测模式和空间分辨率，确定统计交叉点的时间和空间阈值，计算对比交叉观测的辐射定标结果。图 6.6 和图 6.7 分别展示了 FY-3D HIRAS 和 MetOp-A IAST，FY-3D MWHS 和 NPP ATMS 交叉对比结果。此结果可以与模拟参考源协同分析目标仪器定标精度。

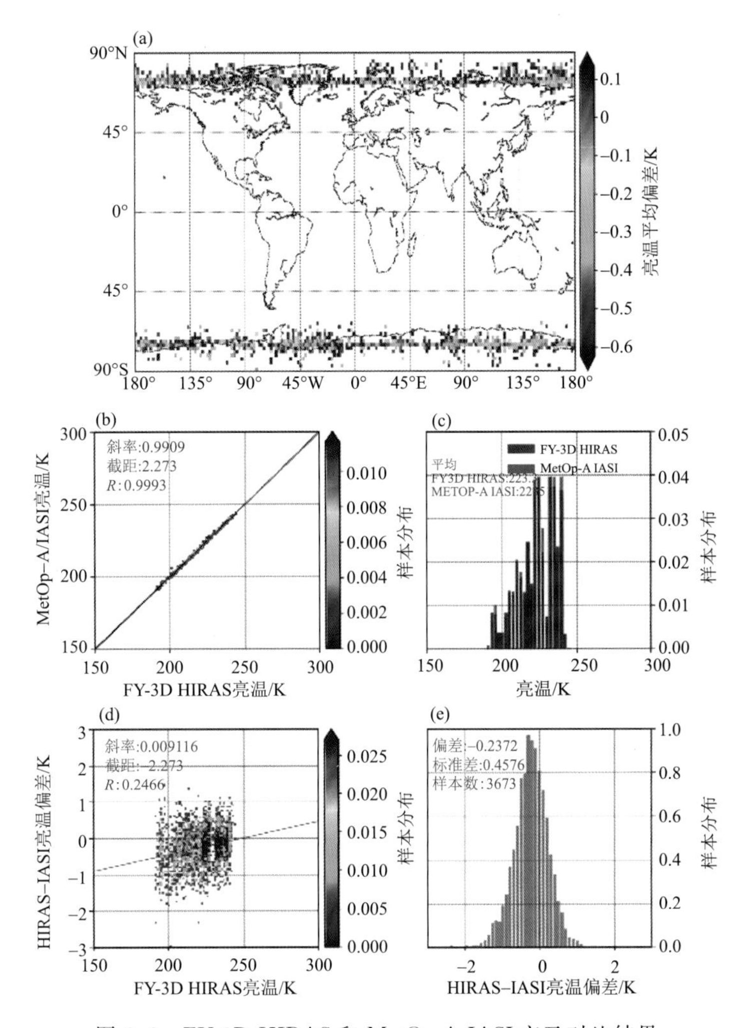

图 6.6　FY-3D HIRAS 和 MetOp-A IASI 交叉对比结果

(a)交叉点分布，(b)MetOp-A IASI 与 FY-3D HIRAS 的散点分布图，(c)MetOp-A IASI 与 FY-3D HIRAS 直方图分布，(d)HIRAS-IASI 亮温散点分布图，(e)HIRAS-IASI 亮温直方图分布

6.5　监测结果展示和分析平台建设

针对不同用户群体的不同需求，系统开发了两种终端，即网络和评估分析平台。其中网络平台是借助风云卫星数据服务网站实现监测结果的网络对外发布。将监测结果以图像形式发布到 WEB 服务器上，全球用户可通过选择卫星平台、卫星仪器、监测参数、时空范围、展现形式等信息查询到相应的内容。对于查询结果，网页将给出中、英文两种解释文字。但在网页发布时，用户只可浏览相关信息，不能对诊断结果进行编辑修改。图 6.8 为质量监控及质量标识系统网页发布界面截图。

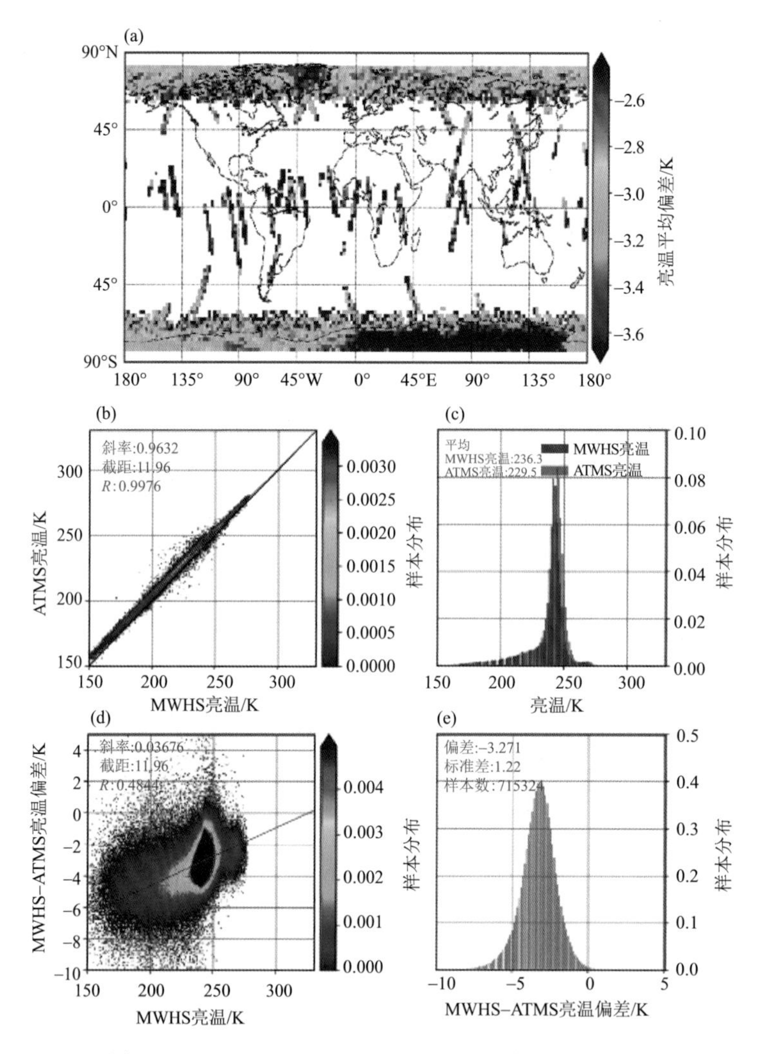

图 6.7 FY-3D MWHS 和 NPP ATMS 交叉对比结果

(a)交叉点分布图,(b)ATMS 与 MWHS 亮温散点分布图,(c)ATMS 与 MWHS 亮温直方图分布,(d)MWHS 与 ATMS 差值与 MWHS 亮温的散点分布图,(e)MWHS 与 ATMS 亮温偏差的直方图分布

第二种形式是评估分析系统。针对高级用户,特别是相关仪器负责人,系统开发了相应的评估分析平台。该平台可以通过内部网络访问,实现监测结果的查询和分析。

下面将对风云卫星数据质量评估分析系统软件进行从上至下的说明。包括:系统架构、数据流图、功能模块、程序架构、系统依赖、系统扩展、系统展示等方面。

(1)系统架构

尽管对监测参数的类型和数量进行了优化选择,但是实际监测的参数还是很大的,如何管理这些数据并展现其特征是质量监控和标识业务应用系统必须考虑的问题。在实践过程中,采用基于 MySQL 的数据库管理监测参数,同时基于 MySQL 的内部函数计算一些参数的统计特征。鉴于 MySQL 对空间的要求以及存储空间的限制,在 MySQL 运行数据库中只存放近三个月的数据原始观测与正演数据,以及全部的统计结果,其他三个月以外的数据原始观测与正演数据以 HDF 的形式存放。同时,涉及相应的程序以实现 HDF 到数据库的转化以满足

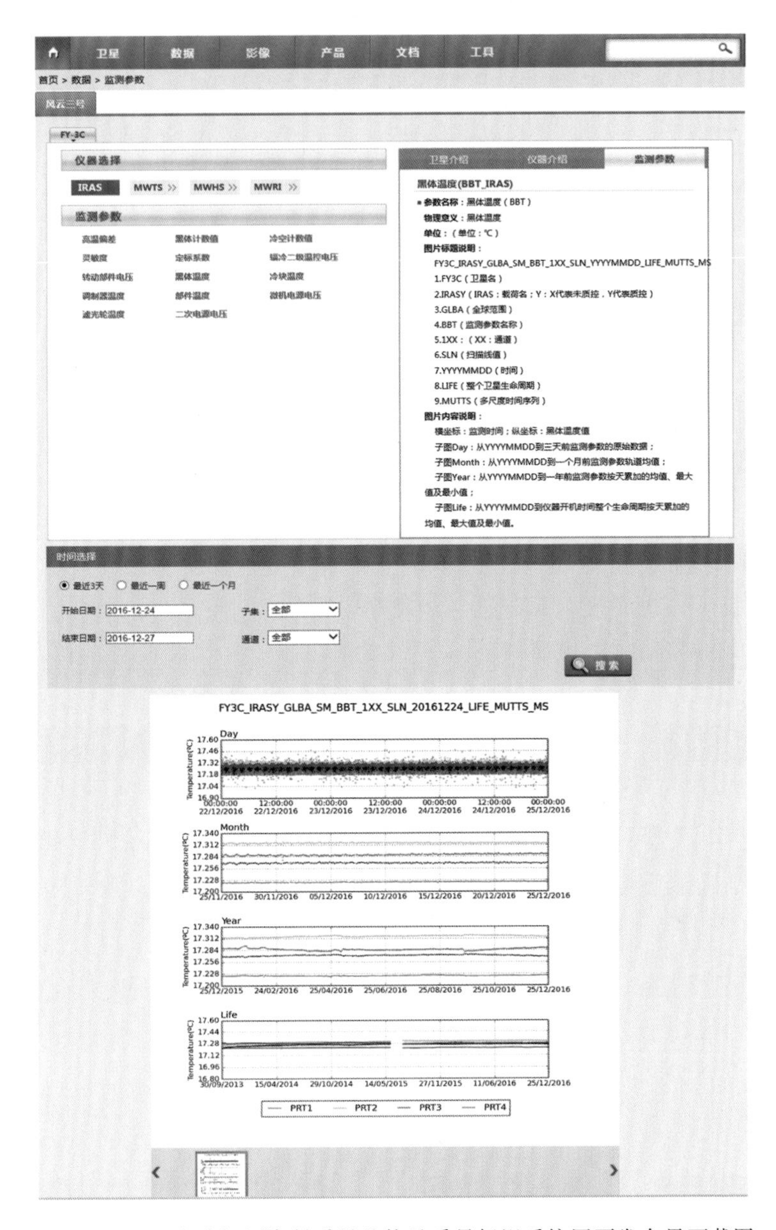

图 6.8　FY-3 微波探测资料质量监控及质量标识系统网页发布界面截图

对历史数据分析的要求。在结果的展现形式上，除了揭示监测参数随时间的演变特征外，同时还考虑一些参数随地理位置、扫描点的变化特征，以便细致地揭示偏差。

如图 6.9，本软件将多个仪器预处理后的 L1 级观测数据进行抽取，导入 MySQL 数据库。同时，将基于数值预报的模式正演结果与 L1 级观测数据进行匹配，并将匹配结果异步导入 MySQL 数据库。由于 MySQL 数据库提供了丰富的 API 供应用程序使用，系统将充分利用高效 API 进行数据的二次提取，并进行定制化的科学计算。同时，基于 MySQL 的 UDF 功能，系统将在并行计算上提供二次开发能力。最后，科学计算的结果将以 HDF 文件的形式得以保存，图像绘制模块将基于这类 HDF 进行多种图形的绘制，以提供直观的数据展示效果。

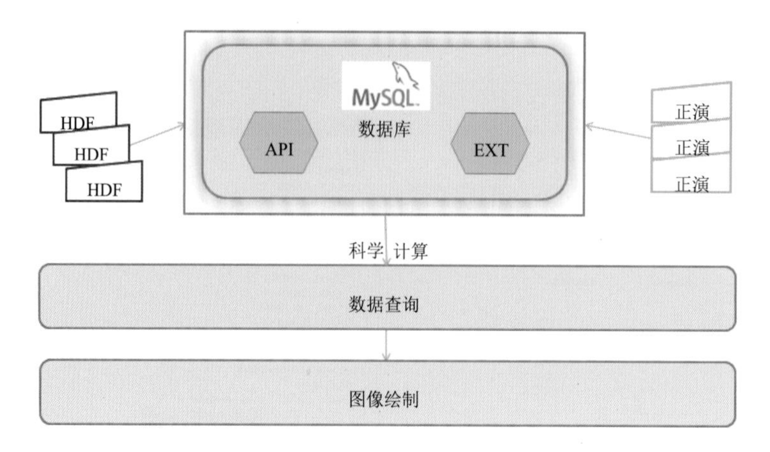

图 6.9　MySQL 系统架构图

(2)数据流图

下面将从数据 I/O 的角度对系统进一步说明。

如图 6.10 所示,数据流图描述如下:

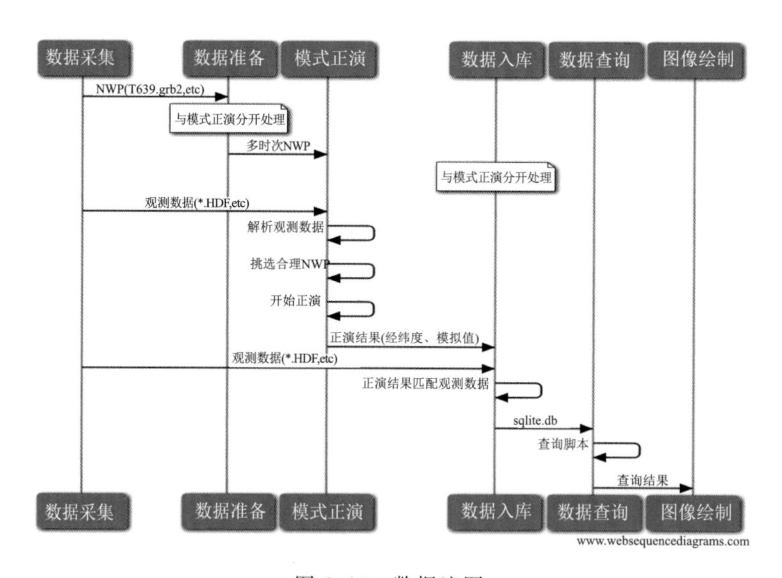

图 6.10　数据流图

数据采集模块负责采集系统的各类输入数据,包括 NWP 数据、L1 级观测数据。并将这些数据推送到其他模块需要的路径下。数据准备模块将对 NWP 数据进行二次处理,使其符合模式正演的数据规格。模式正演模块将基于 NWP 数据和 L1 级观测数据进行科学计算,得出各仪器的模拟值。数据入库模块将匹配 L1 级观测数据和模式正演模块的输出数据,并将匹配结果导入数据库。数据查询模块将基于数据库进行数据的二次抽取、科学计算,并将查询计算的结果保存为 HDF 文件供图像绘制模块使用。图像绘制模块将读取数据查询模块生成的 HDF 数据,按规定格式绘制图像。

(3)功能模块

下面将从模块划分角度对系统进一步说明。根据上面介绍,系统划分为数据采集、数据准备、模式正演、数据入库、数据查询、图像绘制6大模块。

数据采集模块负责从DAS系统采集系统所需数据。主要包括NWP数据和各仪器的L1级观测数据等。本模块应具备数据快速获取能力,以及对无法获取数据等异常情况的报警能力。

其余模块同(2)中描述一致。

(4)程序架构

下面从程序设计的角度对系统进一步说明。

如图6.11所示,本系统6大模块均属于永久进程。在Linux PC服务器上,通过生成pid文件、实时更新alive文件,被Crontab守护。系统所需NWP数据、L1级观测数据进入系统后,6大模块将通过配置信息,根据不同的卫星、仪器,分别处理不同的数据。不同的卫星之间,相同卫星的不同仪器之间,业务流程均互不影响。

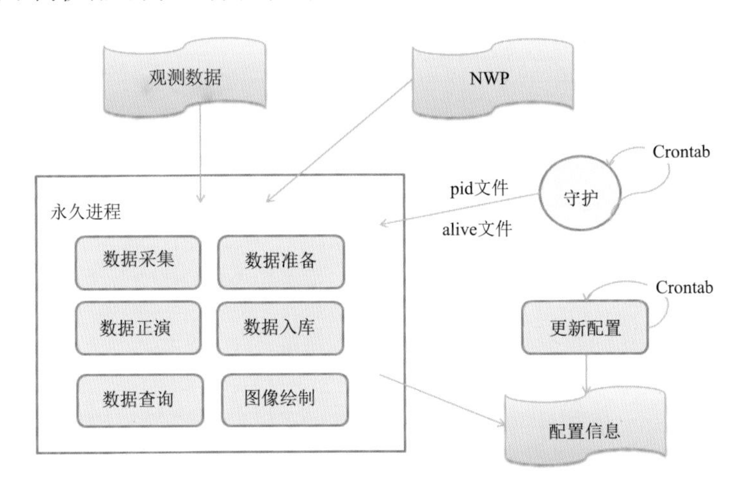

图6.11　程序架构图

(5)系统依赖

本系统依赖的开发环境:

服务器:Linux 64 bit服务器;Frotran编译器:ifort;C编译器: gcc;Python: 2.6;PHP: 5.4;MysQL: 5.6;NetCDF: 4.1.3;HDF: hdf5-1.8.9-linux-x86_64;h5py-2.2。

(6)系统扩展

随着业务量的增长,现有服务器将在未来某个时间点,无法满足后续业务的稳定、高效运行。故要求本系统在设计之初,即具备一定的扩展能力。从垂直扩展性上,系统将通过pthread,MPI,openMPI等方式,优化计算性能,提高单台服务器的计算吞吐能力。从水平扩展性上,系统各大功能模块将具备网络访问能力,以降低模块耦合性,并引入分布式计算工具,提高系统健壮性,以及系统整体存储能力、计算能力。从业务复杂性上,系统使用平台化开发模式。新卫星业务通过简便配置,即可快速融入到线上业务系统中去。从数据库扩展性上,系统将根据数据量和计算量,部署一系列数据库池,并按需分配各类池子的大小,避免性能单点,使系统整体性能得到最大发挥。

(7)系统展示

系统的界面包含多个模块，其中主要有卫星平台参数监测，载荷工程参数监测，观测参考源，模拟参考源，分别用于查询展示分析卫星平台参数和仪器状态参数，基于观测参考源和模拟参考源对定标结果的评估分析。图 6.12 和图 6.13 分别显示了仪器状态参数监测结果的查询和展示界面，以及观测模拟亮温差的监测结果查询和展示界面。

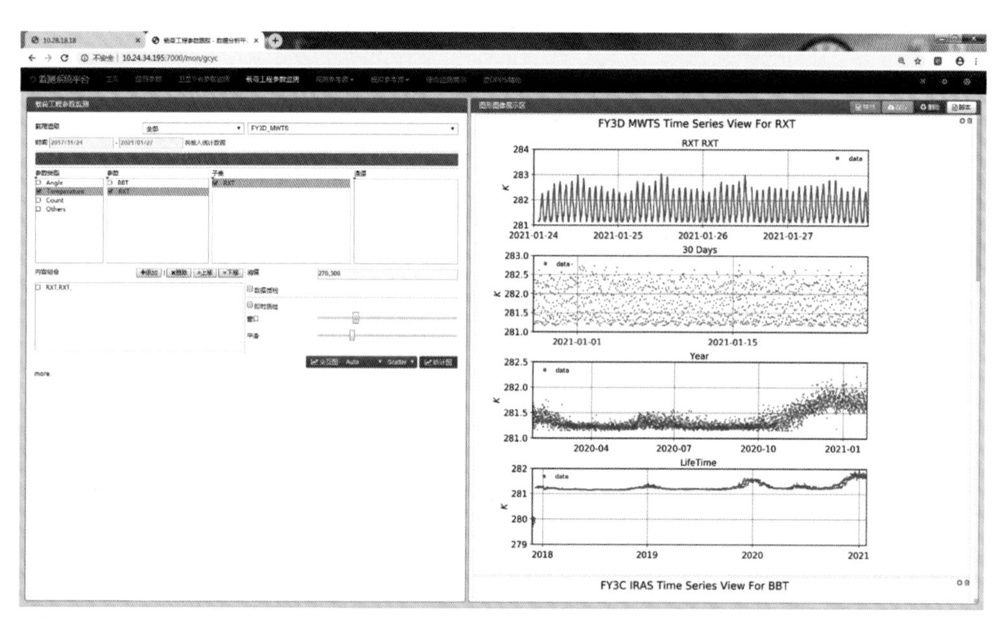

图 6.12 仪器状态参数监测结果展示界面

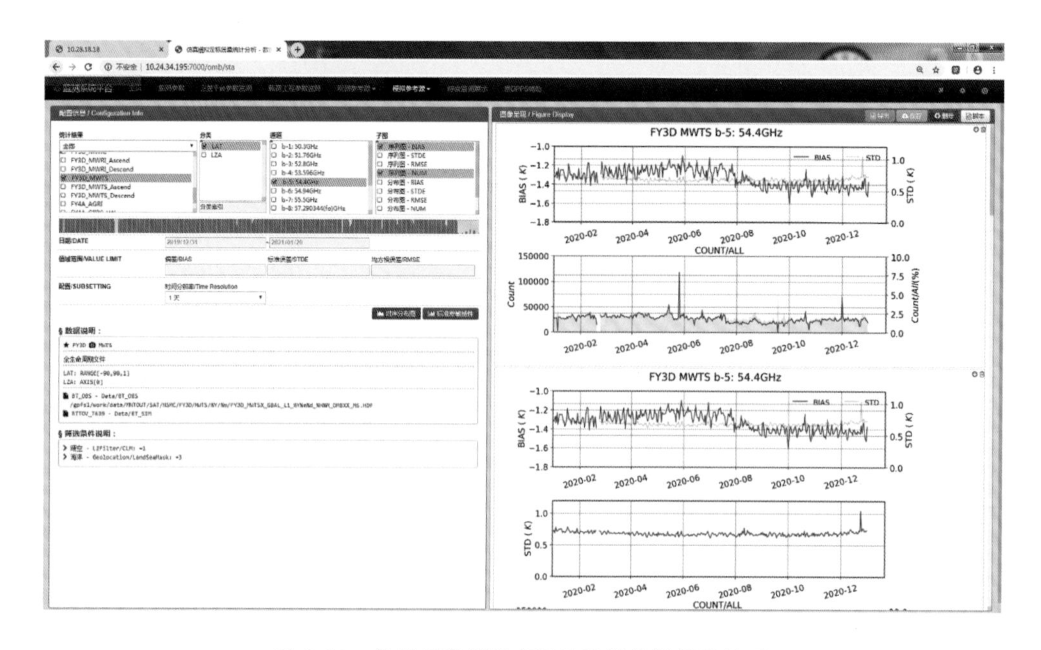

图 6.13 仪器观测模拟亮温差监测结果展示界面

6.6　系统应用示例

监测系统经过多年的发展,已在仪器质量监测评估和偏差订正后效果评估等方面发挥了作用,经检验可以很好校正偏差的订正方法,也在业务中实现了流程化。以下列举几个系统应用的示例。

(1)FY-3D MWTS 仪器运行问题监测

2021 年 1 月 28 日,微波温度计观测数据出现异常,见图 6.14。利用监测系统查看各仪器参数,发现扫描角度值出现了异常,判断可能是仪器工作模式出现问题。经调整后,扫描角度恢复正常,观测数据也恢复正常。可见,此系统可以提供很好的质量诊断工具。

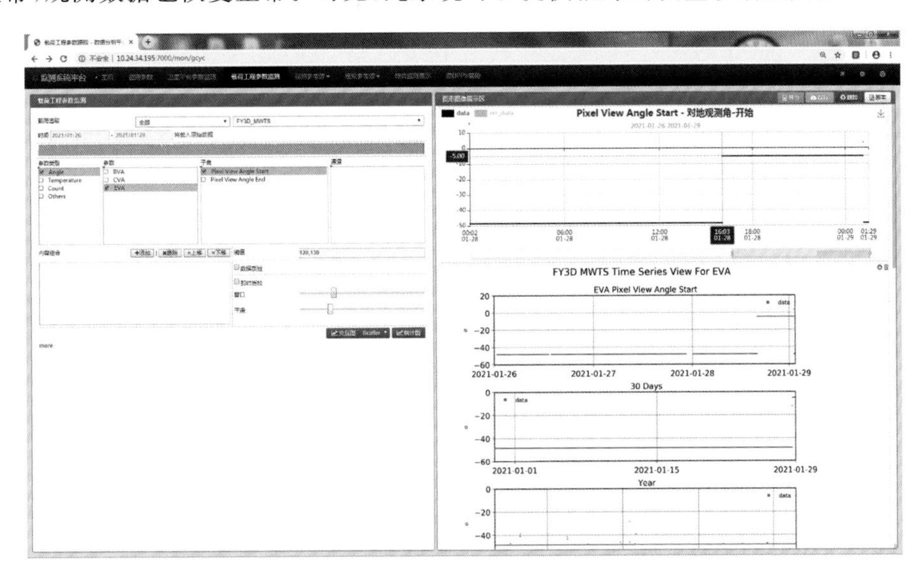

图 6.14　监测系统协助 MWTS 仪器问题诊断和质量监测

(2)FY-3D HIRAS 观测质量(辐射定标精度和光谱定标精度)监测

图 6.15 显示了 2018 年 5 月到 2019 年 5 月 HIRAS 观测模拟亮温差的均值和标准差时间分布图,图中模拟亮温的计算使用的是 RTTOV 模式和 T639 数值预报场数据。图中显示了 4 个通道的结果,包括长波(680 和 900 cm^{-1})、中波(1300 cm^{-1})和短波(2500 cm^{-1})通道。图中可见,长波通道平均偏差在窗区小于 0.3 K,在 CO_2强吸收通道达 1～2 K,且随时间变化更为明显。680 cm^{-1}通道在 2019 年 1 月的跳变原因还尚未明确,进一步的分析正在进行。中波通道平均偏差在 0.5 K 以内,短波通道在 1 K 以内。680 cm^{-1}和 1300 cm^{-1}观测模拟亮温差的标准差在 0.5 K 以内,900 cm^{-1}和 2500 cm^{-1}窗区通道偏差的标准差在0.7～1.2 K 以内。

图 6.16 显示了 HIRAS 的光谱偏差分布,该光谱偏差使用的模拟亮温,采用的是逐线辐射传输模式和 ECMWF 输入场的数据。中波和短波通道光谱定标精度优于5 ppm,长波通道有负向的趋势,偏差达 10 ppm,在去污染处理后偏差有所恢复,具体原因仍在进一步分析中。

(3)FY-3D MERSI-Ⅱ 定标精度监测

2018 年 FY-3D MERSI-Ⅱ在轨定标系数更新后,监测系统提供了监测结果反映系数更新的效果。图 6.17 显示了 FY-3D MERSI 水汽吸收通道 7.2 μm 全球观测模拟亮温差空间分布图,平均观测模拟亮温差从系数更新前的 2 K 提升到了 1.3 K。图 6.18 显示了定标系数更新前后观测模拟亮温差的时间序列图，图中可见新的定标系数订正后的亮温与模拟亮温更为接近。

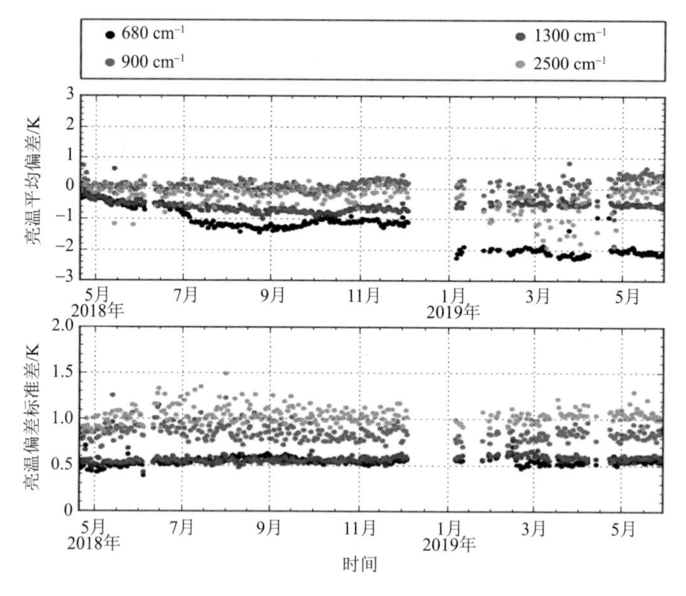

图 6.15　2018 年 5 月到 2019 年 5 月 HIRAS 观测模拟亮温差的均值和标准差时间分布图

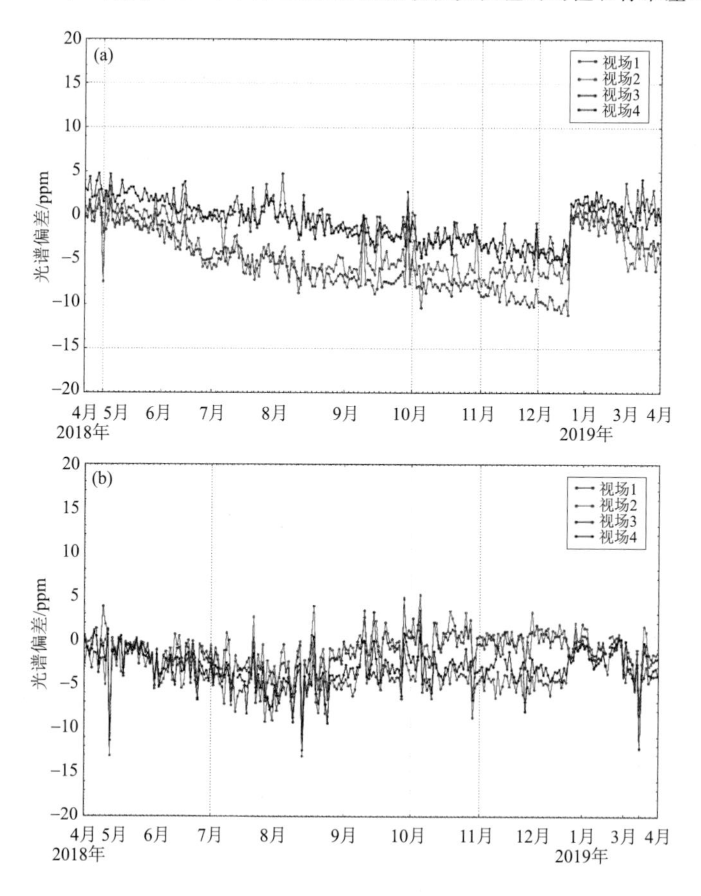

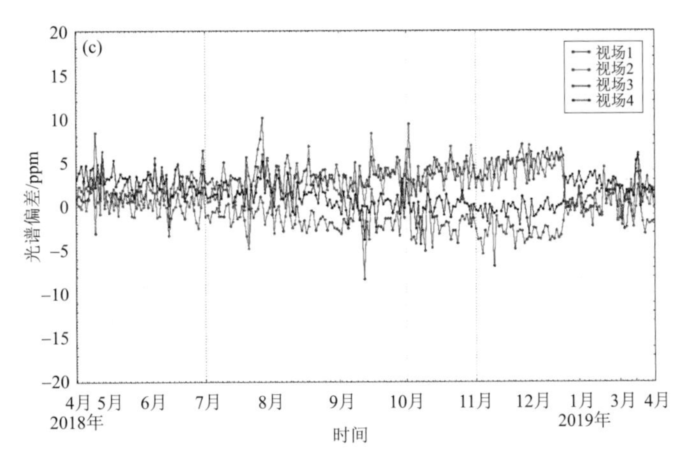

图 6.16　HIRAS 光谱偏差时间序列图

(a)长波通道,(b)中波通道,(c)短波通道

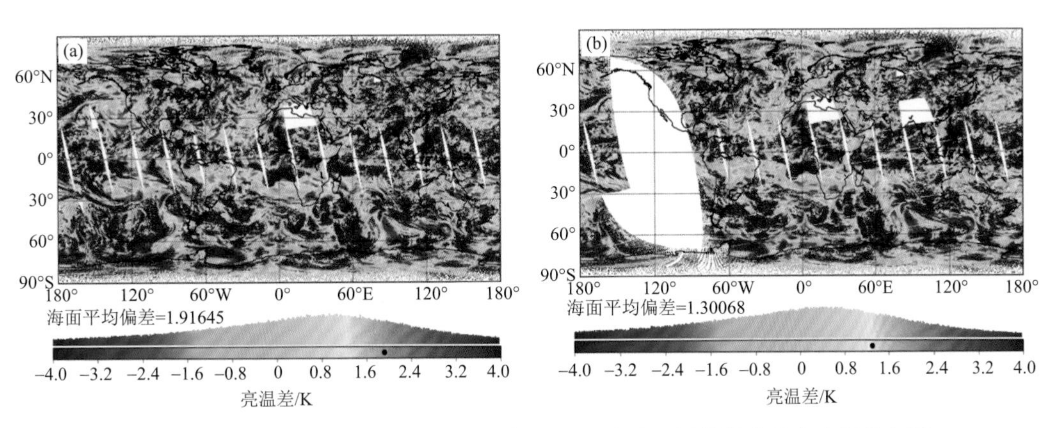

图 6.17　FY-3D MERSI 水汽吸收通道 7.2 μm 全球观测模拟亮温差空间分布图

(a)定标系数更新前结果,(b)定标系数更新后结果

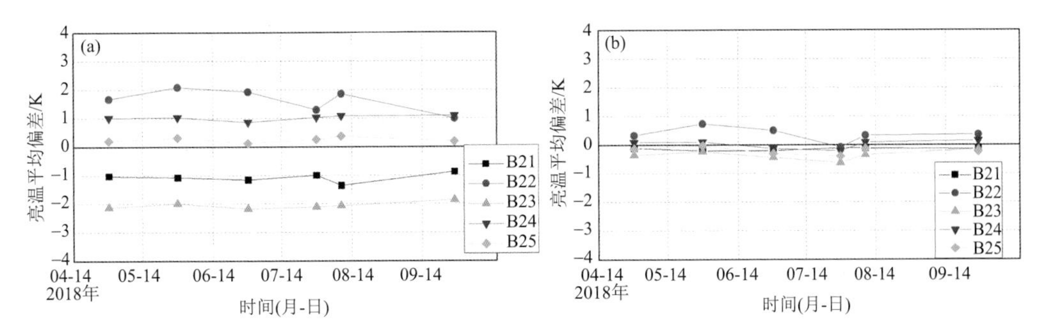

图 6.18　定标系数更新前后观测模拟亮温差的时间序列图

(a)订正前,(b)订正后

(4)FY-3 MWRI 升降轨偏差监测

FY-3C MWRI 升降轨偏差的订正方法也继续用于后续的 MWRI 中。图 6.19 显示了

2020 年 1 月 1 日 FY-3D MWRI 升轨和降轨的观测模拟亮温差空间分布图。两图对比可见，虽然升降轨仍然存在差异，平均偏差约 0.7 K，标准差的偏差约为−0.13 K，相较于校正前，偏差已得到了极大的改善。

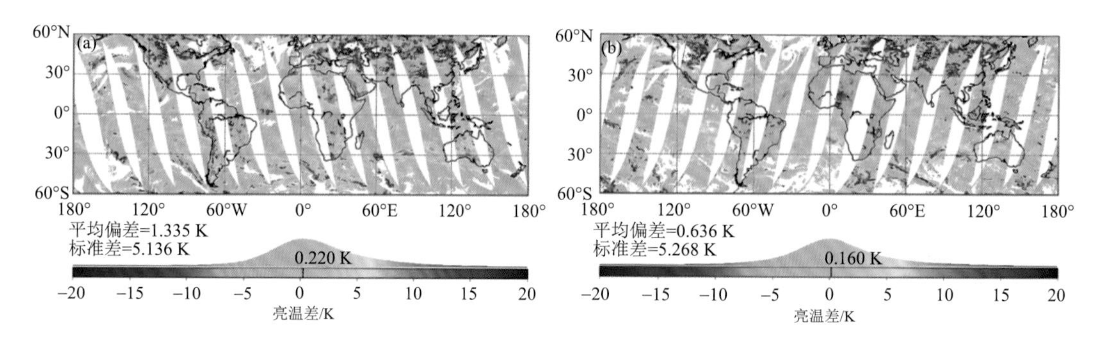

图 6.19 FY-3D MWRI 升轨和降轨观测模拟亮温差空间分布图
(a)升轨空间分布图，(b)降轨空间分布图

通过对升降轨偏差的长时间监测，发现如图 6.20 所示，不同的通道在不同时间升降轨偏差存在波动。图中通道 8 和 10 波动较大，通道 1 和 2 波动较小。升降轨偏差的校正采用的是固定的热镜发射率，这个校正因子可能存在时间的变化。

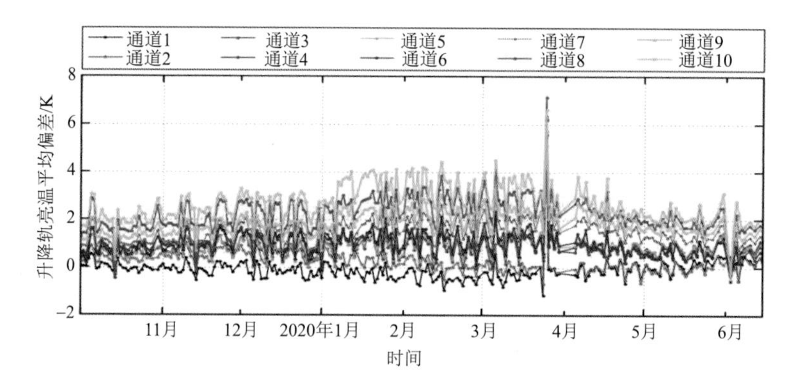

图 6.20 FY-3D MWRI 升降轨偏差时间序列图

第 7 章　质量改进后数据的数值天气同化应用

针对 CMA-GFS 中如何同化应用 FY-3A/3B/3C/3D 四颗卫星探测载荷的观测数据已有大量的研究。在 FY-3A/3B 两颗试验卫星阶段，根据微波温度计资料同化产生的预报效能最大的经验，将研究的主要精力集中于 MWTS 的同化，有针对性地发展了同化观测算子、有云像元剔除、质量控制、同化偏差订正、条纹噪声去除等同化应用技术。同时，为支撑数据的同化应用，国家卫星气象中心专门为风云卫星在 CMA-GFS 模式生成了 L1C 格式数据，并开展了前述大量的数据质量标识工作。使得 MWTS 在同化测试试验中产生正贡献。但非常遗憾的是，FY-3A/3B MWTS 均因仪器故障，在 CMA-GFS 模式准备转为业务同化时已不能继续服务，最终未能实现在 CMA-GFS 模式系统中的业务同化。

在 FY-3C/3D 两颗业务卫星阶段，同化工作逐步从 MWTS 单个仪器拓展到全面同化风云卫星载荷，MWHS、MWRI、HIRAS 等载荷的同化工作陆续展开。在此期间，国家卫星气象中心通过多种途径提升对风云卫星资料的同化支撑能力，一方面，将之前行之有效的观测偏差订正、质量标志码等工作业务化，另一方面，从仪器特征角度为资料应用提供更多建议，如 HIRAS 的通道选择、视场选取等。FY-3C/3D 的多个探测载荷目前已进入 CMA-GFS 同化系统实现业务同化应用，并在已同化国内外大量资料的基础上取得中性偏正的效果，对高层效果更为明显，提升超过 1%。

在推进风云卫星资料同化应用的过程中，除加强国家卫星气象中心和中国气象局数值预报中心的合作外，国家卫星气象中心还牵头形成了包括国家卫星气象中心、中国气象局地球系统数值预报中心、风云卫星载荷制造方和国外业务数值中心（英国气象局、欧洲中期数值天气预报中心）在内的四方合作机制，聚焦于发现问题、解决问题。期间，MWRI 升降轨偏差、MWTS 大气探测通道海陆差异等问题的发现和解决即是四方合作的成果。通过多方合作，有效地推动了风云卫星资料在国内外业务机构中的应用。截至目前，FY-3 的 MWTS、MWHS、HIRAS、MWRI 等载荷已在英国气象局或者欧洲中期数值预报中心的业务模式中业务同化或业务同化前的监测评估中。

7.1　同化技术

7.1.1　FY-3 大气探测仪器观测算子

在全球 CMA-GFS 系统中，建立针对风云气象卫星探测资料的同化数据预处理系统，引入对应载荷的透过率系数构建观测算子，具备了同化这些载荷观测数据的能力。对于构建的同化观测算子，除正演模拟的正确性以外，还需要考虑伴随模式的正确性。

进行伴随检验，假设 W 是一个 Hilbert 空间，在其上定义了内积＜，＞，矢量 $x \in W$；取 G 为另一个 Hilbert 空间，矢量 $y \in W$；H 为从空间 W 到空间 G 的连续线性映射算子，若存在一

个空间 G 到空间 W 的连续线性映射算子 H^*，使得点内积 $\langle HX,Y\rangle=\langle X,H^*Y\rangle$ 成立，则称 H^* 为 H 的共轭(伴随)算子。当 Hilbert 空间 W 和空间 G 都退化为有限维且可用正交坐标系描述时，H^* 代表了算子 H 的矩阵的转置。

若 H 为观测算子且 $Y=HX$，则有 $\langle HX,Y\rangle=\langle X,H^*Y\rangle$，当用共轭码编写伴随程序时，这两个值的差异应仅为机器的截断误差。

基于伴随算子进行梯度检验，目标函数的梯度计算是否正确直接关系到极小化过程的收敛问题，对目标函数进行泰勒展开，有

$$J(w+\alpha\boldsymbol{h})=J(w)+\alpha\boldsymbol{h}^T\nabla J(w)+O(\alpha^2) \tag{7.1}$$

得到

$$r(\alpha)=\frac{J(w+\alpha\boldsymbol{h})-J(w)}{\alpha\boldsymbol{h}^T\nabla J(w)}=1+O(\alpha) \tag{7.2}$$

式中，α 用来控制增量的大小，$\boldsymbol{h}$ 是一个单位向量。根据泰勒函数的性质，当 α 的值很小时，$r(\alpha)$ 的值接近 1。

对 FY-3 大气探测仪器 MWTS、MWHS、MWRI 和 HIRAS 等进行了观测算子的正演梯度和反向伴随计算检验，差异量级在 10^{-6} 以下，结果与国外同类仪器的计算精度相当。

7.1.2 有云像元剔除

针对数值天气模式同化应用的需要，观测资料进入模式之前需要做有云(降水)像元剔除，通常像元观测和模拟亮温差(O－B)的绝对值 $|O-B|>3$ K 则判断为有云覆盖，在同化试验中需剔除这部分像元。而在应用过程中，却发现该方案在 CMA-GFS 中直接应用存在两个问题：一是 CMA-GFS 模式背景场 B 存在模式偏差，二是近地面通道对 O－B 的偏差订正不够有效，导致该方案不能有效剔除有云资料。CMA-GFS 后续改为采用基于观测的云检测方案，即用搭载在同卫星平台上的可见光红外扫描辐射计 VIRR 的云量产品为微波温度计 MWTS 提供云检测。VIRR 的通道以可见光和红外通道为主，分辨率高(星下点分辨率为 1.1 km)，且对云更为敏感，检测准确度较高。VIRR 和 MWTS 虽搭载在同一平台上，但是分辨率不同，需经过像元匹配才能得到 MWTS 每个像元的云量。当取不同阈值 f_{VIRR}，并设每个像元的云量大于该阈值时为有云覆盖，反之为晴空。图 7.1 给出了 2011 年 7 月 MWTS 全球平均有云视场在全部视场中的比例随着云量阈值的变化，阈值分别等于 37%、97%、100%。

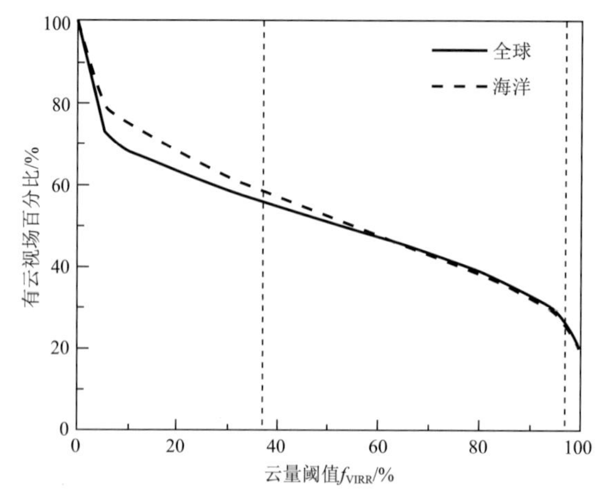

图 7.1　2011 年 7 月 MWTS 全球平均有云视场在全部视场中的比例随着云量阈值的变化

由图可见，MWTS 视场全球云量随匹配 VIRR 阈值的不同而不同，因此，需要确定不同的阈值，具体阈值见表 7.1。阈值的确定利用了 MetOp-A 的 AMSU-A 的液水路径（LWP）产品。由于 MetOp-A 和 FY-3A 的过境时间差别在半小时，因此，两者的云量可以比较。

表 7.1　由 MetOp-A AMSU-A 反演云水含量确定的全球海面上 2011 年 7 月的均云量，以及当 f_{VIRR}，$(O-B)_{通道1}$ 方法得到和 LWP 方法相同云量时，对应的不同阈值

阈值			有云视场百分比/%		
f_{VIRR}/%	$(O-B)_{通道1}$/K	LWP/($kg \cdot m^{-2}$)	$MWTS_{VIRR}$	$MWTS_{O-B}$	$AMSU\text{-}A_{LWP}$
37	−1.5	0.01	58.3	58.6	58.1
97	−4.0	0.10	24.4	24.2	24.2
100	−4.9	0.14	18.8	18.8	18.6

当 MetOp-A 的 AMSU-A 的 LWP>0.01 $kg \cdot m^{-2}$ 时，判识为有云覆盖。得到的全球云量为 58.1%，比全球云量的 67%的气候值略小。由于微波资料可以穿透部分透明云，因此，由微波资料看到的云量会比由可见光、红外通道确定的 67%略小。从图 7.2 可以发现，当 f_{VIRR} 取 37%时，得到的全球云量和 LWP>0.01 $kg \cdot m^{-2}$ 得到的云量相当，而且云的分布与 MSPPS 反演的液水路径 LWP 分布相比较为接近。

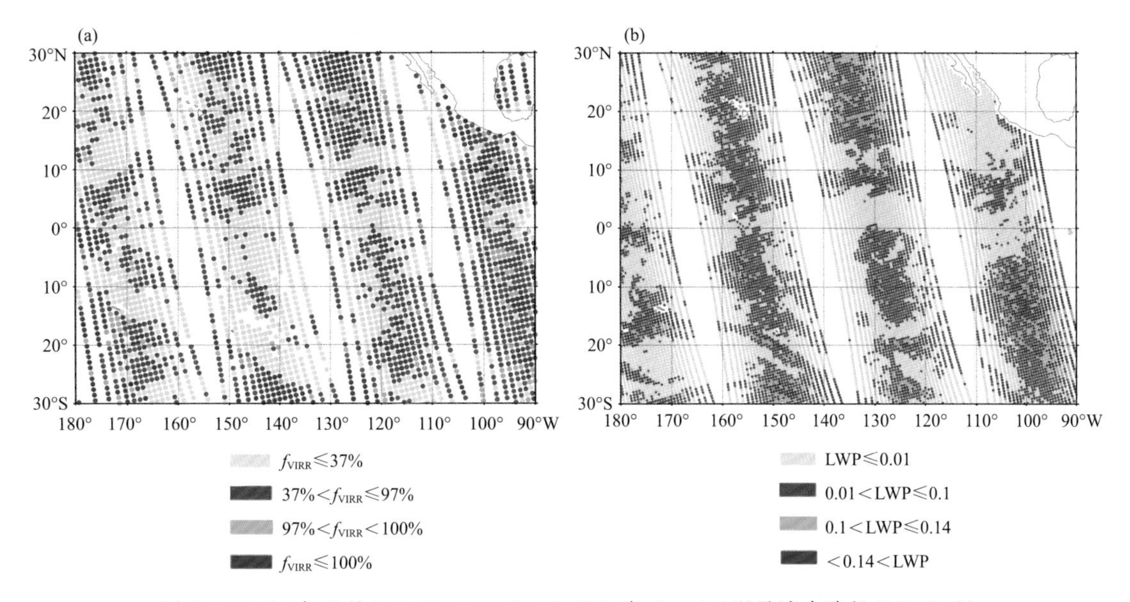

图 7.2　2011 年 7 月 1 日 03:00—15:00UTC，当 f_{VIRR}(a)以及液水路径（LWP）(b)在不同阈值范围时的资料分布

图 7.3 为阈值分别等于 37%、97%、100%时云量的长时间分布情况，可以发现云量随时间的逐日变化比较稳定。因此，取云量阈值为 37%。该方案能够剔除大部分的有云资料，结合 7.1.3 节的双权重质量控制方法能够剔除与模式背景场偏差较大的资料。

7.1.3　双权重质量控制

离群资料的判别通常由该资料离开资料样本的平均值的距离以及标准差的值决定。但是离群资料本身可以对资料的平均值及标准差有较大影响，从而影响离群资料的识别。本研究

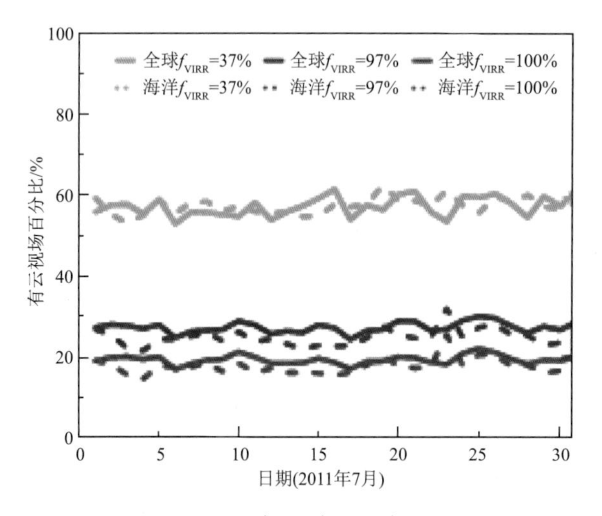

图 7.3　阈值分别等于 37%、97%、100%时的云量随时间变化

拟采用双权重质量控制方案识别离群资料。

首先计算双权重平均值$\overline{X}_{\text{bw}}$和双权重标准差 BSTD：

$$\overline{X}_{\text{bw}} = M + \frac{\sum_{i=1}^{n}(X_i - M)(1 - w_i^2)^2}{\sum_{i=1}^{n}(1 - w_i^2)^2} \tag{7.3}$$

$$\text{BSTD}(X) = \frac{\left[n\sum_{i=1}^{n}(X_i - M)^2(1 - w_i^2)^4\right]^{0.5}}{\left|\sum_{i=1}^{n}(1 - w_i^2)(1 - 5w_i^2)\right|} \tag{7.4}$$

式中，M 是中位数，w_i是权重函数。设 MAD 为$|X_i - M|$的绝对偏差中位数，则权重函数 w_i定义为

$$w_i = \frac{X_i - M}{7.5 \times \text{MAD}} \tag{7.5}$$

如果 $w_i > 1$，则认为 $w_i = 1$；利用观测和模拟的亮温的 Z_i 确定离群资料

$$Z_i = \frac{X_i - \overline{X}_{\text{bw}}}{\text{BSTD}(X)} \tag{7.6}$$

一般设置 $Z_i > 2$ 为离群数据，并剔除。具体阈值仍需在分析中确定。为了剔除前述质量控制未能检出的剩余异常数据，采用阈值检查，将不满足下式的辐射亮温资料剔除

$$|y_i^{\text{B}} - y_i^{\text{O}}| \leqslant k\sigma_o \tag{7.7}$$

式中，y_i^{B}、y_i^{O} 分别为通道 i 的背景场模拟观测值与实际观测值，σ_o 为辐射亮温资料误差方差，k 为倍数，阈值根据试验分析确定。

质量控制和偏差订正后，资料的 O－B 分布呈现较好的正态分布，见图 7.4。

经过质量控制后，通道 2、3、4 保留的资料比例分别为 18%、27%、72%，见图 7.5。

7.1.4　同化偏差订正

如前所述，对于从国家卫星气象中心接收的 L1/L1C，尽管在发布时已经对其做了观测级

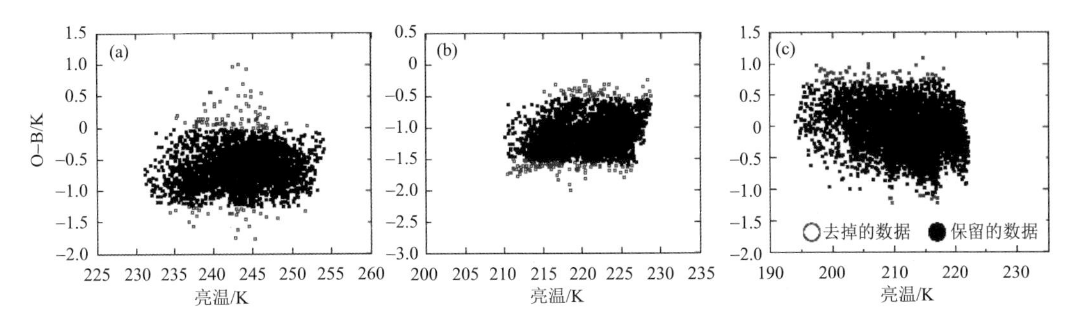

图 7.4　双权重质量控制方案去除以及保留的资料

(a)通道 2,(b)通道 3,(c)通道 4

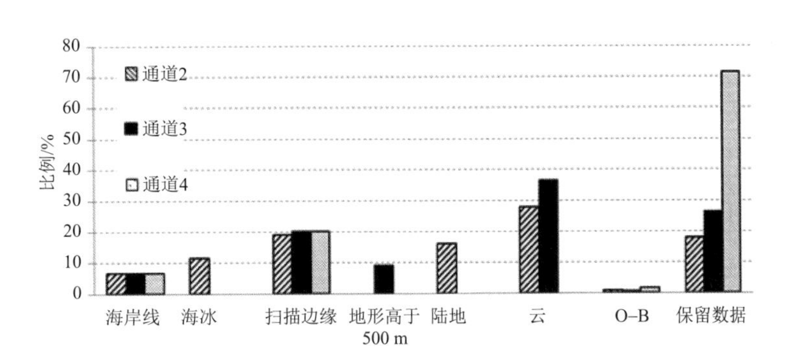

图 7.5　不同质量控制方案去除和保留的资料比例

别的偏差订正,以确保数据质量,但鉴于观测气候态和模式气候态不一致、模式采用观测算子存在模拟误差等因素,需要在同化前对这些观测资料做偏差订正。

采用动态的偏差订正方案,国外数值预报中心很早就认识到了卫星辐射资料同化中辐射偏差订正问题的重要性,因此,发展了一系列订正方案。采用 Harris 和 Kelly 提出的基于统计回归的订正方案,国外数值预报中心的应用效果表明这是一种有效的订正方案。具体从两个方面来订正辐射偏差,一是进行扫描偏差订正,即订正每个扫描角测值相对于天底测值的偏差,二是采用回归方法进行气团偏差订正。

扫描偏差订正:首先把数据按照纬度带,每 10°一个带,将地球分成 18 个纬度带。针对每个纬度,做依赖于纬度的扫描偏差订正。对每个纬度带,计算每个扫描位置和每个纬度带平均值,然后利用它们计算扫描订正系数 $s(\Phi,\theta)$。其中 Φ 是纬度带。

$$s(\Phi,\theta)=R(\Phi,\theta)-R(\Phi,\theta=0) \tag{7.8}$$

为避免纬度带之间扫描偏差订正的不连续,在跨越纬度带地区采用平滑技术产生连续订正系数。计算出每个扫描位置和每个纬度带的扫描订正系数后,利用平滑方法产生纬度带之间的平滑过渡。然后在分析中,在每个观测点上减去计算出的偏差即可。

气团偏差订正回归方案使用一组偏差预报因子来与气团偏差相联系,利用线性回归方程计算每个通道 j 的气团偏差。

$$\mathrm{Bias}_j(\theta)=a_{j0}+\sum_{i=1}^{2}a_{ji}(\theta)X_{ji}(\theta) \tag{7.9}$$

式中,a_{ji} 是订正系数,X_{ji} 为预测因子。本研究通过分析选取有效的订正因子。

由于观测偏差存在随着季节、观测系统的变化，本研究选用动态的偏差订正方案。随着模式积分运行，进行动态统计。利用模式预报的大量经过质量控制的样本，通过最小二乘法拟合计算得到下次运行过程中需要的订正系数。

为了确保订正的有效性，对输入数据做了质量控制。例如，对于类似于 MWTS-Ⅱ 的大幅宽载荷，每条扫描线边缘由于倾斜视角过大，两侧扫描点的观测亮温和星下点的差异明显，同时扫描线两侧在辐射传输模拟时也不满足平面平行大气的假定，因此，本研究采用国际上通用的做法，剔除两侧个别扫描点，剔除扫描点个数经过研究分析确定。另外，其他在下垫面比较复杂的地区，如海岸线、冰面、雪面、陆地、高地形，由于地形复杂，地表发射率、地表温度都难以确定，这些变量在不同的天气情况下，变化也较大，比较难以精确地模拟辐射亮温，因此，拟剔除这些地形复杂地区的受地面影响明显的通道数据。在较高层通道和相对简单的洋面，适当使用近地面通道资料。

质量控制和偏差订正后，资料的 O—B 分布呈现较好的正态分布。图 7.6 给出了偏差订正前后，FY-3D HIRAS 多个通道亮温观测模拟偏差统计特征的变化。其中，C488 和 C399 分别代表新旧两种质控方案对应的结果。由图可见，经过偏差的订正以后，观测模拟偏差的平均值下降显著(接近于 0)，即使得进入同化系统的观测资料接近于无偏。另外，从偏差标准差的改变来看，两组不同通道的数据表现各异，C399 对应数据大部分通道经同化偏差订正后偏差标准差减小，而 C488 对应通道同化偏差订正前后偏差标准差变化不明显。

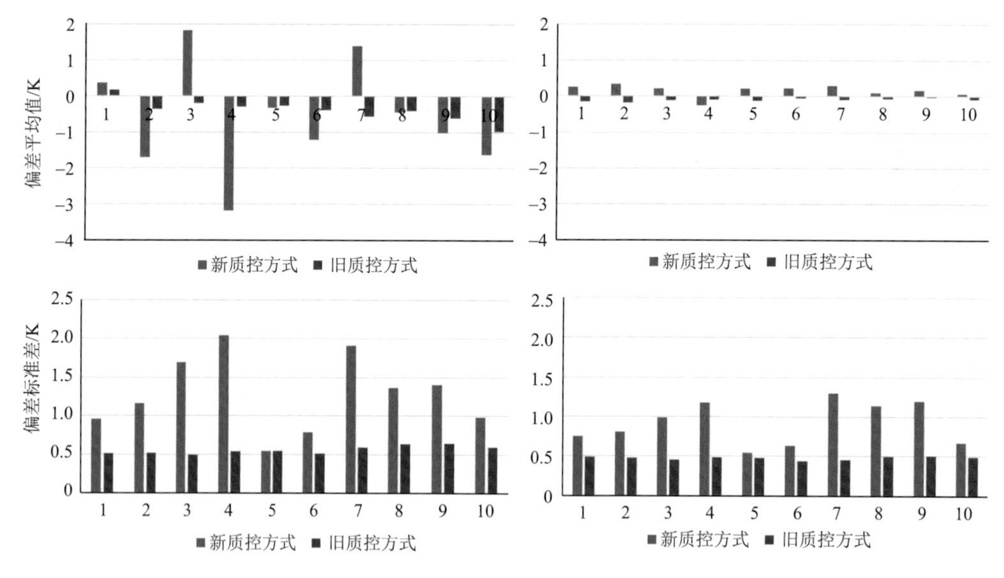

图 7.6　FY-3D HIRAS 偏差订正前(左)后(右)观测模拟偏差统计特征的对比

7.1.5　去条纹处理

基于数值模式系统的短期预报场以及快速辐射传输算子开展针对 FY-3C 的微波温度计和微波湿度计探测资料的质量分析和评估，与国外其他仪器的相似通道的观测数据比较，对比分析 FY-3C 的微波温度计和微波湿度计探测资料的观测亮温的噪声特点。由图 7.7 分析发现，FY-3C 的 MWTS-Ⅱ和 MWHS-Ⅱ资料存在不同程度的条状噪声干扰，尤其是高层通道。而相比 MetOp-B 和 ATMS 等其他卫星，FY-3C 权重在 90 hPa 的通道条纹干扰更为明显，见图 7.8。

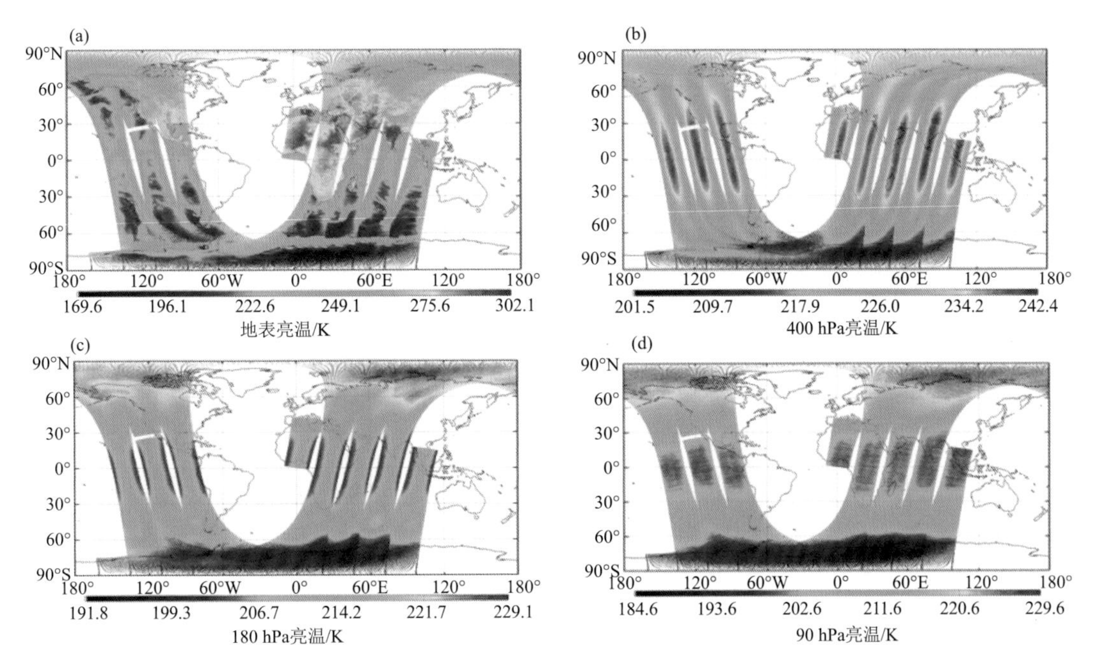

图 7.7 2014 年 1 月 24 日多通道亮温分布

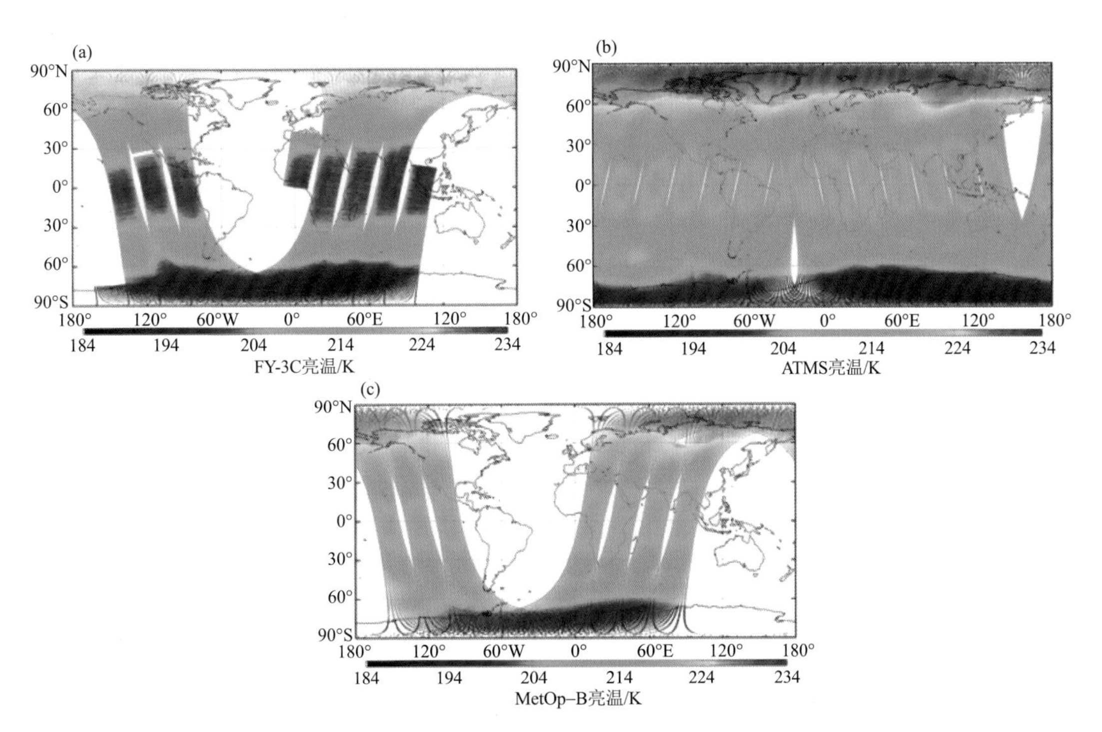

图 7.8 权重函数在 90 hPa 的通道的观测亮温分布

进一步的研究发现,模式背景场没有类似的条纹干扰。噪声主要在观测中存在。针对 FY-3C 的微波温度计和微波湿度计观测资料存在的条纹噪声问题,制定能够快速过滤条纹干扰的滤波方案。经过 PCA 分解,发现噪声主要存在于第一分量里(图 7.9b)。图 7.9 是 2014

年 1 月 FY-3C MWTS-Ⅱ通道 8(57.29 GHz)在热带地区一条下降轨道的观测亮温的第一、第二和第三个主成分(PCA 分量)。

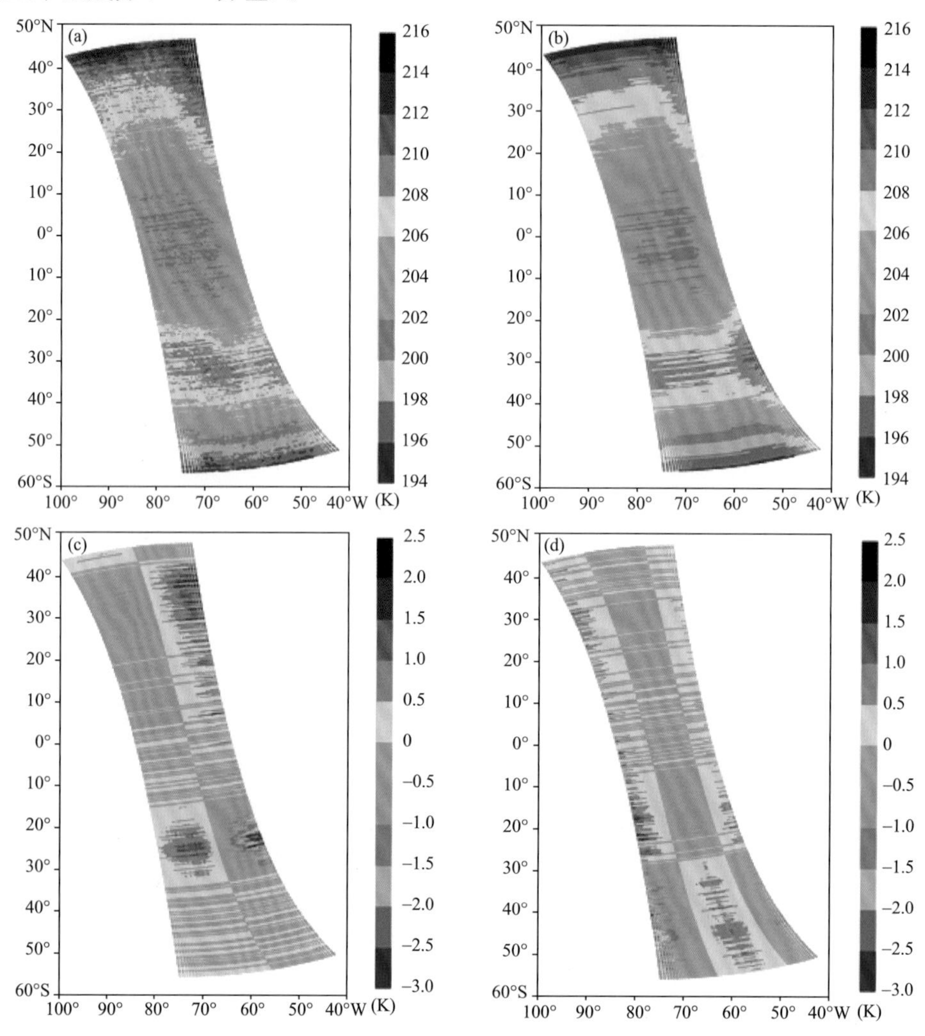

图 7.9 (a)2014 年 1 月 FY-3C MWTS-Ⅱ通道 8(57.29 GHz)在热带地区一条下降轨道的观测亮温的第一(b)、二(c)、和三(d)主成分

图 7.10 是图 7.9 中 MWTS-Ⅱ通道 8(57.29 GHz)观测资料沿着扫描线的天底观测亮温的第一、二和三个主成分 PC 系数。图中显示,高频噪声存在于第一个系数中。

采用 EEMD 方法提取 PC 系数中的条纹噪声。它利用加入噪声的集合数据中的波的极值信息,从最高频率到最低频率依次提取振荡分量。它将数据的时间序列分解为一组模式函数或“固有模式函数”(IMFs)C_m,m=1,2,10,频率增加。

前三个高频 IMFs C_1、C_2 和 C_3 可以从第一个 PC 系数导出。图 7.11 显示了 MWTS-Ⅱ通道 8 观测亮温第一个 PC 系数在第一、第二和第三个 IMFs 沿扫描轨道的变化。图 7.12a—c 显示了分别减去第一个 IMF、前两个 IMF、前三个 IMF 后的第一个 PC 系数。在去除前三个 IMF 后,系数更加平滑。如果我们提取前四个或五个 IMF,系数类似于图 7.9d。在本研究中,只有前三个 IMF 被从原始系数中去除。

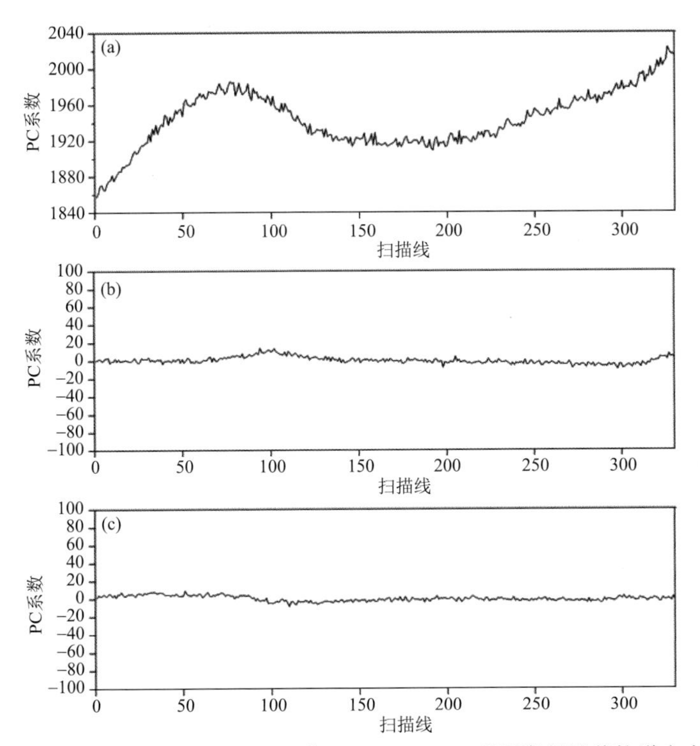

图 7.10　图 7.9 中 MWTS-Ⅱ通道 8(57.29 GHz)观测资料沿着轨道方向的天底观测亮温的第一(a)、二(b)和三(c)个 PC 系数

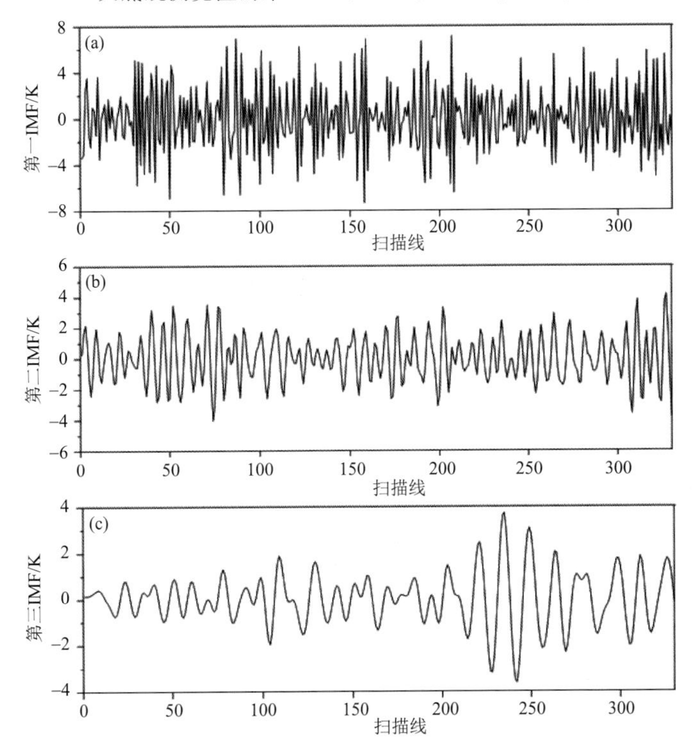

图 7.11　图 7.10 中 MWTS-Ⅱ通道 8(57.29 GHz)观测资料沿着轨道方向的天底观测亮温第一个 PC 系数的第一(a)、二(b)和三(c)个 IMFs

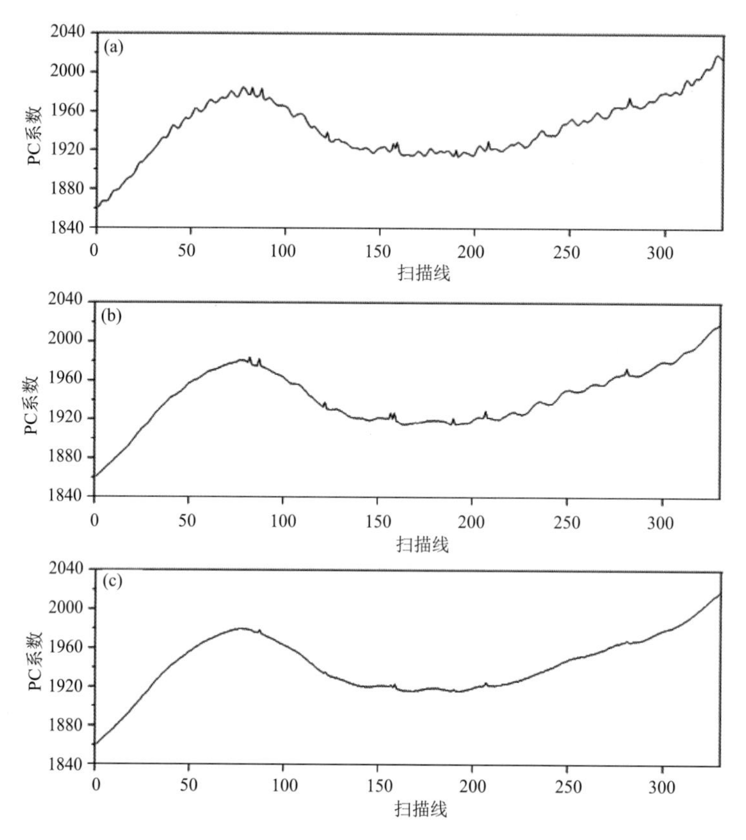

图 7.12　图 7.9 中 MWTS-Ⅱ通道 8(57.29 GHz)观测资料沿着轨道方向的天底观测亮温分别减去(a)第一个 IMF(C_1)、(b)前两个 IMF(C_1+C_2)和(c)前三个 IMF($C_1+C_2+C_3$)后的第一个 PC 系数

图 7.13a 提供了图 7.9 中 MWTS-Ⅱ的通道 8 观测资料的 PC1/IMF3 条纹噪声(即第一个 PC 系数的($C_1+C_2+C_3$))。图中显示噪声沿着扫描方向上是固定的。此外,值得指出的是,第二和第三 PCA 分量还包含一些小尺度的条纹噪声,这种过滤改变了已知扫描位置处的信息(参见图 7.13c 和图 7.14d)。我们也计算了第二、第三个 PCA 分量的条纹噪声。图 7.13b 显示了 MWTS-Ⅱ的通道 8 的(PC1+PC2)/IMF3 条带噪声(即第一和第二 PC 系数的($C_1+C_2+C_3$))。图 7.13c 与图 7.13b 相同,但是是前三个 PC 系数的(PC1+PC2+PC3)/IMF3 条带噪声。如图 7.13b 和图 7.13c 所示,在一条扫描线上计算的噪声值不同。沿着扫描方向上噪声不是恒定的。这些模式可能包含与天气有关的特征。过滤第二个和第三个 PC 系数中的小尺度振荡会平滑天气信号。此外,第二和第三模式的解释方差比解释方差和第一 PC 模式的平均值小得多。基于这些原因,只从数据中提取第一个 PCA 分量中的条纹噪声。

总的来说,根据微波温度计和微波湿度计资料的噪声特点,分别优选了滤波参数。采用 PCA 分解+EEMD 滤除方案解决条纹噪声问题。对 MWTS-Ⅱ的资料分析表明,条纹噪声主要包含在 PCA 分解后的第一个模态的 PC 系数中。其他分量包含天气信号并且解释方差很小。主要处理第一模态的 PC 系数,然后利用第一模态的 PC 系数的极值信息进行 EEMD 分解,提取出高频振荡。对 MWTS-Ⅱ的分析表明,去除前三个模态即可滤除条纹噪声,去除以后的结果见图 7.14。

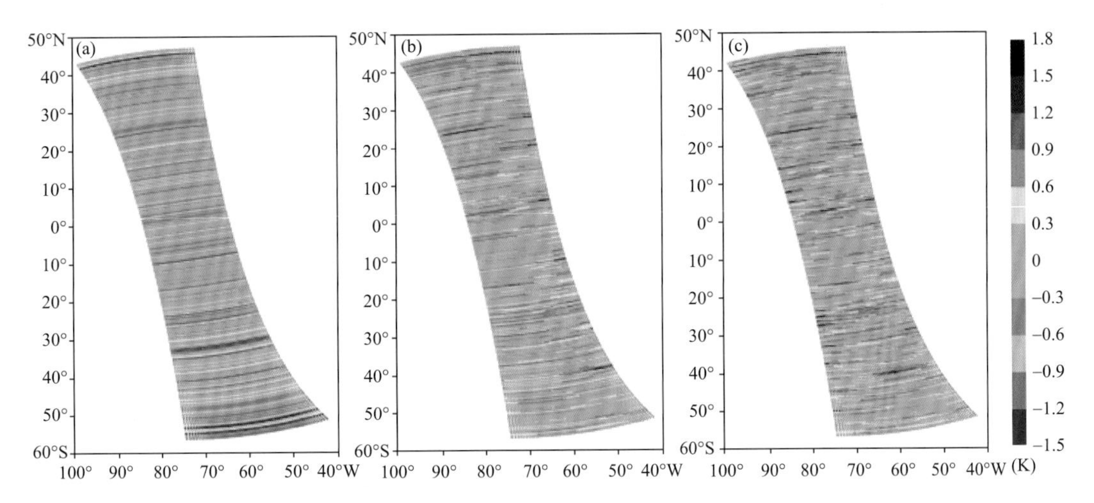

图 7.13　(a)MWTS-Ⅱ的 8 通道观测资料的 PC1/IMF3 条带噪声(即第一个 PC 系数的($C_1+C_2+C_3$))。(b)和(a)相同，但是是第一和第二分量 PC 系数的(PC1+PC2)/IMF3 条纹噪声。(c)和(b)相同，是前三个 PC 系数的(PC1+PC2+PC3)/IMF3 条纹噪声

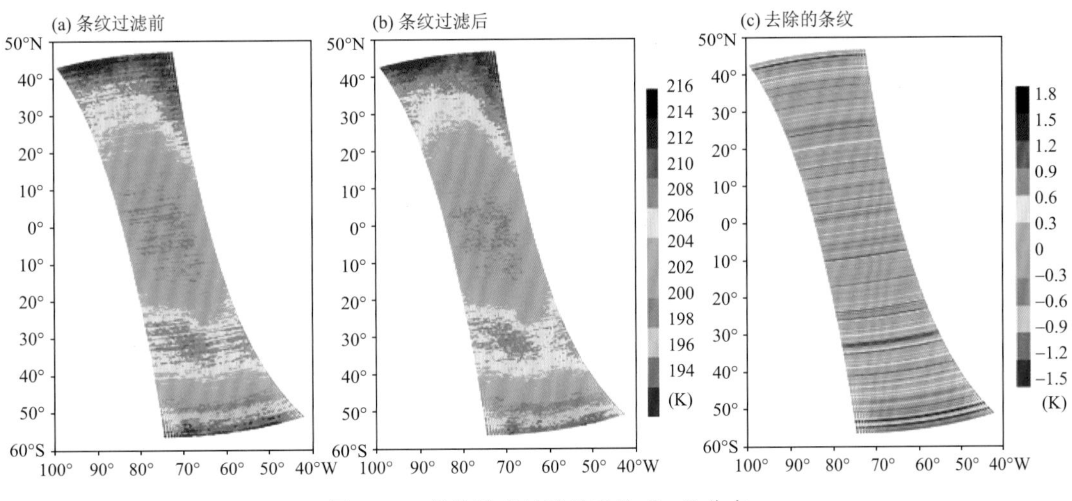

图 7.14　条纹噪声过滤前后的 O－B 分布

FY-3C 的微波湿度计同样存在条纹噪声，基于与 FY-3C MWTS 类似的方法对该噪声进行了订正。利用 NCEP 的 6 h 预报场和辐射传输模式模拟 O－B(观测和背景场模拟的亮温差)，可以清楚看到存在条纹噪声，见图 7.15，分析认为，这种噪声大概率是存在于观测资料中。

采用 PCA 分解＋EEMD 滤除方案解决条纹噪声问题。图 7.16 为两个通道过滤的条纹。

以上条纹噪声情况一般认为是由仪器自身原因引起的，采取必要的预处理方法，已能够较好抑制观测资料数据中的条纹噪声。由图 7.17 可以发现，FY-3B 通道 10 去除的条纹噪声变化区间位于－1～1 K，而 FY-3C 通道 10 的条纹噪声变化区间明显变化，但是偏差较大的像元大大减少。FY-3D 通道 10 的条纹噪声变化区间缩小为－0.4～0.4 K，条纹噪声情况有了极大改善。此外，通过图 7.18 90 hPa 和 180 hPa 通道观测亮温分布图可以发现，FY-3D 条纹比 FY-3C有明显改进。

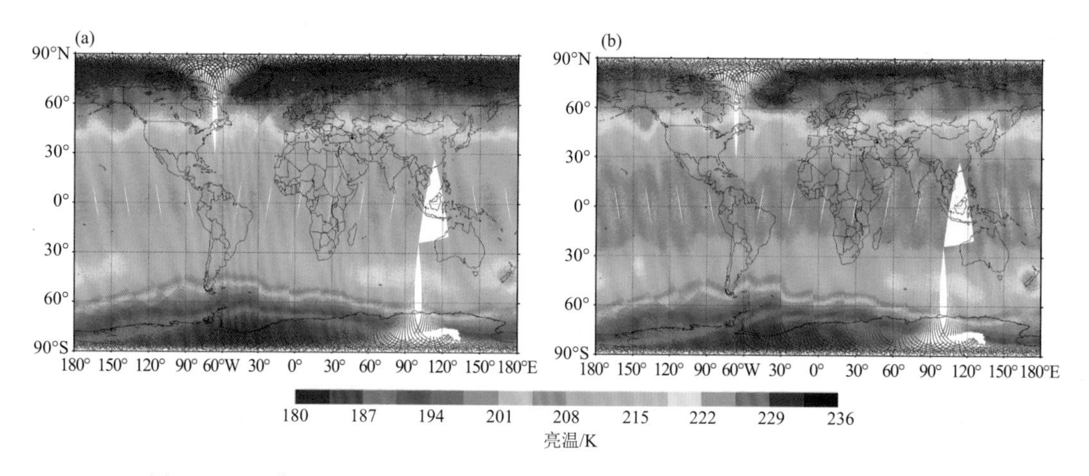

图 7.15　通道 3(118.75 ±0.2 GHz)(a)和通道 4(118.75 ±0.3 GHz)(b)的 O－B (2014 年 7 月 1 日 03:00－15:00 UTC)

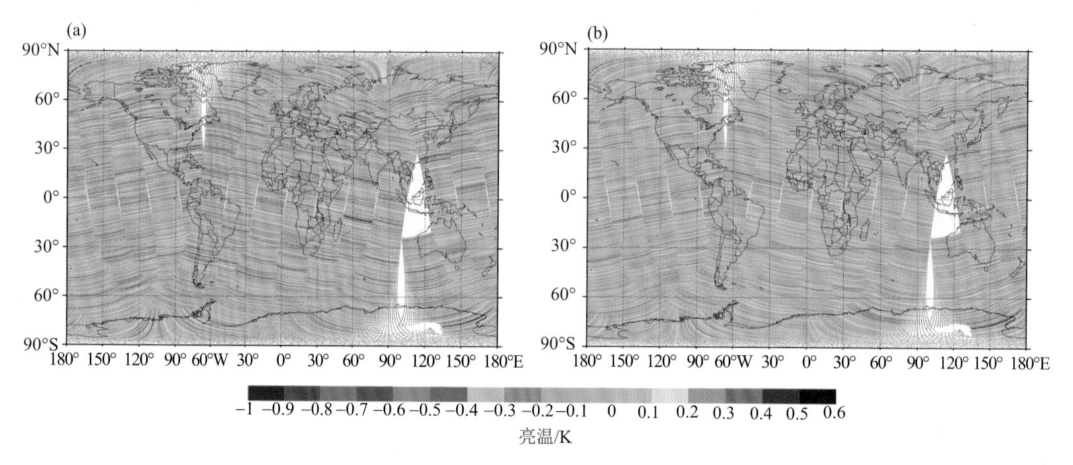

图 7.16　通道 3(118.75 ±0.2 GHz)(a)和通道 4(118.75 ±0.3 GHz)(b) 过滤的条纹(2014 年 7 月 1 日 03:00－15:00 UTC)

7.2　微波温度计资料同化

7.2.1　FY-3A/3B MWTS 资料同化

根据经验表明,微波温度计资料同化产生的预报效能较大,因此,早期 FY-3A/3B 大气探测仪器同化研究工作主要集中在微波温度计 MWTS 上。

国家卫星气象中心关于 FY-3A 微波温度计偏差诊断分析工作表明,频点误差和非线性辐射偏差是 FY-3A MWTS 的主导观测系统偏差。其中,频点偏差通过更新辐射传输模式中通道中心频点修正辐射传输系数订正,而非线性偏差通过在定标方程中调整非线性系数加以订正。图 7.19 为 FY-3A MWTS 仪器参数偏差订正前后与当时的 CMA-GFS 模拟结果的比较,其中蓝色为 FY-3A MWTS 基于设计仪器频点的模拟结果,红色为经频点误差和非线性辐射偏差订正后的模拟结果,可以发现订正后模拟偏差更接近 0,均方根误差也变小了。

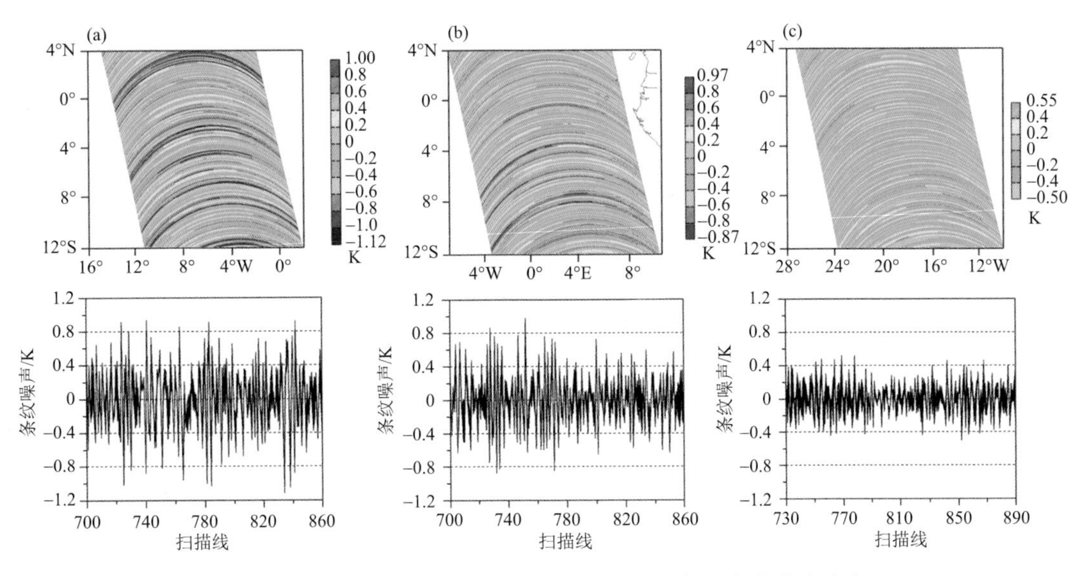

图 7.17　FY-3B(a)/3C(b)/3D(c)MWTS 通道 10 条纹噪声减小

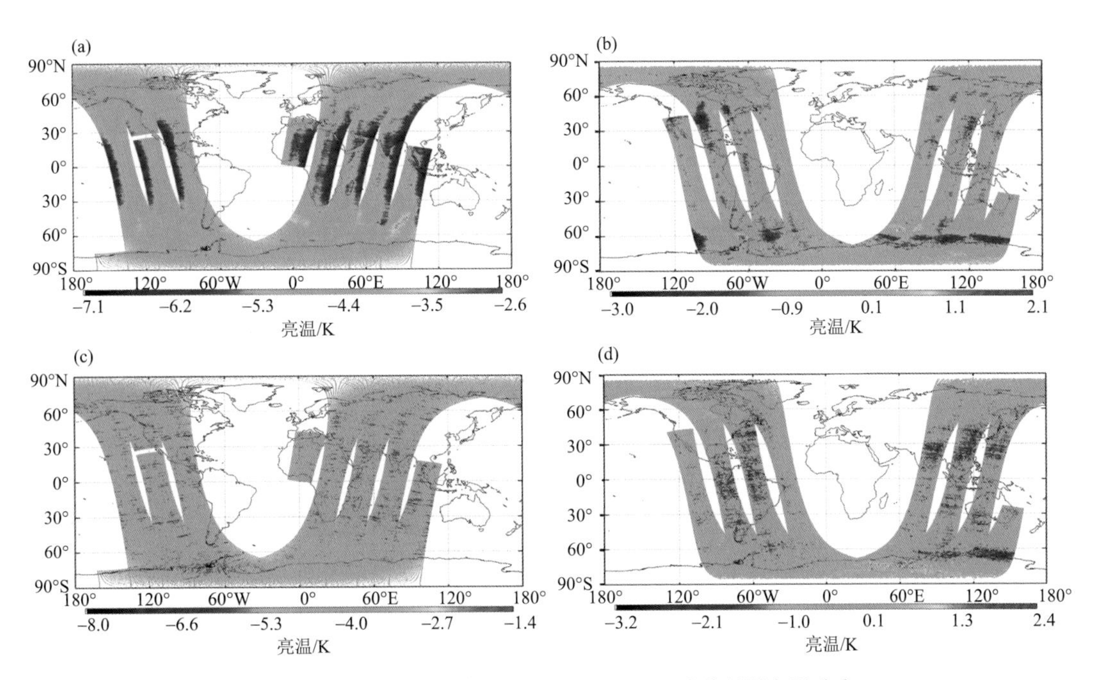

图 7.18　FY-3C/3D 在 90 hPa 和 180 hPa 通道观测亮温分布

(a)90 hPa 2014 年 6 月 28 日 06:00 UTC,(b)90 hPa 2019 年 3 月 15 日 06:00 UTC,
(c)180 hPa 2014 年 6 月 18 日 06:00 UTC,(d)180 hPa 2019 年 3 月 15 日 06:00 UTC

由图 7.20 可见,FY-3A MWTS 除通道 2 外,通道 3 和 4 经频点误差和非线性辐射偏差订正后,数据观测模拟偏差的标准差相对于当时 CMA-GFS 系统的模拟偏差标准差均有明显改进。当时同化系统的辐射模拟偏差订正算法可对模拟偏差进行较好订正。

为检验偏差订正后数据的同化效果,基于 FY-3A MWTS 在 2009 年 6—8 月期间数据设计了两组 CMA-GFS 循环同化试验。方案 1:利用地面测量中心频点生成的透过率系数+未经非线性

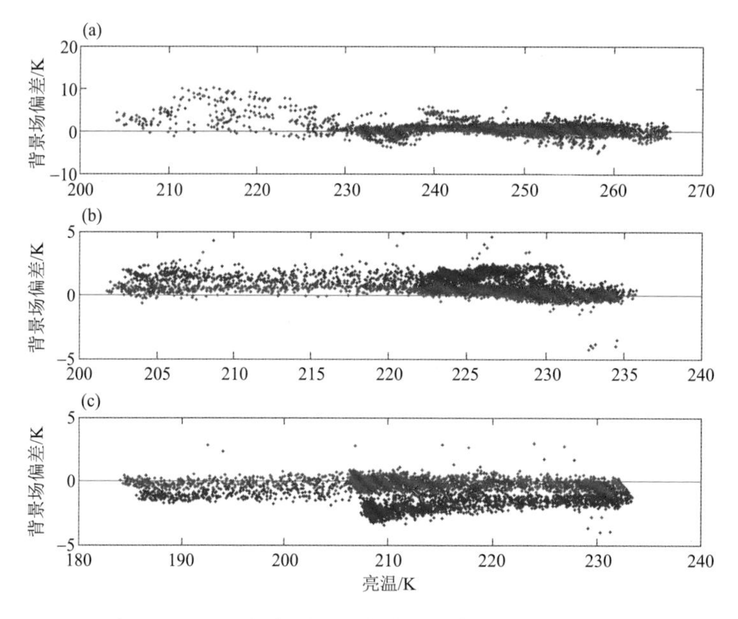

图 7.19 FY-3A MWTS 通道 2～4(a—c)频点误差和非线性辐射偏差订正前后，模拟偏差随亮温的分布情况

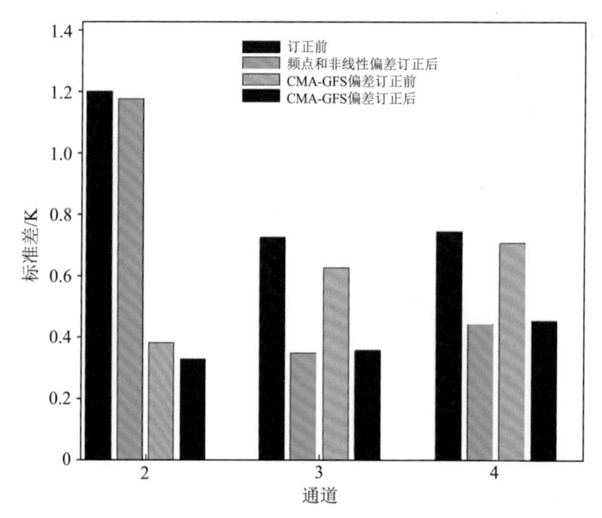

图 7.20 FY-3A MWTS 通道 2～4 经频点误差和非线性辐射偏差订正后，观测模拟偏差统计特征

辐射偏差订正数据；方案 2：经频点偏差订正后新生成透过率系数＋非线性辐射偏差订正数据。结果表明：引入以上订正后，CMA-GFS 循环同化系统的模拟偏差统计特征得到稳定改进，通道 3 整体平均偏差从 0.8 K 改进到 0 K 附近，模式同化用资料平均偏差从 0.4 K 改进到 0 K 附近，整体标准差从 0.5 K 降低到 0.3 K，同化用资料标准差从 0.4 K 降低到 0.2 K，详见图 7.21；通道 4 整体平均偏差从－0.8 K 改进到－0.6 K 附近，模式同化用资料平均偏差从－0.05 K 改进到 0 K 附近，整体标准差亦略有降低，同化用资料标准差从 0.25 K 降低到 0.2 K，详见图 7.22。

进一步预报试验表明，在全球 CMA-GFS 系统中 FY-3A MWTS 资料的同化可以改善系统的分析和模式预报。预报异常相关系数(ACC)结果表明，有效预报天数提高 0.17。如果以 0.7 作为基准，预报相关系数从 0.7 提高到 0.72，预报场精度改进达 2%以上，见图 7.23。

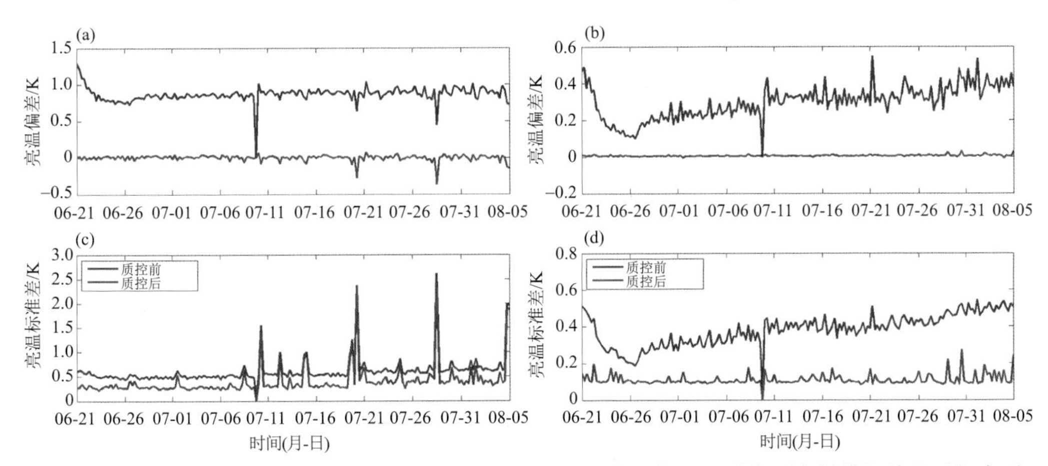

图 7.21　循环同化 FY-3A MWTS 资料后，通道 3 同化中使用资料和质控后资料模拟偏差时间序列

(a)质控后资料的平均偏差，(b)同化中使用资料的平均偏差，(c)质控后资料的标准差；

(d)同化中使用资料的标准差

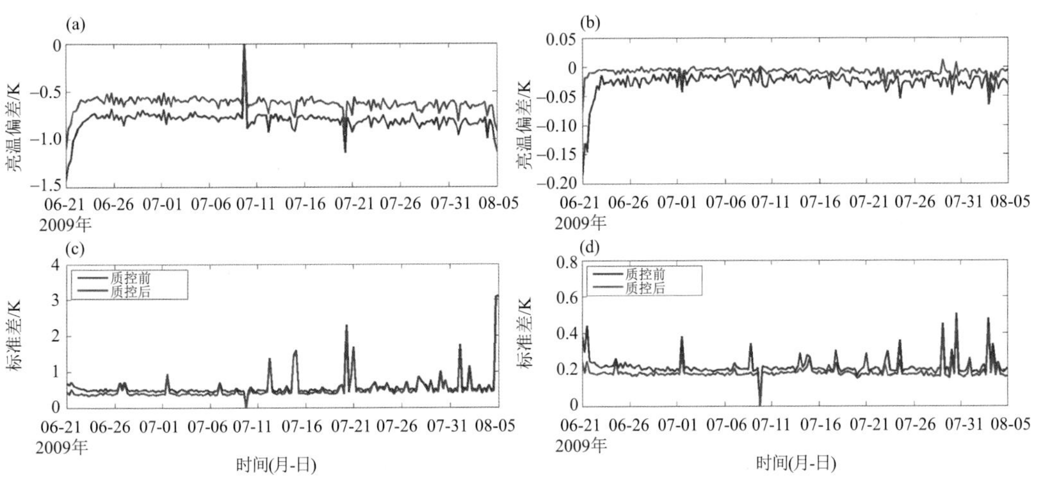

图 7.22　循环同化 FY-3A MWTS 资料后，通道 4 同化中使用资料和质控后资料模拟偏差时间序列

(a)质控后资料的平均偏差，(b)同化中使用资料的平均偏差，(c)质控后资料的标准差，

(d)同化使用资料的标准差

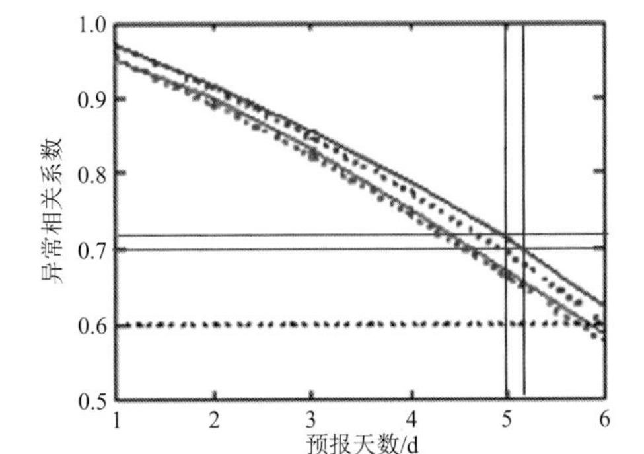

图 7.23　同化预报影响试验

(红色虚线：常规资料＋MWTS 方案 1，红色实线：常规资料＋MWTS 方案 2，

蓝色虚线：所有卫星资料＋MWTS 方案 1，蓝色实线：所有卫星资料＋MWTS 方案 2)

利用订正后的FY-3A MWTS数据，检验评估CMA-GFS模式对台风预报的影响。选取2011年7月的“马鞍”台风个例，开展微波温度计的同化影响试验，第一组试验为常规资料＋MWTS方案1，第二组为常规资料＋MWTS方案2。批量试验表明，同化订正后的MWTS资料可以改善系统的分析和模式预报，该资料的应用总体改善了“马鞍”台风的路径预报，在台风登陆前(136°E以西)，同化订正后的MWTS数据的方案2相对于同化未订正数据的方案1，台风路径预报误差改进50%，见图7.24。

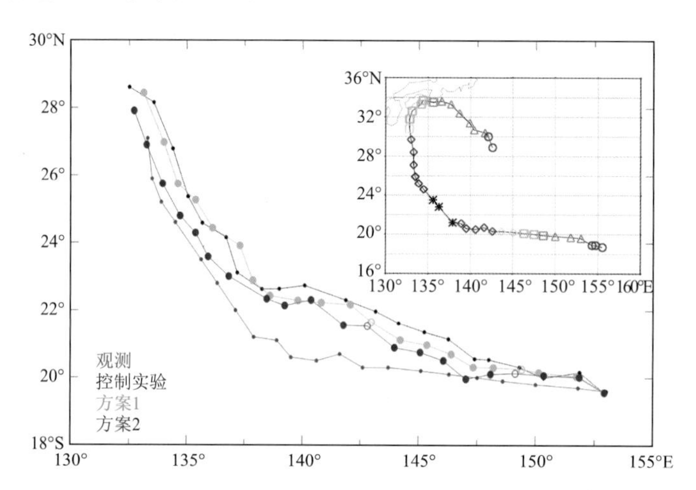

图7.24 “马鞍”台风的观测路径(best track)以及不加MWTS的控制实验(CTRL)，分别采用方案2(常规资料＋MWTS偏差订正方案)，方案1(常规资料＋MWTS未偏差订正方案)所做的路径预报结果

在FY-3B MWTS业务预处理软件中植入了类似于FY-3A MWTS的频点测量误差和非线性辐射偏差订正模块，因此，对于FY-3B MWTS而言，这两类误差已不是主导误差，而随扫描位置变化的扫描角偏差是主导误差(已在4.2.3节介绍，见图4.14和图4.15)。进一步同化FY-3B MWTS得到了与FY-3A类似的结果。FY-3A/3B MWTS在CMA-GFS模式中的同化研究表明，同化FY-3A/3B MWTS资料能够改善台风的路径预报，如前文所述对“马鞍”台风路径预报误差改进50%。在全球CMA-GFS系统中FY-3A MWTS资料的同化可以改善系统的分析和模式预报，预报异常相关系数结果表明，对于5 d的预报时效，如果以0.7作为基准，预报场精度改进达2%以上。

根据经验表明，MWTS资料同化产生的预报效能最大，因此，当时CMA-GFS同化系统的研究重点主要集中在微波温度计上。但非常遗憾的是，FY-3A/3B星在尚未完全进入CMA-GFS模式业务运行之前已不能继续服务，进而未能最终实现在CMA-GFS模式系统中的业务同化。

7.2.2 FY-3C/3D MWTS资料同化

从FY-3C之后，国家卫星气象中心开发的观测偏差订正、质量标志码等算法已在L1级数据处理中实现了业务运行，业务数据由国家气象信息中心发布，CMA-GFS模式的同化研发在此基础上开展。

针对同化应用的资料预处理算法建立了FY-3C/3D的微波温度计资料在全球CMA-GFS系统中的观测算子及相应的伴随算子，并进行了正确性检验，见图7.25。此外，还针对MWTS的资料特点，研究晴空条件下资料的通道选择、质量控制、降水云检测、偏差订正以及观测误差协方差估计等关键技术。

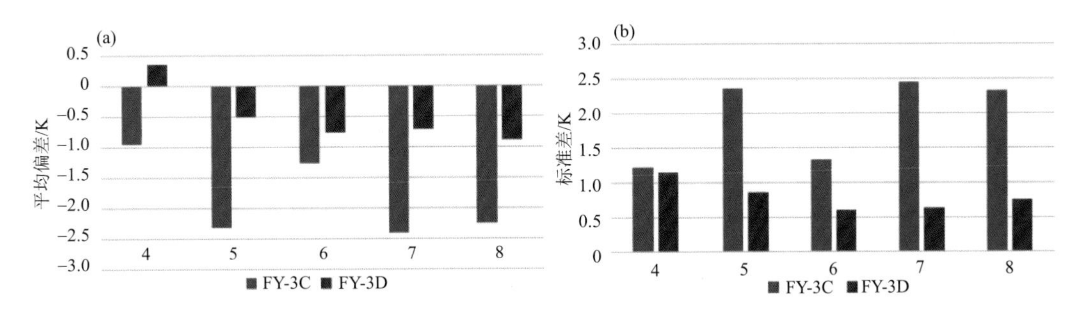

图7.25　FY-3C/3D MWTS观测偏差标准差直方图

（FY-3C数据采用2014年6月28日—7月7日，FY-3D数据采用2019年3月15—24日）

评估结果显示FY-3C观测偏差均值在2 K左右，而FY-3D在1 K以内；FY-3C观测偏差的标准差达到2 K以上，而FY-3D则小于1 K。这一方面是由于仪器的改进，另一方面也是由于观测资料偏差订正发挥了积极的作用。

在CMA-GFS全球数值预报模式的常规资料中加入FY-3C/3D MWTS（分别见图7.26和图7.27）。FY-3C MWTS资料的加入，对南、北半球、热带和东亚等区域的高度场、温度场、风场均有正向改进效果，其中200 hPa以上高度场平均改进2 gpm；而FY-3D MWTS资料的加入，不仅改进了分析场高层的预报效果，还缩小了预报场的异常，对8 d左右的预报有接近1%的改进。

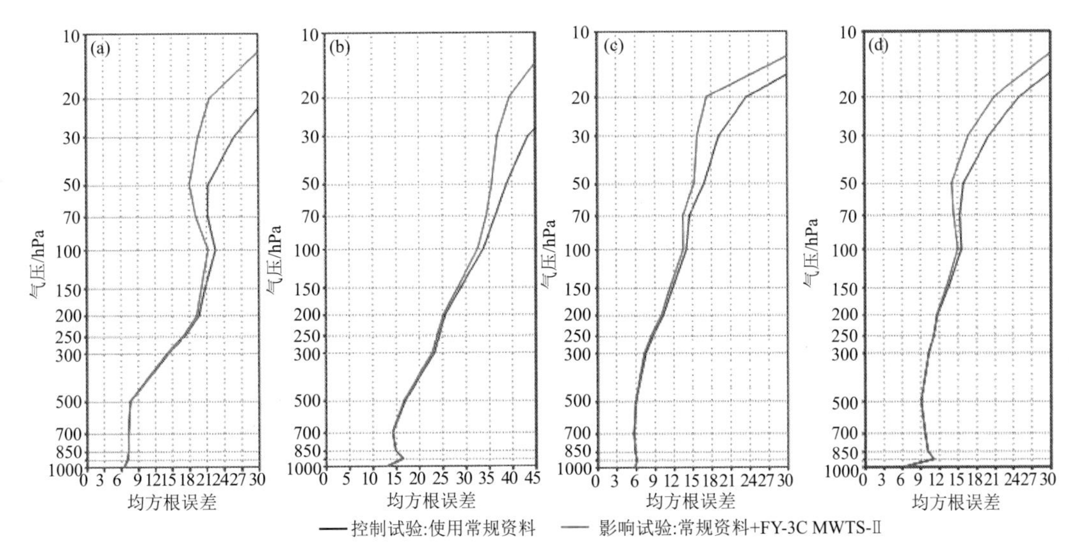

图7.26　常规资料基础上增加FY-3C MWTS-Ⅱ资料（2014年7月1—20日）

得到的分析场与NCEP分析场高度场差异的均方根误差

(a)北半球，(b)南半球，(c)赤道地区，(d)东亚地区

7.3　微波湿度计资料同化

FY-3C装载了3个被动微波遥感载荷（MWRI、MWTS-Ⅱ和MWHS）。FY-3C的MWHS

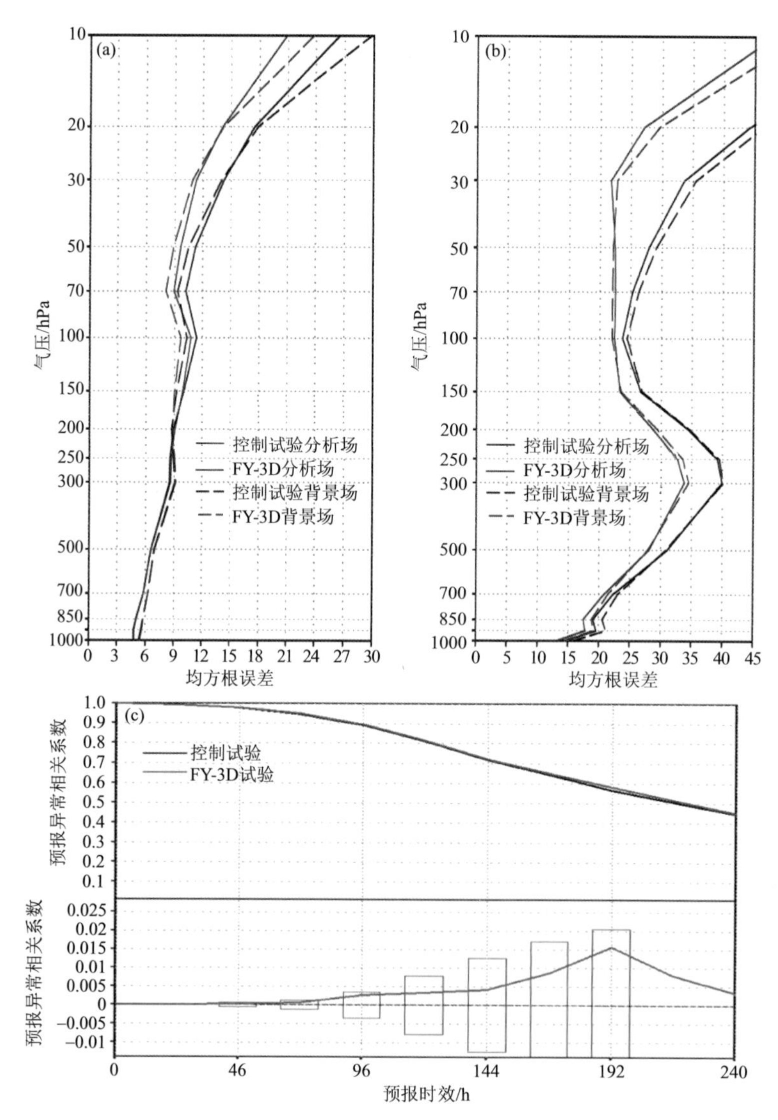

图 7.27 常规资料基础上增加 FY-3D MWTS-Ⅱ资料(2019 年 3 月 15 日—24 日)得到的 CMA-GFS 分析场与 NCEP 分析场差异的均方根误差

(a)分析场差异北半球结果,(b)分析场差异南北球结果,(c)预报异常相关系数

在原探测频点附近(50～60 GHz 和 183 GHz)细化增加通道数量的基础上,同时增加了 118 GHz 氧气探测频点(8 个探测通道),提升对流层上部大气温度廓线的探测精度,提升 FY-3C 业务星的大气探测能力。

在 118 GHz 探测频点附近设置了 8 个通道,各通道的频率、热灵敏度(NEDT)等见表 7.2。发射后的 NEDT(single sample)为 0.5～1 K。

在对数据进行评估、去条纹、偏差订正、质量控制后,将 FY-3C MWHS 的数据应用于全球 CMA-GFS 同化系统中。其中针对 118 GHz 资料采取更新后的质量控制方案(表 7.3),在 CMA-GFS 中的同化影响试验表明,FY-3C MWHS 的 118 GHz 水汽探测通道资料的同化应用能改善水汽分析场(2016 年 2 月 10—24 日)。

表 7.2　FY-3C 的 118 GHz 资料的通道特征

通道	频率/GHz	加权函数峰质高度/hPa	设计 NEPT/K	光束亮度/°
1	89.0	地表	1.0	2.0
2	118.75±0.08	29.72	3.6	2.0
3	118.75±0.2	75.65	2.0	2.0
4	118.75±0.3	103.5	1.6	2.0
5	118.75±0.8	265.0	1.6	2.0
6	118.75±1.1	356.5	1.6	2.0
7	118.75±2.5	地表	1.6	2.0
8	118.75±3.0	地表	1.0	2.0
9	118.75±5.0	地表	1.0	2.0

表 7.3　118 GHz 资料的质量控制方案

变量		通道 3	通道 4	通道 5	通道 6
陆地	$z>500$ m	√	√	√	√
	$z\leqslant500$ m	√	√	√	√
海洋	SST>273.15 K	√	√	√	√
	SST≤273.15 K	√	√	√	√

在常规资料中加入 FY-3C MWHS 118 GHz 资料后，对北半球、南半球、热带和东亚等区域的预报有改进，且在高层效果更为明显，见图 7.28。连续试验的结果也表明，同化 FY-3C MWHS 118 GHz 资料对高层参量有一定的改善作用，见图 7.29。

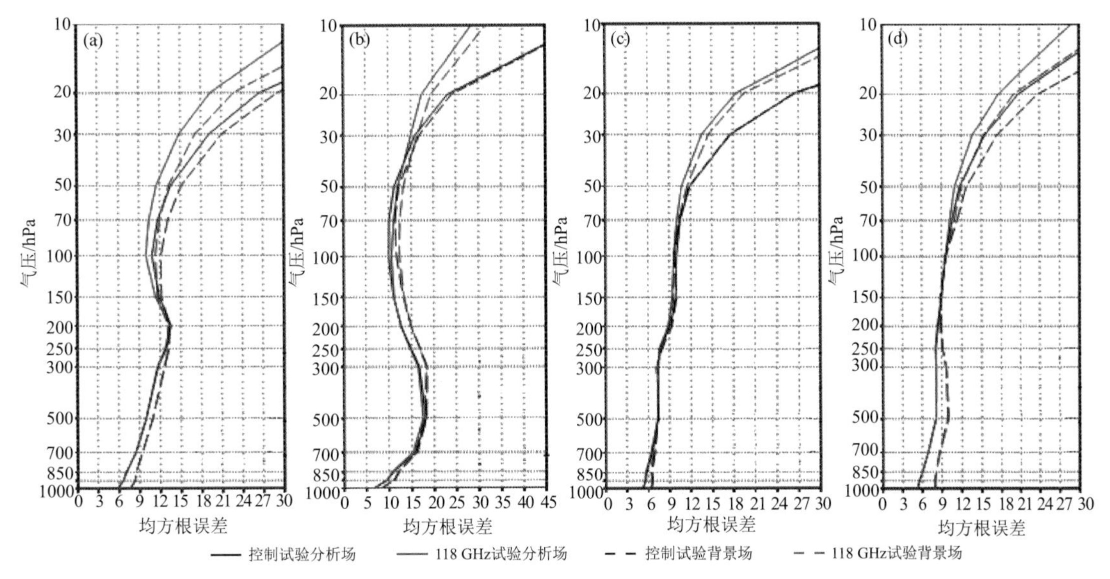

图 7.28　在常规资料基础上增加 118 GHz 资料对高度场的影响(2016 年 2 月 10—24 日的平均 RMS)
(a)北半球，(b)南半球，(c)赤道地区，(d)东亚地区

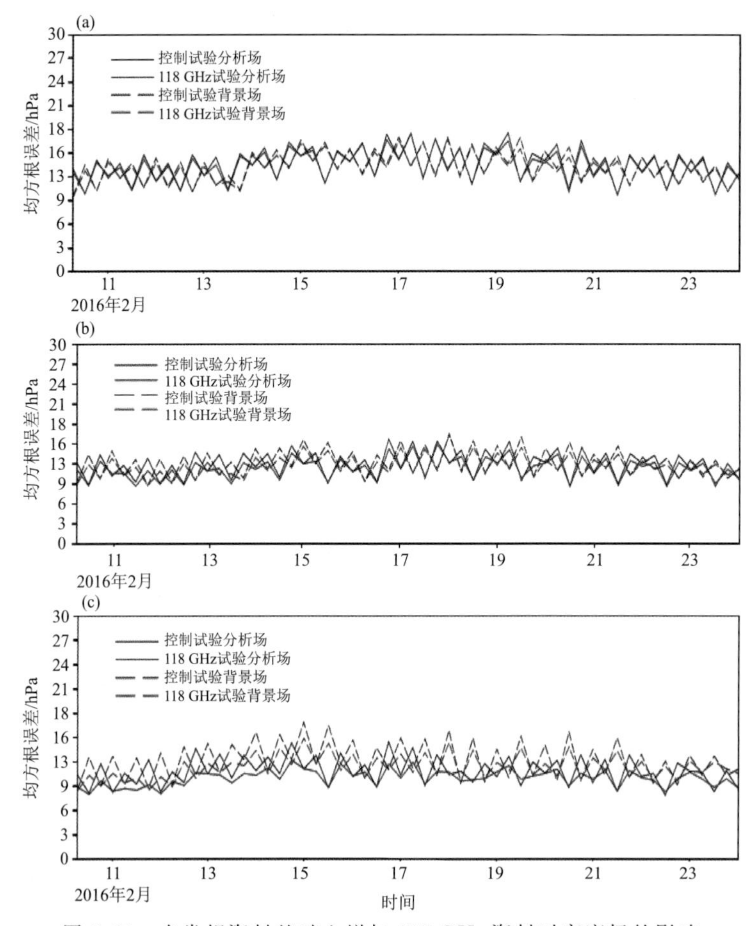

图 7.29 在常规资料基础上增加 118 GHz 资料对高度场的影响

(a)200 hPa,(b)150 hPa,(c)100 hPa 的 2016 年 2 月 10—24 日逐日均方根误差

在全球 CMA-GFS 同化系统中研发了 FY-3 MWHS-Ⅱ 183 GHz 的同化算法。在常规资料基础上增加 FY-3C MWHS-Ⅱ 183 GHz 资料,同化试验结果表明能够一定程度改善水汽场偏差(图 7.30)。在常规资料基础上增加 FY-3C/3D MWHS,对位势高度场的预报改进较小,总体为中性偏正(图 7.31 和图 7.32)。

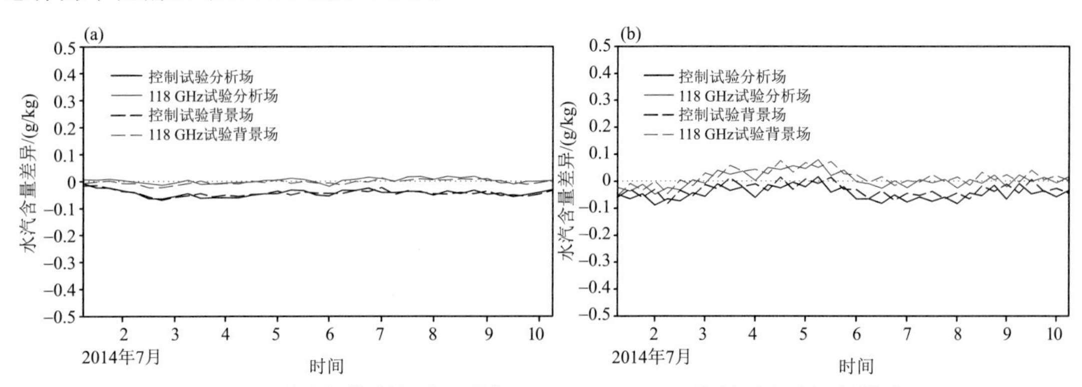

图 7.30 在常规资料基础上增加 MWHS 183 GHz 资料对水汽场的影响

(a)南半球,(b)北半球

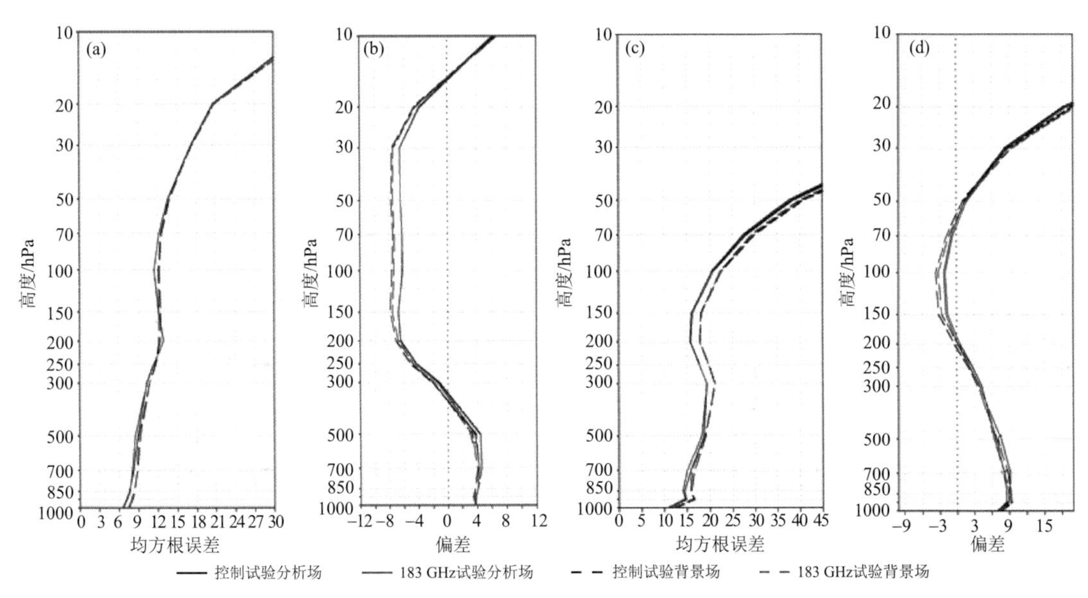

图 7.31 在常规资料基础上增加 FY-3C MWHS 183 GHz 资料对高度场的影响

(a)北半球均方根差,(b)北半球偏差,(c)南半球均方根差,(d)南半球偏差

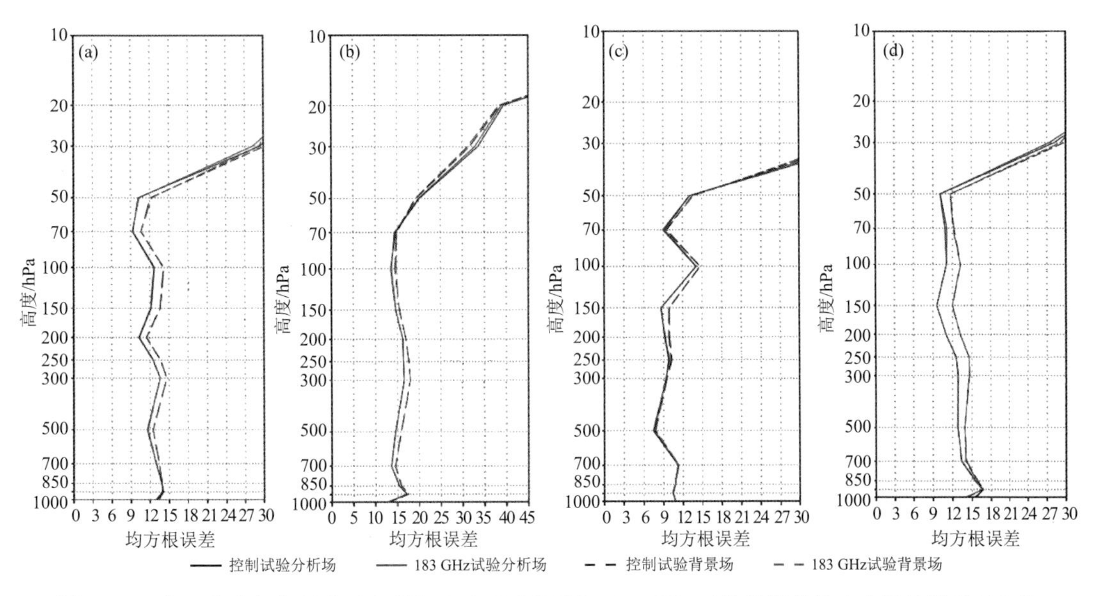

图 7.32 在已有业务资料基础上增加 FY-3D MWHS 183 GHz 对分析场总体为中性效果(201807)

(a)北半球,(b)南半球,(c)赤道地区,(d)东半球

7.4 微波成像仪的同化研究

在 CMA-GFS 全球四维变分同化系统中初步搭建了 FY-3C/3D 微波成像仪(MWRI)的同化平台,构建了质量控制模块,从异常因素、天气因素、地形因素、人为因素 4 个方面,剔除不合理的观测值,对 MWRI 观测资料进行诊断和评估,结果显示资料合理可用。

为了检验同化 MWRI 对于 CMA-GFS 模式预报的影响,设计了四组同化试验,其中,方案

1 为控制试验，即目前业务系统；方案 2 为同化 FY-3C MWRI 的试验；方案 3 为同化 FY-3D MWRI 的试验；方案 4 为同化 FY-3C/3D MWRI 的试验。图 7.33 为分析场比湿的改进，其中黑线表示控制试验的结果，红线、蓝线和绿线分别为方案 1、2、3 的结果。整体而言，同化 MWRI 对 600 hPa 以下比湿均有较明显改进。同时同化 FY-3C/3D MWRI 的效果优于同化单个仪器的效果，南半球效果比北半球更显著。对于 850 hPa 位势高度的预报异常相关系数也有明显改进，见图 7.34。综合评分结果显示，同时同化 FY-3C/3D MWRI 对南半球的预报场参数呈现正效果（图 7.35）。目前，FY-3D MWRI 已经在 CMA-GFS 模式中业务同化。

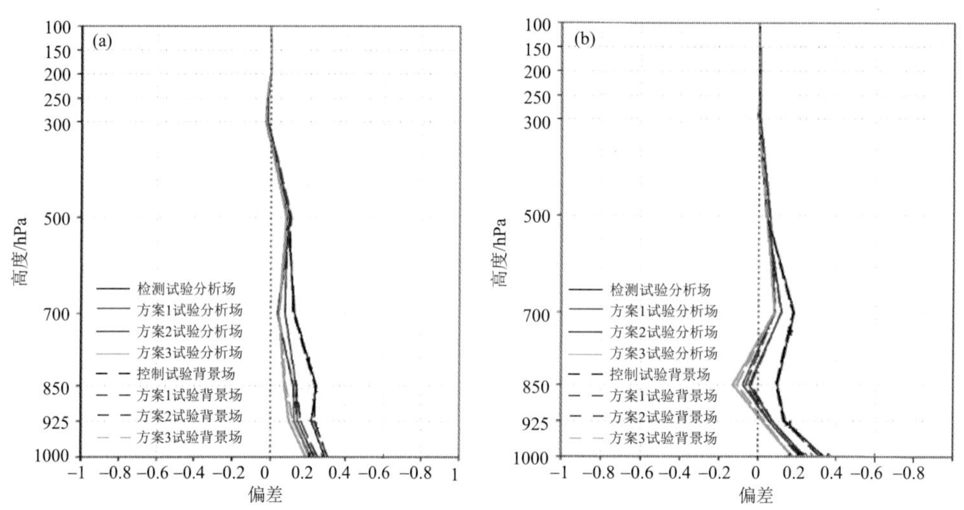

图 7.33 在已有业务资料基础上增加 FY-3C/3D MWRI 对分析场比湿的改进情况（2018 年 7 月 25—8 月 25 日）(a)北半球，(b)南半球

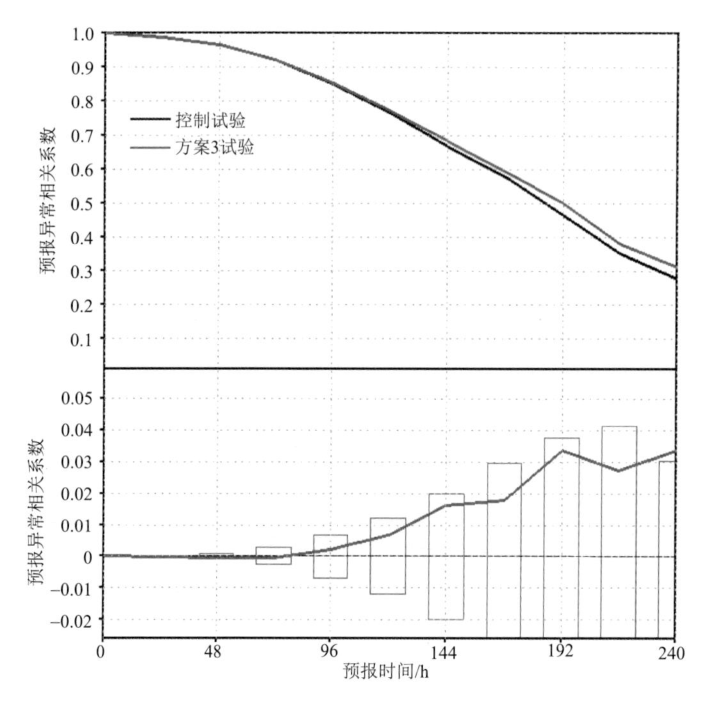

图 7.34 在已有业务资料基础上增加 FY-3D MWRI 对预报场位势高度的改进情况（2018 年 7 月 25—8 月 25 日）

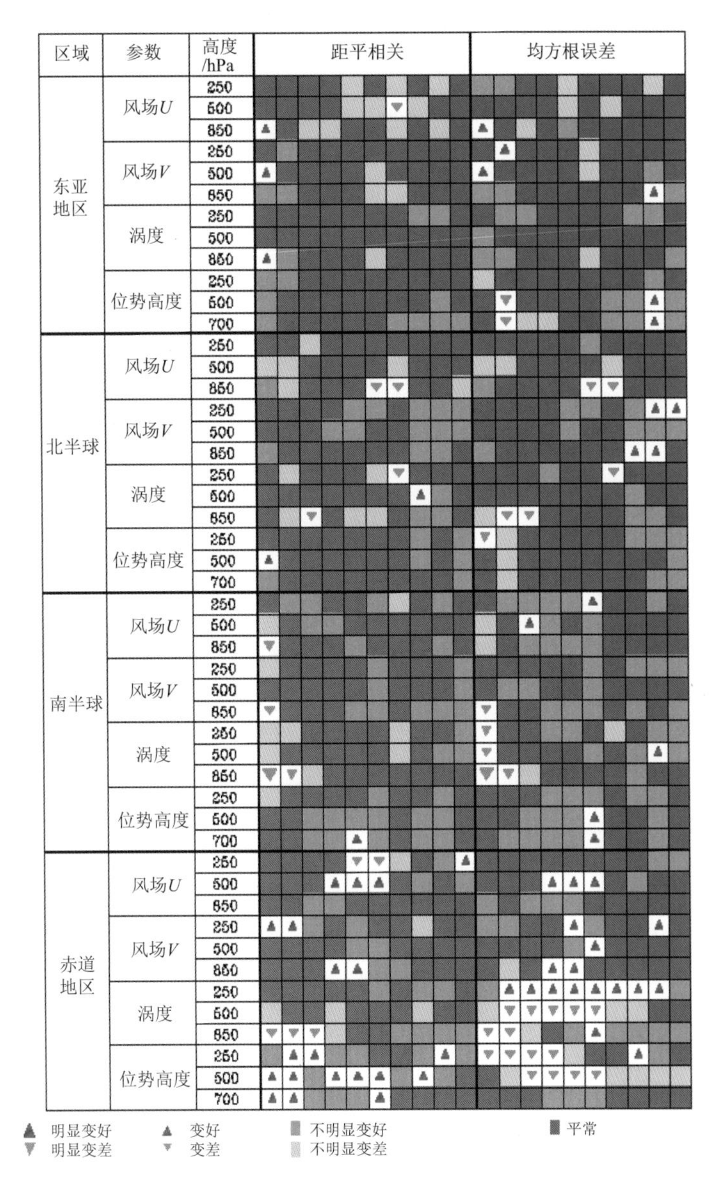

图 7.35　在已有业务资料基础上增加 FY-3D MWRI 总体为正效果(2018 年 7 月)

7.5　红外高光谱探测仪资料同化

针对 HIRAS 数据特点发展了云检测、偏差订正、质量控制等关键技术方案，并以全球 CMA-GFS V2.4/3.0 为平台，完成了所需的数据切趾、视场选择、通道选择等同化技术研发，选出高质量的 HIRAS 观测数据用于同化分析，其中分析表明 HIRAS 的 4 个视场辐射精度不一致，其中视场 2、3 的精度低于视场 1、4，因此在同化应用中选用视场 1、4 的数据(图 7.36)。

设计了同化常规观测的试验为控制试验，进行了同化 HIRAS 数据的观测影响试验。结果显示，同化 HIRAS 可以较为显著地限制误差增长，特别是南半球效果显著，HIRAS 对分析质量有正贡献(图 7.37，图 7.38)。而在设计的业务系统试验作为控制实验时，由于系统中已

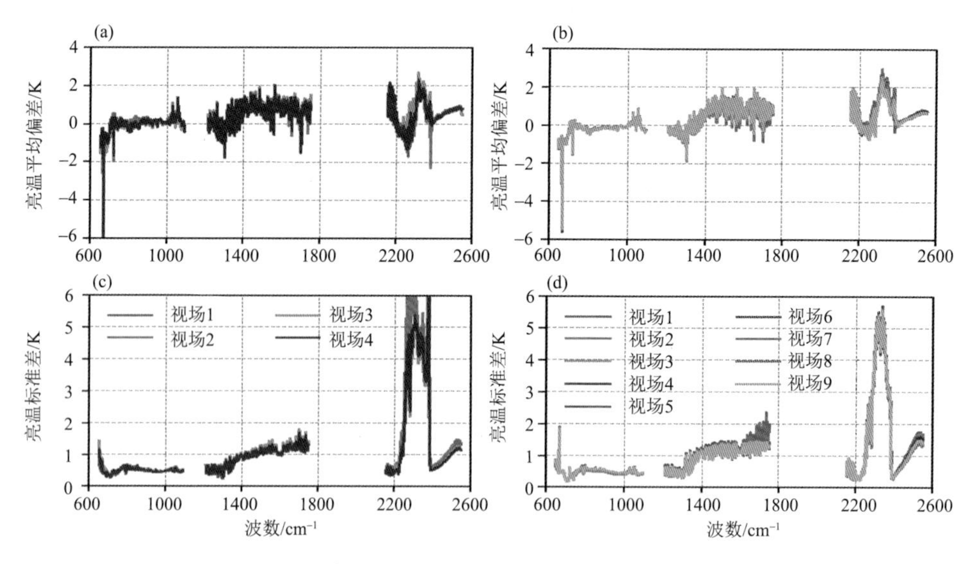

图 7.36　HIRAS 亮温 O−B(a,c)和 CrIS 亮温 O−B(b,d)的对比图

同化了包括 MetOp-A/B IASI 和 Aqua AIRS 等高光谱红外大气探测资料，同化 HIRAS 的贡献已不易显示出来，只有在高层略有正效果，总体为中性效果，见图 7.39。

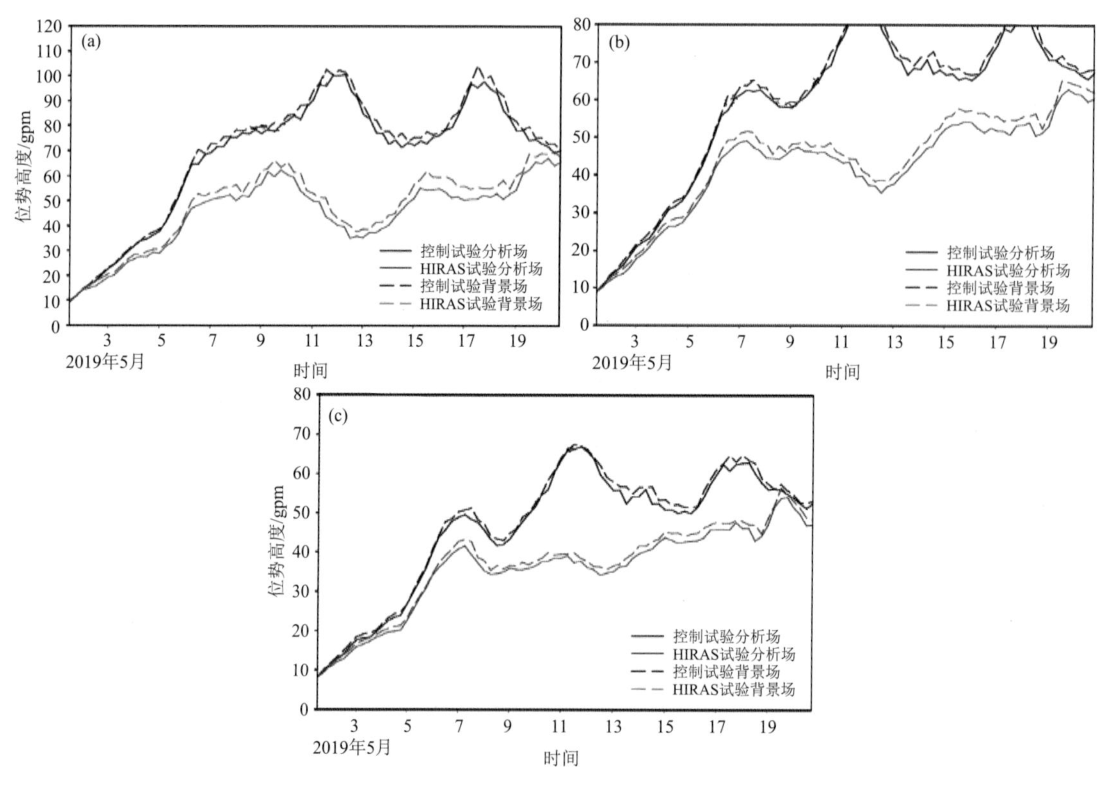

图 7.37　2019 年 5 月 1—20 日南半球位势高度标准差随时间演变

(a)200 hPa,(b)500 hPa,(c)700 hPa

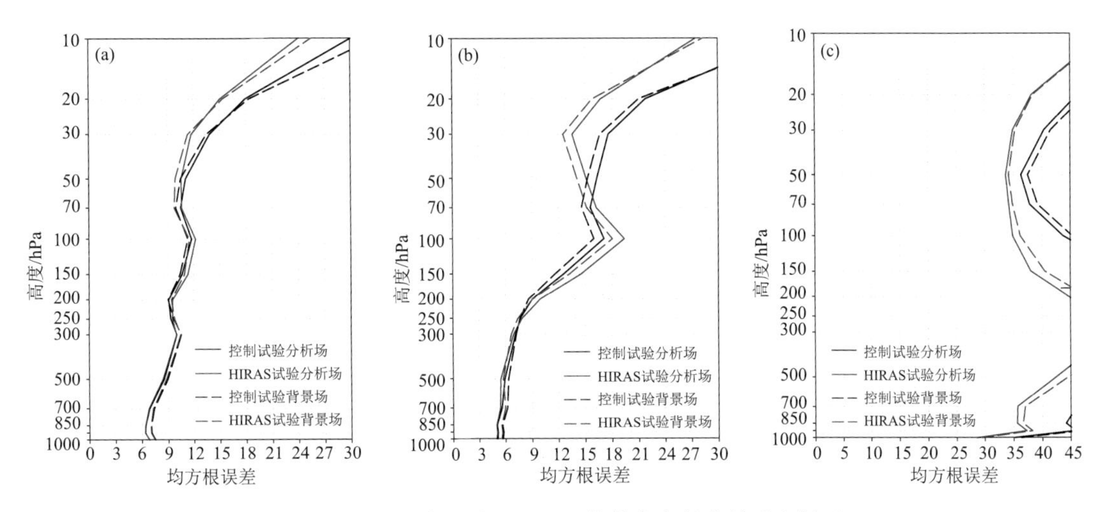

图 7.38　2019 年 5 月 1—20 日位势高度标准差垂直剖面
(a)北半球,(b)赤道地区,(c)南半球

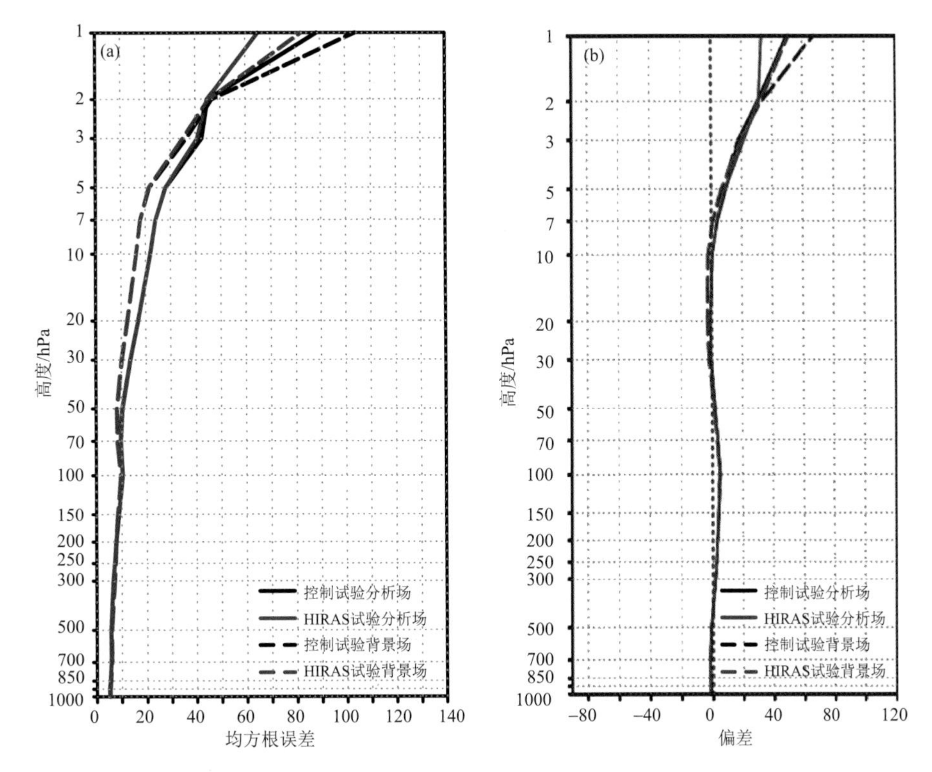

图 7.39　在全部观测资料基础上增加 FY-3D HIRAS 对预报场位势高度的改进情况(2019 年 5 月 1 日—6 月 1 日)

7.6 国外同化应用进展情况

从 2008 年起，国家卫星气象中心联合中国气象局地球系统数值预报中心开展风云卫星资料在 CMA-GFS 中同化应用的联合攻关。在国内合作的良好基础上，2008 年底，国家卫星气象中心联合中国气象局地球系统数值预报中心与欧洲中期天气预报中心及英国气象局，就风云气象卫星数据资料同化应用开展了十余年的连续合作，形成了四方会谈机制（图 7.40）。早期与 ECMWF 合作将 FY-3A/3B 的四个仪器，即 MWTS-Ⅰ、MWHS-Ⅰ、IRAS（晴空资料同化方式）和 MWRI（全天空同化方式）在欧洲中心预报系统（ECMWF-IFS）中同化评估；2010 年，针对 FY-3 微波探测仪的观测系统偏差开展了基于变分订正算法的工作，订正后的 FY-3A/3B 微波资料的数据质量与国际同类仪器相当，该方法也适用于欧美同类仪器。经过国内和国际业务科研团队的联合攻关，实现了 FY-3A/3B 的 MWTS 资料的业务同化需求，正式进入 ECMWF-IFS 业务同化，虽然业务同化不久仪器相继失效，但却为联合工作的进一步开展起到了非常好的示范作用。同时，国际合作团队开始联合攻关 MWHS 资料的同化评估，经过 3 a 的业务监测评估，FY-3B MWHS 于 2014 年 9 月正式进入 ECMWF-IFS 业务同化。2016 年上半年，ECMWF 和 UKMO 陆续同化了 FY-3C MWHS 和 GNOS 资料；2019 年后，他们陆续同化了 FY-3D 的 MWHS、MWTS、MWRI 和 GNOS，并对 HIRAS 进行业务评估。

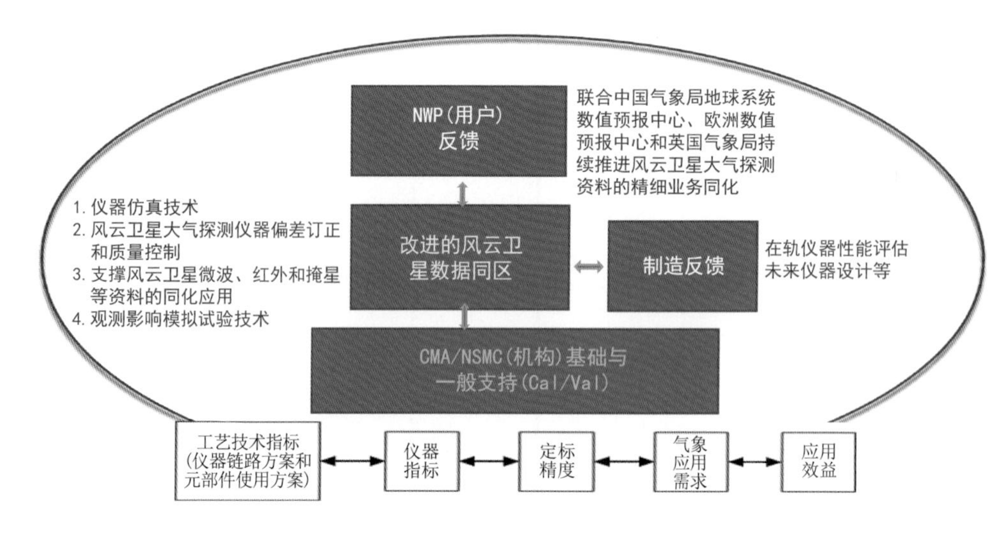

图 7.40　风云卫星同化技术联合攻关机制

图 7.41 给出的是 ECMWF 预报系统中全天候同化 FY-3D MWHS 资料的结果：在大部分地区对 2 d 内预报有显著的正效果；在赤道地区对 4 d 内预报有显著的正效果。

UKMO 评估了 FY-3D 的三个微波遥感仪器，MWTS-Ⅱ、MWHS-Ⅱ和 MWRI 的数据质量，结果表明：FY-3D 的三个微波载荷的观测数据质量较之 FY-3C 均有提高，与国外同类先进仪器（NOAA-20 的 ATMS 和 GPM 上的 GMI）的观测模拟偏差特征更为接近。为了评估 FY-3D 微波资料对 UKMO 预报系统的同化影响，设计了如下同化影响对比实验：

（1）控制实验（目前业务系统）；（2）同化 FY-3D MWHS-Ⅱ通道 11～15（实验 1）；（3）同实验 1 并增加同化 FY-3D MWTS-Ⅱ通道 4～13（实验 2）；（4）同实验 1 并增加同化 FY-3D

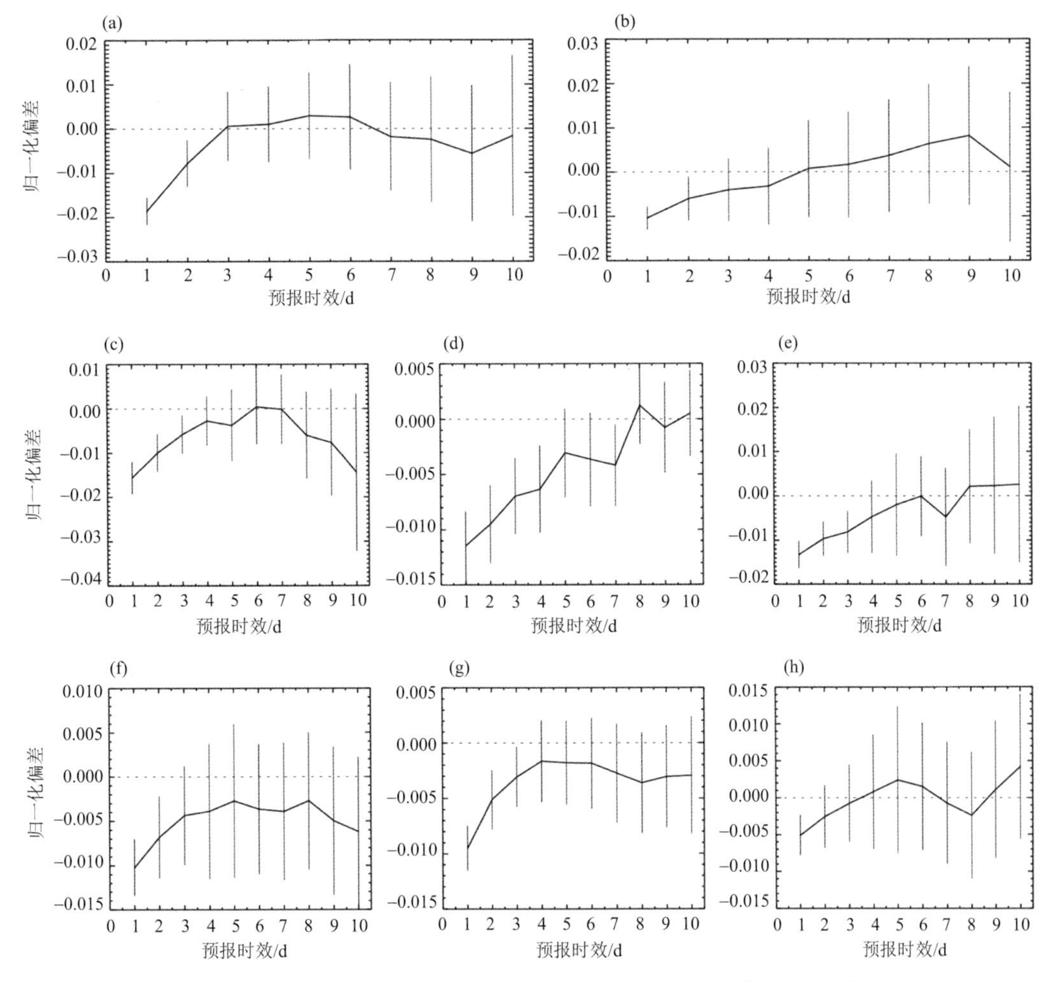

图 7.41　在 ECMWF 模式中同化 FY-3D MWHS 全天候资料对不同区域位势高度、温度和整层水汽含量预报偏差的影响

(a)南半球 20°—90°500 hPa 位势高度，(b)北半球 20°—90°500 hPa 位势高度，(c)南半球 20°—90°10 hPa 温度场，(d)热带南纬 20°—北纬 20°10 hPa 温度场，(e)北半球 20°—90°10 hPa 温度场，(f)南半球 20°—90°整层水汽，(g)热带南纬 20°—北纬 20°整层水汽，(h)北半球 20°—90°整层水汽

MWTS-Ⅱ通道 9～13(实验 3)；(5)控制实验上增加同化 FY-3D MWRI 通道 3～8(实验 4)。

由图 7.42 的结果可以发现，实验 3 的同化效果最好，同时同化 FY-3D MWHS-Ⅱ通道 11～15 和 MWTS-Ⅱ通道 9～13 将预报结果的 RMSE 减小了 0.1%。目前正在研究 MWHS-Ⅱ 118 GHz 通道数据的同化。

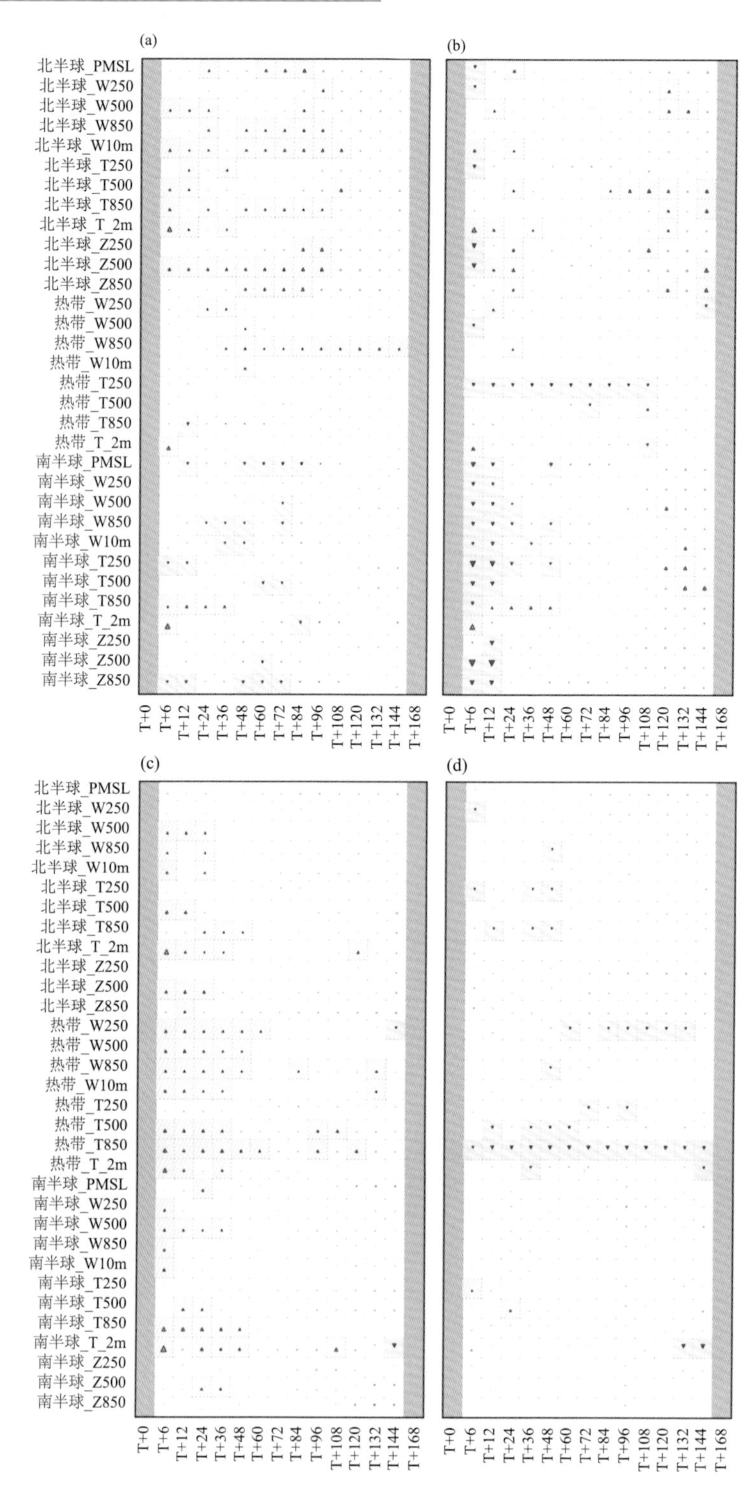

图 7.42 (a)—(d)分别显示了实验 1、2、3、4 的预报均方根误差的变化
(图中绿色上三角表示提升，紫色下三角表示变差，阴影表示显著变化。
PMSL：海平面气压场，W：风场，T：温度，Z：位势高度，W10m：10 m 风场，T_2m：2 m 温度，
250：250 hPa，500：500 hPa，850：850 hPa，T＋n：预报时效 n 小时后)

参考文献

[1] 范海虹.冷战时期苏联与美国外层空间竞争(1945—1969)[D].北京:中国社会科学院研究生院,2014.

[2] ERICKSON C O, HUBERT L F. MSL Report No. 7 Identification of cloud forms from TIROS 1 pictures[J]. Manuscript of the Meteorological Satellite Laboratory, US Weather Bureau, Washington D C, 1961.

[3] RADOS R M. The evolution of the TIROS meteorological satellite operational system[J]. Bulletin of the American Meteorological Society, 1967, 48(5): 326-338.

[4] FELSENTREGER T L, VICTOR E L. On the long period perturbations in the motion of small eccentricity satellites[R], 1966.

[5] BUTLER H I, STERNBERG S. TIROS-the system and its evolution[J]. IRE Transactions on Military Electronics, 1960 (2/3): 248-256.

[6] DISHLER J. Visual sensor systems in space[J]. IEEE Transactions on Communication Technology, 1967, 15(6): 824-834.

[7] Aracon Geophysics Company, Goddard Space Flight Center. Aeronomy, Meteorology Division. Nimbus I Users' Catalog: AVCS and APT[M]. Goddard Space Flight Center, 1965.

[8] COCHRANE G R, BROWNE G H. Geomorphic mapping from Landsat-3 Return Beam Vidicon/RBV/imagery[J]. Photogrammetric Engineering and Remote Sensing, 1981, 47: 1205-1213.

[9] MCGINNIS Jr D F, PRITCHARD J A, WIESNET D R. Determination of snow depth and snow extent from NOAA 2 satellite very high resolution radiometer data[J]. Water Resources Research, 1975, 11(6): 897-902.

[10] NSIS N. Advanced Very High Resolution Radiometer-AVHRR[R]. 2013.

[11] ABBOTT T M. Visible infrared spin-scan radiometer (VISSR) for a synchronous meteorological spacecraft (SMS)[J]. Santa Barbara Research Center's VISSR Final Report,(Contract No. NAS5-21139), National Aeronautics and Space Administration, Goddard Space Flight Center, Greenbelt, Md, 1974.

[12] 武胜利,杨虎,2007. AMSR-E亮温数据与MODIS陆表分类产品结合反演全球陆表温度[J].遥感技术与应用,2007(2):234-237.

[13] PAGANO T S, DURHAM R M. Moderate resolution imaging spectroradiometer (MODIS)[C]//Sensor Systems for the Early Earth Observing System Platforms. SPIE, 1993, 1939: 2-17.

[14] NJOKU E G, STACEY J M, BARATH F T. The Seasat scanning multichannel microwave radiometer (SMMR): Instrument description and performance[J]. IEEE Journal of Oceanic Engineering, 1980, 5(2): 100-115.

[15] BOMMARITO J J. DMSP special sensor microwave imager sounder (SSMIS)[C]//Microwave Instrumentation for Remote Sensing of the Earth. SPIE, 1993, 1935: 230-238.

[16] FERRARO R R, WENG F, GRODY N C, et al. NOAA operational hydrological products derived from the advanced microwave sounding unit[J]. IEEE Transactions on Geoscience and Remote Sensing, 2005, 43(5): 1036-1049.

[17] GOLDBERG M D, WENG F. Advanced technology microwave sounder[M]//Earth Science Satellite Re-

mote Sensing: Vol. 1: Science and Instruments. Berlin, Heidelberg: Springer Berlin Heidelberg, 2006: 243-253.

[18] 蒋德明,董超华,陆维松. 利用 AIRS 观测资料进行红外高光谱大气探测能力试验的研究[J]. 遥感学报, 2006(4):586-592.

[19] AUMANN H H, CHAHINE M T, GAUTIER C, et al. AIRS/AMSU/HSB on the Aqua mission: Design, science objectives, data products, and processing systems[J]. IEEE Transactions on Geoscience and Remote Sensing, 2003, 41(2):253-264.

[20] PAYAN S, CAMY-PEYRET C, BUREAU J, et al. Comparison between IASI and GOSAT retrievals in the thermal infrared[C]. EGU General Assembly Conference Abstracts, 2012, 14:8606.

[21] CLERBAUX C, BOYNARD A, CLARISSE L, et al. Monitoring of atmospheric composition using the thermal infrared IASI/MetOp sounder[J]. Atmospheric Chemistry and Physics, 2009, 9(16): 6041-6054.

[22] 李俊, 方宗义. 卫星气象的发展——机遇与挑战[J]. 气象, 2012, 38(2): 129-146.

[23] 董瑶海,孙允珠,王金华,等. FY-3A 极轨气象卫星[J]. 上海航天, 2008(5):1-11.

[24] 漆成莉,顾明剑,胡秀清,等. 风云三号卫星红外高光谱探测技术及潜在应用[J]. 气象科技进展, 2016(1):6.

[25] 丁雷. FY-3 卫星中分辨率光谱成像仪正样(Z01-2)研制总结报告[D]. 上海:中国科学院上海技术物理研究所, 2007.

[26] HUANG X, DING L. Calibration plan for visible and near infrared bands of FY-3A Medium Resolution Spectral Imager(MERSI)[D]. Shanghai :Shanghai Inst Tech Phys Chin Acad Sci, 2003.

[27] DING L. Flight model design of FY-3A Medium Resolution Spectral Imager (MERSI)[D]. Shanghai: Shanghai Inst Tech Phys Chin Acad Sci, 2005.

[28] BARNES R A, EPLEE R E, SCHMIDT G M, et al. Calibration of SeaWiFS. I. Direct techniques[J]. Appl Opt, 2001, 40: 6682-6700.

[29] CHEN W, LI H, LI Y M. Microwave temperature sounder onboard Fengyun-3A[C]. 7th Annual Meeting of China Aerospace Science Academy, 2009.